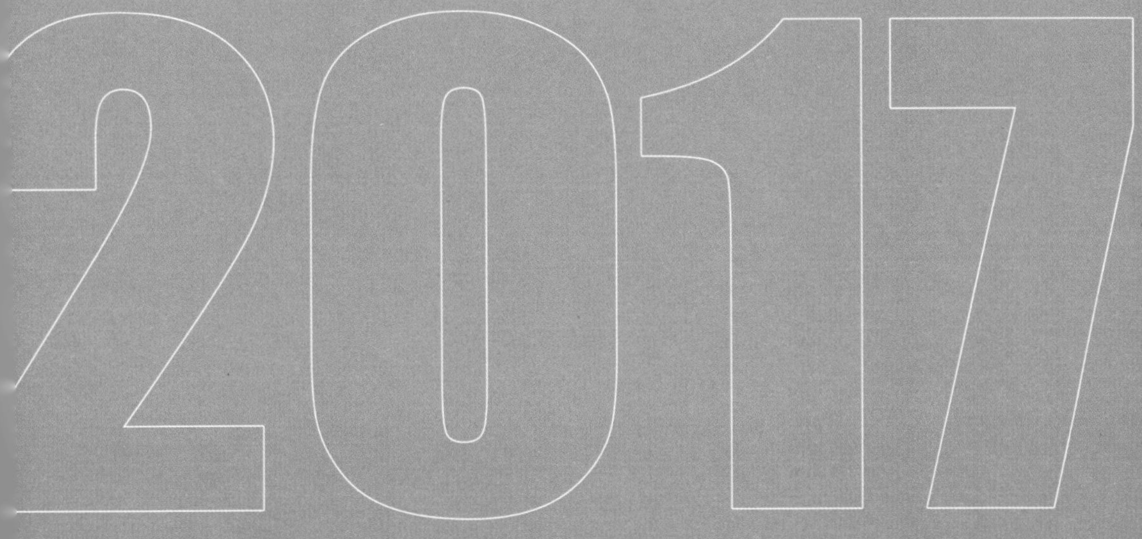
2017

宁夏生态文明蓝皮书
BLUE BOOK OF NINGXIA'S
ECOLOGICAL CIVILIZATION

U0323918

宁夏社会科学院蓝皮书系列

丛书主编　张　廉

2017

宁夏生态文明蓝皮书

BLUE BOOK OF NINGXIA'S

Eclogical Civilization

主　编

段庆林　李文庆

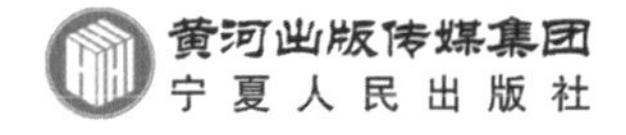

图书在版编目(CIP)数据

2017 宁夏生态文明蓝皮书 / 段庆林，李文庆主编. —银川：宁夏人民出版社，2016.12

(宁夏社会科学院蓝皮书系列 / 张廉主编)
ISBN 978-7-227-06598-2

Ⅰ.①2… Ⅱ.①段… ②李… Ⅲ.①生态文明—建设—研究报告—宁夏—2017 Ⅳ.①X321.243

中国版本图书馆 CIP 数据核字(2016)第 326434 号

宁夏社会科学院蓝皮书系列 张 廉 主编
2017 宁夏生态文明蓝皮书 段庆林 李文庆 主编

责任编辑 管世献 王 艳
封面设计 张 宁
责任印制 肖 艳

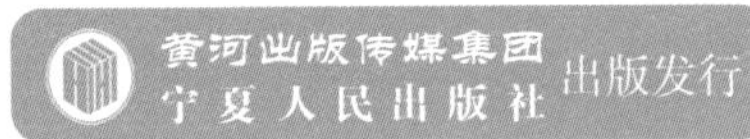

出版发行

出 版 人 王杨宝
地 址 宁夏银川市北京东路 139 号出版大厦(750001)
网 址 http://www.nxpph.com http://www.yrpubm.com
网上书店 http://shop126547358.taobao.com http://www.hh-book.com
电子信箱 nxrmcbs@126.com renminshe@yrpubm.com
邮购电话 0951-5019391 5052104
经 销 全国新华书店
印刷装订 宁夏精捷彩色印务有限公司
印刷委托书号 (宁)0003907

开本 720 mm × 980 mm 1/16
印张 22.5 字数 340 千字
版次 2016 年 12 月第 1 版
印次 2016 年 12 月第 1 次印刷
书号 ISBN 978-7-227-06598-2
定价 49.00 元

目　录

总　报　告

综　合　篇

形　势　篇

专　题　篇

低　碳　篇

案　例　篇

区 域 篇

附 录

总报告

ZONGBAOGAO

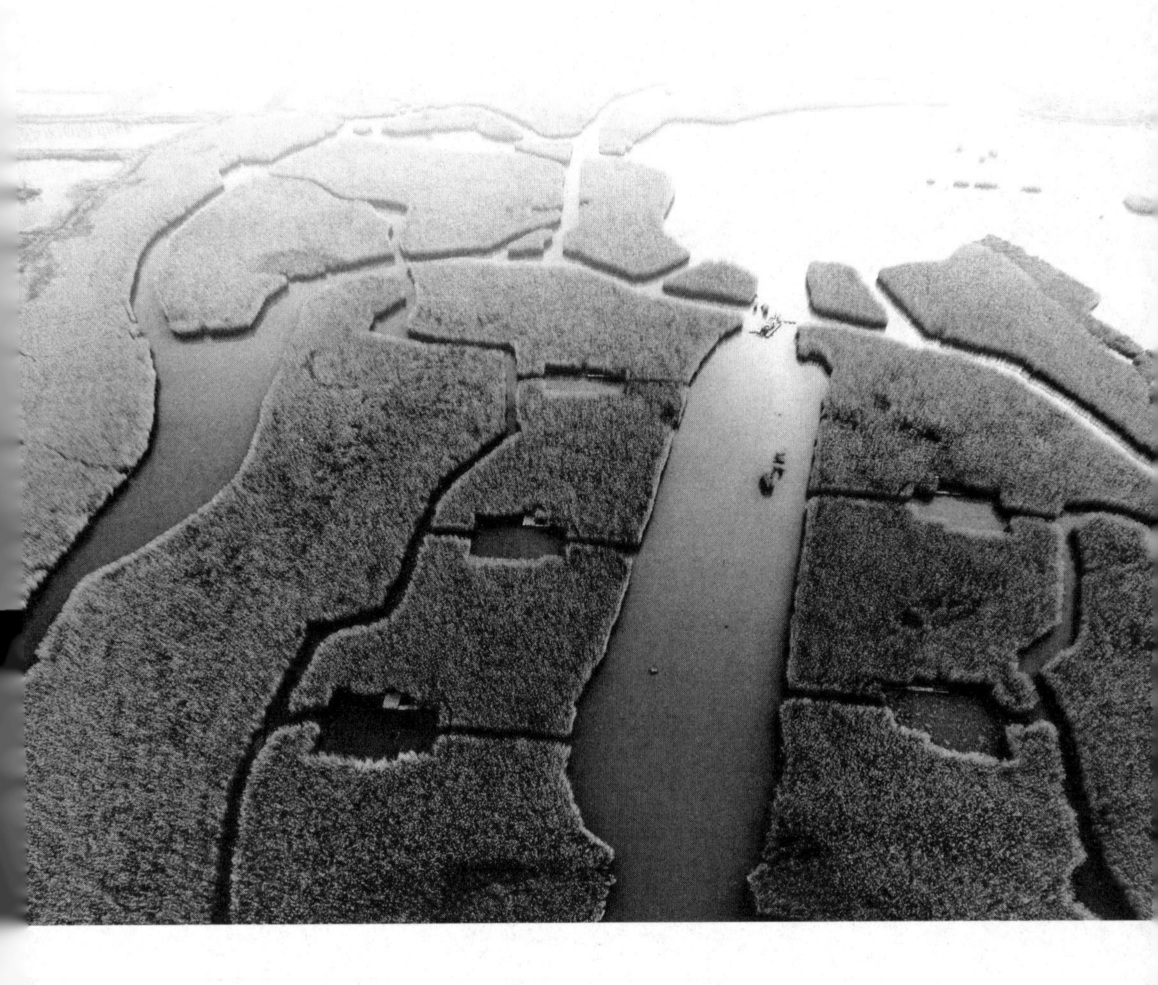

宁夏生态优先战略研究

——宁夏生态文明建设研究总报告

李文庆　丁　军　师东晖

宁夏地处西部内陆干旱半干旱地区，生态环境及承载力均较脆弱。宁夏又是国家“两屏三带”生态安全战略的重要组成部分，对于“美丽中国”建设、保障国家生态安全具有重要意义。实施生态优先战略，建设“美丽宁夏”，保持好天蓝、地绿、水净、空气清新的人居环境，努力建设全国生态文明示范区，把生态文明建设融入经济社会发展全过程，才能让宁夏经济社会走上一条生产发展、生活富裕、生态良好的可持续发展之路。

一、生态优先战略的科学内涵

联合国可持续发展世界首脑会议通过的《可持续发展执行计划》，确定发展仍是人类共同的主题，提出经济、社会、环境是可持续发展不可或缺的三大支柱。

（一）生态优先战略的涵义

所谓生态优先战略，就是强调生态合理性优先原则，即人类经济活动的生态合理性优先于经济与技术的合理性，具体包含生态规律优先、生态资本优先和生态效益优先三大基本原则。其核心是建立生态优先型经济，

作者简介　李文庆，宁夏社会科学院农村经济研究所所长，研究员；丁军，宁夏社会科学院办公室科长；师东晖，宁夏社会科学院农村经济研究所研究实习员。

即以生态资本保值增值为基础的绿色经济，追求包括生态、经济、社会三大效益在内的绿色效益最大化，也就是绿色经济效益最大化。生态优先战略是针对经济发展优先原则而提出的。经济发展优先原则的实质，是片面追求和极力实现经济规模的无限扩张增长，片面追求经济利益和经济效益最大化，片面追求物质财富占有和消费的最大化，而基本不顾及生态系统的承载力和平衡，几乎无所顾忌地牺牲生态环境、大量消耗自然资产与生态资本，使经济增长严重超过生态系统承载能力，损害人类的生存环境，导致严重的人类生存基础危机。

（二）生态优先战略实施的基础

生态优先是在生态恶化、生态承载力达到极限时提出的根本要求，是生态规律和生态资本基础性、决定性地位的现实体现，是转变经济增长方式的内在要求。当前，我国正在经历转型发展的历史过程，面临着从经济优先转向生态优先、从传统发展模式转向科学发展模式的根本转变。党的十八大站在社会主义现代化全局高度，从中华民族永续发展长远需要出发，提出社会主义现代化经济建设、政治建设、文化建设、社会建设与生态文明建设“五位一体”的总体布局，标志着中国走向社会主义生态文明新时代。十八届五中全会提出坚持创新、协调、绿色、开放、共享的发展理念，将坚持绿色发展，坚持节约资源和保护环境列为基本国策。中共中央国务院《关于加快推进生态文明建设意见》指出，要“协同推进新型工业化、信息化、城镇化、农业现代化和绿色化”的“五化同步”，为宁夏生态优先发展战略指明了方向。

（三）宁夏实施生态优先战略的意义

实施生态优先战略，建设生态文明，实质上就是要建设以资源环境承载力为基础、以自然规律为准则、以可持续发展为目标的资源节约型、环境友好型社会，实现人与自然和谐相处、协调发展。宁夏适宜的气候环境、清洁的空气、良好的水质、丰富的物种、美丽的自然景观，是一笔难得的生态财富，保护好这笔财富对经济社会可持续发展具有重要意义。在新的发展阶段，加快推进生态文明建设，是深入贯彻落实党的十八大及十八届四中、五中全会精神的内在要求，是加快转变经济发展方式的必由之路，是全面建设小康社会的重要内容，是为宁夏当代人民乃至子孙后代谋福祉的战略举措。

二、宁夏生态环境现状及生态优先战略目标

（一）宁夏生态环境状况

自治区党委十一届八次全会通过的《关于落实绿色发展理念，加快美丽宁夏建设的意见》，为宁夏实施生态优先战略打下了坚实的制度基础。2016年，宁夏开展了“蓝天碧水，绿色城乡”专项行动计划，1–11月份，全区五市平均优良天数259天，同比增加8天；宁夏地表水（黄河流域）实际水质达到或优于Ⅲ类的比例为73.3%（11个监测断面），12条重点入黄排水沟中仅吴忠市罗家河水质为Ⅲ类。2016年11月份五市环境空气质量平均优良天数16天，同比减少4天。11月全区环境空气可吸入颗粒物（PM10）平均浓度158微克/立方米，同比上升39.8%；细颗粒物（PM2.5）平均浓度64微克/立方米，上升3.2%；二氧化硫平均浓度65微克/立方米；二氧化氮平均浓度41微克/立方米；臭氧月评价值76微克/立方米；一氧化碳月评价值2.3毫克/立方米。五市环境空气质量状况排名，依次为固原、中卫、吴忠、石嘴山、银川。其中银川、吴忠受燃煤锅炉污染等因素影响，主要污染物为PM2.5，其余三市受沙尘等气象因素影响主要污染物为PM10。

（二）中央环保督察情况

2016年7月中旬，中央第八环保督察组进驻宁夏，进行历时一个月的现场督察。督察认为，党的十八大以来，宁夏认真贯彻落实党中央、国务院关于生态文明建设和环境保护的决策部署，深入学习贯彻习近平总书记系列重要讲话精神，确立建设“美丽宁夏”奋斗目标和“生态优先”发展战略，出台《关于落实绿色发展理念加快美丽宁夏建设的意见》，在全国率先出台空间发展战略规划和空间发展战略规划条例，实行全区域草原禁牧封育，生态建设成效明显。督察指出，宁夏生态环境较为脆弱，产业倚重倚能。虽然近年来环境保护工作取得积极进展，但生态、大气、水等方面一些环境问题凸显，环境保护工作形势严峻、任务艰巨。存在的主要问题有，一是贯彻落实国家环境保护决策部署存在差距，二是全区大气环境和局部水体环境质量下降，三是部分国家级自然保护区生态破坏问题突出，

四是一些突出环境问题尚未得到有效解决。督察要求，要依法依规严肃责任追究，对于督察中发现的问题，责成有关部门进一步深入调查，厘清责任，并按有关规定严肃问责。自治区党委、政府高度重视这次环保督察工作，自治区党委书记李建华、自治区主席咸辉多次作出批示，要求对督察组提出的问题严肃对待，及时整改，解决问题。李建华书记要求狠抓美丽宁夏建设，坚持绿色发展，全力构建生态安全屏障，把好环保准入门槛，推进产业转型升级；坚持重拳治污，铁腕执法，拿出硬举措，打好大气、水、土壤污染防治攻坚战。

（三）宁夏实施生态优先战略的目标

实施生态优先战略，建设生态文明，是一项长期的战略任务。要动员全区上下共同努力，努力把宁夏建设成为全国生态文明示范区、国际适应气候变化示范区和国际防沙治沙示范区。

1. 生态经济加快发展

全面完成国家下达的“十三五”单位生产总值能耗下降指标，高附加值、低消耗、低排放的产业结构加快形成，循环经济形成较大规模，清洁生产普遍实行，生态经济成为新的经济增长点。

2. 生态环境质量明显好转

全面完成国家下达的“十三五”主要污染物减排任务，大气环境、水环境持续改善，土壤环境得到治理。森林覆盖率、林木蓄积量、平原绿化面积稳步提高，生态安全保障体系基本形成，城乡环境不断优化，宜居水平不断提高。

3. 体制机制不断完善

推进生态文明建设的政策法规体系进一步完善，党政领导班子和领导干部综合考评机制、生态补偿机制、资源要素市场化配置机制等体现生态文明建设要求的制度得到全面有效实施。

4. 构建生态安全屏障

健全科学合理的生态保护与补偿机制，综合治理重点流域、重点领域和生态脆弱区，加快移民迁出区生态修复，巩固禁牧封育成果，实施天然林保护、三北防护林和新一轮退耕还林还草工程，构建祖国西部生态安全屏障。

（四）宁夏生态优先战略的实现方式

1. 坚守生态优先原则

生态环境是绿色经济的基础，也是人类生存发展的生命线，因此要确保生态环境绿色高压线，一旦触犯就必须受到应有惩罚。完善相关法律、法规和制度、标准，依法对产品生产、流通、消费的全过程进行绿色监管，严格控制和禁止高消耗、高污染、质量低劣、不符合生态安全和卫生标准产品的生产与消费。设置新上项目的绿色门槛，不再上马高污染高消耗项目，并加快淘汰高污染、高消耗、过剩产能等落后的黑色产业。

2. 完善生态优先制度

党的十八届五中全会提出创新、协调、绿色、开放、共享的发展理念，坚持绿色发展，就要按照“源头严防、过程严管、后果严惩”的思路，完善生态优先制度体系。一是制定自然资源资产产权制度和用途管制制度，对宁夏水流、森林、山岭、草原、荒地、滩涂等自然生态空间进行统一确权登记，形成归属清晰、权责明确、监管有效的自然资源资产产权制度。二是划定宁夏生态保护红线，建立国土空间开发保护制度，建立国家公园体制，对水土资源、环境容量超载区域实行限制性措施。三是实行自愿有偿使用制度和生态补偿制度，加快自然资源及其产品价格改革。四是改革生态环境保护管理制度，建立和完善严格监管的环保制度，严格监管所有污染物排放，独立进行环境监管和行政执法，对造成生态环境损害的责任人严格实行赔偿制度。

3. 走经济与生态融合发展之路

形成生态与经济相互协调的现代经济发展模式，是实施生态优先原则的根本措施。包括发展清洁生产和循环经济、积极推进生态农业、推进现代绿色服务业。这种新型生产方式既可以最大限度地节约资源和保护生态环境，实现最大的生态利益；又可以用最小的投入获得最大的经济产出，是一种高效的经济发展模式。

三、宁夏实施生态优先战略的主要内容

生态优先发展战略就是要把生态文明建设的理念、目标、原则、方法

融入到经济发展、环境保护、社会建设的全过程，建设规划科学、布局合理、环境优美的秀美宁夏；建设绿色生产、绿色生活、绿色消费的绿色宁夏；建设资源环境永续、生态环境良好、人文精神丰盈的美丽宁夏。

（一）优化国土空间开发格局

1. 积极实施主体功能区战略

全面落实主体功能区规划，推进经济社会发展规划改革，科学划分城镇、农业、生态三类空间，推动经济社会发展、城乡建设、土地利用、生态环境保护等规划“多规合一”，形成一个市县一本规划、一张蓝图。努力破解资源环境约束，全面改善城乡环境质量。建立环境功能综合评价指标体系，对宁夏各县级行政区域的环境功能类型合理区划，努力构建科学化、差异化和精细化的环境管理体系。

2. 大力推进绿色城镇化

把握人口空间布局、产业布局和社会发展的有机结合，提高城镇供排水、防涝、雨水收集利用、供热、供气等基础设施建设水平。加快推进雨污分流管网改造建设，强化建设运行管理，推进“海绵城市”建设。探索引入合同能源管理模式，发挥节能专项资金的杠杆效应。进一步完善新建建筑节能监管体系，加强既有居住建筑供热计量及节能改造，大力发展绿色建材，扩大绿色建筑、超低能耗建筑面积；推动建筑工业化，严格建筑拆除管理程序，推进建筑废弃物资源化利用。

3. 加快美丽乡村建设

坚持规划先行、群众自愿、产业带动的原则，分类指导、规范运作，积极稳妥地推进美丽乡村建设，有效改善农民生产生活条件。强化分类指导，城市规划区内的村庄建设一步到位，建成城市社区；城镇周边的村庄，通过延伸城市基础设施，建成具有城郊特点的农村新型社区；距离城镇较远但经济发展条件较好的村庄，有步骤地推进中心村建设；对暂不具备新民居建设条件的村庄，组织开展村庄环境整治，积极有序地推动美丽乡村建设。

（二）推动绿色低碳经济发展

大力实施创新驱动战略，推动传统产业向中高端迈进，培育壮大战略性新兴产业，加快发展现代服务业，着力构建绿色、循环、低碳的现代产业体系，从根本上缓解经济发展与资源环境之间的矛盾。

1. 推动传统产业低碳化

提高生产装备水平，加大结构调整、技术改造、管理提升攻坚力度，力争使重点行业、重点企业单位产品能耗和排放达到国内先进水平。根据资源环境承载能力，确定宁夏五市的主体功能，统筹谋划人口分布、经济布局、国土利用和城市化格局。加快建设产业集聚区，打造现代产业集群，促进产业集聚和产业升级。大力发展高效生态农业，积极推进农业标准化生产。大力培育和发展战略性新兴产业，加快淘汰高能耗、高排放的落后产能，积极推进传统产业高端化、开发区（工业园区）生态化。加快推进建筑业转型发展，积极发展“绿色建筑”。坚持绿色发展导向，大力发展金融、物流、旅游、会展、信息、咨询、文化创意等现代服务业，不断提高服务业在国内生产总值中的比重。

2. 加速绿色产业规模化

培育壮大战略性新兴产业，优先发展新一代信息技术、高端装备制造、生物医药、新能源和新材料等比较优势产业，促进光伏、风电、物联网、生物医药等领域产业化、规模化、集聚化发展，加快形成先导支柱产业；以传统产业节能减排改造、节能环保产品推广，拉动投资增长和消费需求，以政策机制创新和配套设施完善释放市场需求潜力，推动节能环保、新能源汽车产业跨越式发展，打造经济转型升级引爆点。大力发展现代服务业，推动信息技术向服务业融入渗透，培育壮大市场主体，创新发展路径和业态，推动空间优化和产业集聚，重点发展现代物流、金融、信息、科技、商务、文化、旅游和健康养老等现代服务业。加快发展生态农业和有机农业，大幅提高绿色食品和有机农产品生产比重。

3. 大力发展循环经济

确定“十三五”时期发展循环经济的重点领域、重点工程和重大项目，研究制定新一轮的政策举措。加快发展生态循环农业，加快推广种养结合的生态立体农业循环模式，建设一批生态循环农业示范区和示范项目。大力发展工业循环经济，加强循环经济骨干企业、示范园区和基地建设，逐步在能源、化工、建材等行业全面推进循环经济发展，形成循环经济产业链。加强资源的综合利用和再生利用，有序推进工业“三废”综合利用项目建设。全面推行清洁生产，从源头上减少资源消耗和环境污染。

（三）努力改善环境质量

按照防治结合、标本兼治的原则，建立以保障人体健康为核心，以改善环境质量为目标，以防控环境风险为基线，实现环境质量明显改善。

1. 加大污染物减排力度

扎实做好化学需氧量、氨氮、二氧化硫、氮氧化物等主要污染物的减排工作，加强重点区域粉尘、烟尘、总磷、总氮等污染物的减排，严格控制重金属、持久性有机污染物等有毒有害污染物的排放。深入治理机动车污染，加速淘汰黄标车和老旧车辆，大力推广新能源汽车，率先在公交、环卫和政府机关推广使用。狠抓建筑施工、道路、矿山扬尘治理，强化秸秆禁烧和综合利用，限制烟花爆竹燃放。鼓励推广使用有机肥，减少和控制农药、化肥的使用，探索建立农业面源污染检测体系，促进各地加大农业面源污染防治力度。加强餐饮业的环境整治和餐厨废弃物资源化利用与无害化处理。全面推进污染源达标排放工作，着力提高主要污染物的达标排放率。

2. 加强污染治理

全面推进环境污染治理，着力加强水污染、大气污染、土壤污染的防治。深化宁夏五个地级市联合治污，健全环保、气象合作会商制度，完善大气污染预报预警系统，建立区域统一监测、统一执行、统一信息交流和统一行动等联动机制，妥善应对重污染天气。落实土壤污染防治行动计划，以城市污染场地、污灌区、重污染工矿企业、集中污染治理设施周边、重污染行业聚集地、受污染农用地、废弃物堆存场地等为重点，综合考虑土壤类型、土地利用类型、土壤污染类型和程度等因素，科学施治、有序推进土壤污染治理与修复；使用土壤钝化剂、调节剂、降解剂钝化或分解土壤中污染物，采取深翻、客土等措施，降低土壤中污染物浓度，修复农业污染土壤。

3. 加大生态修复力度

坚持自然恢复与人工修复相结合、生物措施与工程措施相结合，全方位、多层次、宽领域地开展生态修复。积极推进沿黄经济带水生态环境修复，对水体污染比较严重的重点水功能区，实施水环境治理和修复工程，注重流域上下游联动治理，着力解决这些区域的水生态问题。以保护和恢复生态系统功能为重点，营造人与自然和谐的生态环境，大力实施中南部山区移民迁出区生态修复，实施退耕还林还草及后续产业工程，积极推进黄土高原及小流域综合治理，切实搞好坡耕地综合整治。推进主要流域生态基础设施建设，积极开展湿地生态修复，加强对饮用水源和战略性水源的保护。

4. 健全生态安全保障体系

加强环境监测体系建设，重点做好饮用水源、地下水资源、黄河交界断面水质、县以上城市空气质量的监测。加强危险废物处置、核辐射安全应急保障体系以及动植物疫病监测预警体系建设，形成比较完善的应对突发环境事件和重大生物灾害的防控体系。

（四）促进资源节约与节能减排

宁夏重化工业比重较高，生态环境压力较大，必须坚定不移地促进资源节约与节能减排工作。

1. 积极应对气候变化

加强对宁夏各地的碳强度考核，促进节能减排和能效提高。加快应对气候变化统计指标核算体系和制度建设，实施重点单位温室气体排放报告制度，实现温室气体清单编制工作常态化。建设宁夏碳排放权交易市场，与国家统一市场相衔接，运用市场机制控制温室气体排放。提高适应气候变化特别是应对极端天气和气候事件能力，继续强化监测、预警和预防工作，增加森林碳汇、草原碳汇和湿地碳汇，提高农业、林业、水资源等重点领域和生态脆弱地区适应气候变化水平。

2. 建立和完善集约用地制度

推进资源节约、保护和利用，提高单位土地投资强度，扩大国有土地有偿使用范围，推进农村土地制度改革，规范集体经营性建设用地流转，逐步建立统一的城乡建设用地市场。加大矿产资源保护力度，提高综合利用水平。

3. 推进节约型社会建设

进一步完善煤炭等资源有偿使用制度，促进资源有序开发，提高资源综合利用效率。全面推进节水型社会建设，积极发展节水产业，不断提高水资源利用效率，完善水权转换机制，积极推进工业、农业和居民用水价格改革，建立科学合理的成本水价机制，严格控制企业自备水井。

4. 加强能源和资源节约

大力发展低碳技术，全面推进国民经济各领域、生产生活各环节的节能，重点抓好电力、钢铁、有色金属等行业高能耗设备的淘汰和改造，加强工业余热利用，着力提高能源利用效率，促进单位生产总值能耗进一步下降。研究开发碳捕获和碳固化技术，促进单位生产总值二氧化碳排放强度不断下降。全面推进节约用水，实行最严格的水资源管理制度，加强水资源保护与开发。全面推进土地节约，重点加强城镇建设用地和工业用地的节约集约利用，积极开发利用城镇地下空间。推进各领域的节材工作，重点加强冶金、石化、建材等行业的原材料消耗管理，加快可再生材料、新型墙体材料和散装水泥的推广应用。

5. 积极推进节能减排

全面推进工业、建筑、交通运输、公共机构、农业等重点领域节能减排。强化重点用能单位节能管理，组织开展重点用能单位年度节能目标责任评价考核工作。大力推进电力市场改革，引导企业转型升级、节能降耗，坚决淘汰落后产能，通过科技进步将高耗能产品能耗达到国内先进水平。深入开展城乡环境综合整治，推进城乡污水和垃圾无害化处理，遵循源头严防、过程严管、后果严惩的原则，加大减排治污力度，建立倒逼机制，落实企业主体责任，实施一批重点治污减排项目，破解一批污染防治技术，扭转生态恶化状况。

6. 推进煤炭资源清洁高效利用

增加优质煤炭供应，全面取缔劣质煤的销售和使用，构建洁净煤配送网络，建设洁净型煤生产配送体系，逐步取缔原煤散烧。在农村，推广新型清洁高效燃烧炉具，推行煤改电、煤改太阳能、煤改天然气等替代模式，农村燃煤得到清洁化利用或替代。在城镇，开展燃煤锅炉综合治理，通过拆除取缔一批、置换调整一批、更新替代一批、提质提效一批，城市建成区基本淘汰小燃煤锅炉。有序推进煤炭清洁转换，因地制宜实现煤炭集中转化、集中供气和污染物集中治理。

（五）推进生态工程建设

1. 推进生态移民和退耕还林还草工程建设

扎实推进“退耕还林还草”工程，使宁夏天然植被得到有效恢复，要将退耕还林还草工程与小流域综合治理、生态林业工程、农田基本建设、扶贫开发与少生快富等工程有机结合，提高农业综合生产能力，改善生态环境。

2. 加快荒漠化治理和防沙治沙工程建设

通过政策机制引导，形成多元化的治沙主体，进一步实现人进沙退。牢固树立尊重自然、顺应自然、保护自然的生态文明理念，大力推进生态林业发展，重点建设以六盘山、贺兰山、中部防沙治沙和以宁夏平原为骨架的“两屏两带”生态安全屏障。

3. 打造生态保护绿色长廊

宁夏打造沿黄城市带绿色景观、贺兰山东麓生态产业、中部干旱带防风固沙和六盘山生态保护“四大绿色长廊”，在西部地区构建绿色生态安全屏障。打造沿黄城市带绿色景观，发挥黄河堤岸护岸林自身生态防护功能，挖掘黄河景观文化内涵，创造独特的河滨景观，为滨河生态旅游线打下坚实的基础。打造中部干旱带防风固沙长廊，发挥草原自我修复功能，实施退牧还草，走农林牧结合、草畜一体化的路子，大力培育特色林业产业，实现治理速度大于沙化速度的历史性转变。打造六盘山生态保护长廊，加快生态移民、退耕还林、天然林保护和三北防护林建设工程实施，大幅度增加森林资源总量，改善生态环境，为南部山区发展注入新活力。

（六）完善生态环境监管体系

按照主体功能区定位，突出生态环境保护，优化开发区域，控制建设用地增长，以“蓝天工程”、水污染防治等工程为抓手，强化水土资源和大气环境治理、自然生态空间修复等。

1. 完善生态环境监管制度

完善污染物排放许可证制度，依法核发排污许可证，严禁无证排污和超标准、超总量排污。实行企事业单位污染物排放总量控制制度，适时调整主要污染物指标种类，纳入约束性指标。将排污单位污染物排放种类、浓度、总量、排放去向等纳入排污许可证管理范围。严肃查处环境违法问题，规范实施程序，对查封、扣押实施全过程监督。建立健全跨部门、区域和流域的水环境保护议事协调机制。督促重点排污单位如实向社会公开其主要污染物的名称、排放方式、排放浓度和总量、超标排放情况，以及防治污染设施的建设和运行情况，接受社会监督。

2. 构建多层次的生态环境监督体系

建立完善以各级政府为生态环境建设主体、以环境行政主管部门为归口管理责任主体、有关部门为配合的生态环境监督体系。完善地方政府一把手生态环境建设的主体责任，对于不认真履行生态环境保护职责的政府官员，严格执行引咎追责制度。建立政府主导、企业主体、公众广泛参与的生态环境管理机制，推动企业环境信息公开，针对污染设施运行异常、涉嫌造假等问题依法处理和追责。加强公众环境意识和法律意识的培养和教育，提高公众参与生态环境保护和监督的自觉性和主动性，为全民参与美丽宁夏建设奠定基础。

3. 强化环境执法监督

推广随机抽查工作机制，规范事中事后监管，杜绝环境监管随意性。实施网格监管，明晰层级监督责任，实现环境监管属地管理、分级负责、无缝对接、全面覆盖。加强行政执法信息化建设和信息共享，建立综合网络平台。推进环境监察机构标准化建设，加强基层环境监察执法力量。

（七）加强生态优先体制机制创新

生态环境建设涉及方方面面，包括环保、气象、林业、水利、经信、农牧、扶贫、城建以及发改、统计等部门，涉及监测、监督、保护、建设及防灾减灾等领域。在生态优先建设中出现有的事情大家抢着管的“部门重叠”、有的事情无人管的“部门空白”等现象，部门资源“碎片化”问题严重，必须加强生态优先体制机制创新，加快顶层设计步伐，设立自治区级生态文明建设决策协调机构，统筹协调生态文明建设中出现的问题，推进部门资源整合，加快生态优先建设步伐。

四、对策建议

（一）建立生态优先保障制度

1. 设定资源消耗“天花板”

科学设定宁夏能耗强度、煤耗总量和二氧化碳排放控制指标，确保完成国家下达的目标任务。逐一明确各市用水总量限值、地下水开采量限值，作为刚性约束，加强管控。划定城市开发边界、永久基本农田保护红线，严格用途管制。

2. 严守生态“红线”

继续实施水资源开发利用控制、用水效率控制、水功能区限制纳污“三条红线”管理，实行最严格水资源、林地、草原和湿地保护制度。开展市、县环境承载能力评价，实施差别化环境准入政策。建立生态保护红线划定协调推进机制，以主体功能区为基础，在重点生态功能区、生态环境敏感区和脆弱区等区域，科学划定森林、草原、湿地等领域生态保护红线。强化地方政府和重点国有林区的林地、草原和湿地保护主体责任。严格限制林地转为建设用地，实行林地面积占补平衡，依法开展被侵权占用林地的清理回收工作，严厉打击非法毁林、毁湿、毁草行为。

3. 严守环境质量“底线”

将大气、水、土壤等环境质量“只能更好、不能变坏”作为各市县环保责任红线，合理设定主要污染物排放、PM2.5 年均浓度下降目标，严格考核奖惩，确保不突破国家下达的指标。将水功能区达标率和集中式饮用水源达标率等管理限值作为底线，制定纳污红线，建立限制纳污制度。

（二）建立自然资源资产产权制度和用途管制制度

加快对水流、森林、山岭、草原、荒地、水域和滩涂等自然生态空间进行统一确权登记，推动所有权与使用权分离，适度扩大使用权的出让、转让、出租、抵押、担保、入股等权能。完善自然资源资产用途管制制度，明晰各类国土空间开发、利用、保护边界，全面推进能源梯级利用、水资源分质使用和矿产资源综合利用。健全国土空间用途管制制度，简化自上而下的用地指标控制体系，将开发强度指标分解到各县级行政区，作为约束性指标，控制建设用地总量。建设森林资源流转平台，健全林地、林木流转制度，引导和规范林地使用权流转。整合不动产登记职能，统一不动产登记信息平台，构建统一的自然资源监管体制机制。

（三）健全法规标准体系

依照法定权限，制定节水、循环经济、生态补偿等地方性法规，修订节能、土地管理、矿产管理、陆生野生动物保护等地方性法规。健全标准体系，落实加强节能标准化工作的意见，制（修）订工业、建筑、交通运输、农业、商业和民用、公共机构等节能标准，实现主要高耗能行业能耗限额标准全覆盖。实施能效和排污强度“领跑者”制度，适时将“领跑者”指标纳入行业能耗、排污限额标准指标体系，鼓励依法制定严于国家标准、行业标准的能耗、排放团体标准和企业标准。

（四）创新市场机制

推广节能、低碳、绿色和有机产品认证，推行合同能源管理和环境污染第三方治理新模式。推进节能环保发电调度，优先调度可再生能源发电资源，按机组能耗和污染物排放水平依次调用化石类能源发电资源。探索建立节能量、碳排放权交易制度。建立公开、公正、高效、透明的矿业权交易市场，将矿业权出让全部纳入省市两级公共资源交易平台。科学核定初始排污权，建设全省统一的排污权交易平台，形成环保部门监督管理、交易平台组织实施、排污单位自主参与的排污权交易体系。建立排污权储备制度，重点支持战略性新兴产业、重大科技示范等项目建设。

（五）健全生态补偿机制

根据国家主体功能区的划分，宁夏中南部地区基本上被划定为限制开发区和禁止开发区，要牢固“资源有价”“生态补偿”的理念，实行资源有偿使用制度和生态补偿制度。按照“谁保护、谁受益，谁污染、谁补偿”的原则，建立以政府为主导的生态补偿机制。科学合理使用转移支付生态补偿资金，将国家转移支付资金用于生态环境保护和基本公共服务均等化。完善生态补偿制度，结合管护成本、经营效益与工资物价水平，研究确定合理的补偿标准，逐步扩大补偿范围。

综合篇

ZONGHEPIAN

“弯道超车”与宁夏生态优先发展战略关系研究

李文庆　吴　月　张东祥

实现宁夏科学发展，推动传统经济向绿色经济转型，实现增长方式的历史性转变，必须在整体上处理好经济发展与生态系统之间的关系，必须在战略全局上处理好经济社会发展和实施生态优先战略的关系。

一、“弯道超车”战略的内涵

（一）“弯道超车”战略的概念

“弯道超车”本是赛车运动中的一个常见术语，意思是利用弯道超越对方。现在这一用语已被赋予新的内涵，广泛用于政治、经济和社会生活的各个领域。“弯道超车”在正常交通领域是绝对禁止的，而在体育比赛中“弯道超车”是合法合规、有章可循的。现在这一用语已被赋予别的内涵，“弯道”往往被理解为社会进程中的某些变化或人生道路上的一些关键点，这种特殊阶段充满了各种变化的因素，极富风险和挑战，充满了超越对手、超越自我的种种机遇。

根据经济发展周期理论及世界经济的发展实践，“弯道经济”已成为国家和地区经济发展的关键节点。对每个国家和地区而言，“弯道”既是

作者简介　李文庆，宁夏社会科学院农村经济研究所所长，研究员；吴月，宁夏社会科学院农村经济研究所，博士；张东祥，宁夏社会科学院《宁夏社会科学》编辑部编辑。

一种挑战，更是一种机遇，其中也蕴藏着超越其他地区的机遇。谁能及时调整发展战略，转变发展方式，科学定位，创设适宜的经济发展环境，必将在弯道时期率先胜出，从而抢占发展机遇，换挡提速，实现经济下行期或平台期的新“超越”。

为了便于社会各界理解、支持“弯道超车”战略，消除字面上的歧义，有些学者和地方政府提出弯道超越、弯道取直、后发赶超、提档进位、跨越发展等不同的提法。

（二）“弯道超车”战略的经济内涵

“弯道超车”本身是一个体育竞技的概念，将它引入经济领域，其概念内涵已不完全相同。作为一般经济概念的“弯道超车”指的是，在经济发展的特殊时期，一个国家、地区、产业或企业以非常规的方式，实现后发赶超、跨越发展的经济竞争现象或策略。作为经济概念的“弯道超车”具有以下特性：一是非常态性，经济意义上的“弯道超车”不是经济发展的常态，而是处于经济下行阶段的欠发达地区赶超先行者或并行者的一种经济行为。二是强时效性，经济意义上的“弯道超车”因为弯道区域范围狭窄，在时间上相对经济发展的直道而言短很多，许多超车的机遇往往是稍纵即逝，一个地区要成功实现经济超车，需要快速敏捷地做出决策并付诸行动，讲求实效。三是高风险性，经济发展的“弯道”是一个充满较多不确定性因素的复杂经济竞争空间，机遇与风险并存，困难与挑战并存，在经济发展的“弯道”进行“超车”，必须要有创新的思维、足够的勇气、高超的竞技水平，才能快速安全平稳的实现“超车”。

（三）“弯道超车”战略的实践与应用

体育竞技中的弯道超车尽管与经济发展中的“弯道超车”不能等同，但在经济发展的下行阶段或困难时期，它可以作为一种发展战略被借用。经济发展过程中的“弯道超车”，指的是欠发达地区突破常规，创新思路，审时度势，后发赶超，实现跨越式发展。将体育竞技中的“弯道超车”运用于经济发展，使发展战略更为直观、形象生动，更容易被干部群众所接受，更有利于推动经济发展。

“弯道超车”概念最早被运用于企业发展，是在2008年《中国工商时报》关于康佳集团产业发展战略的报道，标题是：康佳白电瞄上“弯道超车”。“弯道超车”概念广泛应用于地方政府的区域经济发展战略，是指后发赶超型经济发展模式。2008年河北省广宗县委书记毕振水提出要借用外力“弯道超车”，实现“补课追赶”的任务目标。2008年湖南省将“弯道超车”理念作为全省应对金融危机，实现跨越发展的战略思想与方针。近年来，贵州省积极适应经济发展新常态，保持好自己发展的定力，通过后发赶超、跨越发展，在经济发展新常态中走出一条有别于东部、不同于西部其他省份的发展新路。湖北省提出发挥兼具发达地区和欠发达地区的双重优势，加快发展、提档进位，推进湖北经济的跨越式发展。安徽省在金融危机后提出要坚定信心、主动作为，把握机遇，发挥后发优势和竞争优势，推动安徽省经济在困难条件下的弯道超车。2011年，新疆提出抓住机遇，后发赶超，推进新疆跨越式发展和长治久安。在进入经济下行期和平台期的新常态背景下，中西部省区纷纷提出通过“弯道超车”战略，实现经济跨越发展、后发赶超的各种措施。

为什么中西部地区现在可以弯道超车？因为那些东部发达地区的车速慢下来，它们一边要放慢速度，一边要找下一个路标在什么地方，这时候如果超车的话，靠的是良好的方向感，知道新的路在什么地方，从经济的角度来说它是“弯道超车”，就是说大家在正常的时候速度都一样，在弯道的时候，看你减不减速，看你车技、看你的速度。一个地方也是这样，要看你在这个阶段，能不能处理好经济发展的这些要素，实现超常规发展。在新常态背景下，新常态不能成为不作为的托词和借口，新常态必须有新认识，才能发现新机遇，才能有更好、更快地发展。

二、宁夏实施“弯道超车”与生态优先战略的关系

国内外的许多成功实践经验表明，实施生态优先战略与经济发展相辅相成。当前，宁夏经济发展受经济新常态的影响，发展速度受到一定影响，必须实施“弯道超车”战略，加快宁夏发展，处理好经济发展与生态优先之间的关系。

（一）转变发展模式，走集约化、知识化与生态化有机结合的经济发展道路

形成生态与经济相互协调的现代经济发展模式，是实施生态优先原则的根本措施。这包括大力发展循环经济，积极推进生态农业和清洁生产、积极推进现代绿色服务业。这种新型生产方式既可以最大限度地节约资源和保护生态环境，实现最大的生态利益；又可以用最小的投入获得最大的经济产出，是一种高效的经济发展模式。国内外实践已经雄辩地证明，这样一种绿色经济发展道路，是现实可行的。

（二）生态资本是绿色经济的基础，也是人类生存发展的基础和生命线

要设置保护生命线的“绿色高压线”，谁危及或破坏生命线，就必须受到应有惩罚。要加快制定和完善有关法律、法规和标准，依法对产品生产、流通、消费的全过程进行绿色监管，严格控制和禁止高消耗、高污染、质量低劣、不符合生态安全和卫生标准产品的生产与消费。针对当前矿产资源开发秩序混乱、回采率偏低、矿难频发、浪费严重、利用效率不高等严峻问题，必须科学设置回采率、综合开发、安全保障、利用效率等刚性标准体系，全面实行矿山开采权拍卖，运用市场机制，明晰资源产权，通过市场交易使其价格更准确地体现生态价值。设置新上项目的绿色门槛，不再上马高污染高消耗项目，并加快淘汰高污染、高消耗、过剩产能等落后的黑色生产力。

（三）实施外部成本内部化，推进经济发展转型

把包括资源环境在内的生态系统价值化、资本化和内部化，是解决传统发展模式弊端的根本出路。通过对污染者征收高额税收或排污费用，可以在成本制约下促使企业主动寻求高效节能的技术模式；通过适当取缔严重浪费资源的高消费，提高消费者的消费成本，可以有效扼制高消费行为。在这种机制下，会使经济利益逐步转化为生态利益。必须运用市场、法律、政策等综合手段，坚决把生产者转嫁给社会的生态成本内化为其私人成本，迫使企业不得不进行技术创新和经济转型。尽快完善和坚决执行排污收费制度，提高收费标准特别是罚款标准，罚就罚到伤筋动骨直致倾家荡产，罚就罚到丢官失爵，使污染者不敢造次铤而走险，从而推动宁夏经济转型发展。

三、宁夏实施“弯道超车”与生态优先融合发展的路径选择

加快宁夏发展关系人民幸福，坚持生态优先关乎长远发展。必须始终坚持一手抓发展，一手抓生态，实施“弯道超车”与生态优先融合发展之路。

（一）将转变经济发展方式这一主线贯穿于经济社会发展全过程

宁夏具有西部大开发、“一带一路”战略支点、内陆开放型经济试验区多重政策优势，有丰富的自然资源优势，有建立在丰富的土地资源、便利的引黄灌溉和良好的光热条件基础上的农业资源优势，要依托优势，加快构建具有宁夏区域特色的现代产业体系。一是推进工业优化升级。大力发展高新技术产业，限制资源消耗型和高耗能工业，突出抓好能源化工战略主导产业，重点抓好宁东能源化工基地，推动战略性新兴产业发展，推进产业结构优化升级，大力发展轻纺工业和清真产业，改善工业经济增长质量和效益。二是用发展工业的理念抓农业。调整农业产业结构，加快发展现代农业，推进特色农产品基地建设，优先发展特色优势农产品加工业，积极发展设施农业、节水型农业、城郊型农业等高效农业，壮大龙头企业，增加农民收入。三是促进服务业崛起。重点推进物流产业、文化产业和旅游产业发展，加快现代服务业发展。

（二）发展低碳经济

发展低碳经济既面临着新的挑战，更是一次历史性机遇，潜力巨大、前景广阔。从发展导向看，低碳经济将成为包括我国在内的各国经济发展的“指挥棒”，政府导向意图十分明显。从技术水平看，由于低碳经济发展正处于初级阶段，宁夏与发达地区在低碳技术上差距不大，只要反应早、起跑快，就有可能在某些领域实现突破，引领低碳产业新潮流。一是发展低碳经济势在必行，就全球而言，发展低碳经济已成为当前国际社会的主流选择，一场低碳经济、绿色经济的博弈与合作正在全球范围内展开，低碳消费也必将成为群众普遍的选择和追求。就国内而言，先进发达地区和周边城市正在抢抓发展低碳经济的先机。二是宁夏发展低碳经济面临前所未有的历史机遇，宁夏具有较为丰富的风能、太阳能、生物质能等新能源

资源和十分丰富的碳汇点，发展低碳经济自然条件优越、潜力巨大。从产业前景看，低碳经济已成为新一轮发展的主要增长点，蕴藏着巨大的经济利益。尽管在经济新常态背景下宁夏经济还未大幅回升，但宁夏应抓住机遇，通过低碳经济增长，促进宁夏实现“弯道超车”。伴随发展低碳经济应运而生的物联网、智能电网、智能交通、环保等行业，潜力巨大、效应可观。

（三）推进绿色城镇和美丽乡村建设

坚持走以人为本、绿色低碳的新型城镇化道路，全面提高城市规划建设管理水平，让人民群众生活在更加宜居的环境中。结合自然资源特点和民族人文特色，科学设计城镇形态、空间廊道、景观风貌、建筑风格，推进产城融合、职住平衡，提高城镇对人口的聚集能力。优化村庄规划布局，推动城镇基础设施和公共服务向农村延伸，加快推进城乡一体化。绿化美化村庄，引导农民植树护绿，加强村边、山边、农田林网绿化和庭院绿化，整治村容村貌，切实改善农村生产生活环境。以供给侧改革为引领，补齐绿色城镇和美丽乡村建设中的短板，加快海绵城市和农村危房危窑改造，撬动民间投资，提高绿色经济发展动能。

（四）对各市经济发展实施分类指导

全区五市经济发展条件不同，应当实施分类指导，促进各市争先发展。第一类银川市，综合保税区、滨河新区、临港经济区、宁东基地、生态纺织园集群式一体化发展，发展基础较好，发展条件较优，应当在全区率先发展，起到经济发展核心区和龙头的作用。第二类，吴忠市、中卫市，吴忠市围绕现代能源化工、清真食品穆斯林用品、现代装备制造、生态纺织等优势产业，继续通过抓项目促发展，在新常态下保持较高速度发展；中卫市是连接我国西部能源和东部市场的咽喉要地，也是西北地区交通枢纽城市，应当进一步发挥旅游城市、物流节点城市的优势，发挥能源枢纽的作用，建设国家级能源储备加工基地，在旅游、物流、信息、新兴产业等领域取得较快发展。第三类，经济发展较为困难的石嘴山市、固原市，石嘴山市处于经济转型的困难时期，要调结构、促转型，抓项目、保发展，努力恢复工业大市雄风；固原市生态环境脆弱，发展条件较差，通过生态移民、特色农业、旅游、民生工程等促发展、保民生。石嘴山市、固原市应当与自治区增长速度同步，相互竞争不垫底，通过分类指导，推进全区经济增长，实现弯道超车。

（五）谋划绿色新型产业园区

以绿色发展为目标，以产业园区为载体，以新兴绿色产业为支撑，谋划绿色新型产业园区建设。在继续建设好宁东能源化工基地的基础上，力争形成宁东、盐池、甘塘三个国家级新型绿色产业园区，努力提高新兴绿色产业发展水平，积极发展节能环保产业。利用宁蒙陕甘毗邻地区石油天然气富集优势，在盐池建设石化基地；利用中卫交通枢纽、西气东输枢纽及蒙古国、新疆煤炭等资源，在甘塘建设新型能源化工基地，形成宁夏经济发展新的经济增长极。

宁夏生态文明建设进程研究

马红梅

党的十八大将生态文明建设放在突出位置，纳入“五位一体”的总布局并将“美丽中国”作为生态文明建设的宏伟目标，十八届三中全会提出要建立系统完整的生态文明制度体系。宁夏的生态文明建设是国家“两屏三带”生态安全战略的重要组成部分，对于保障国家生态安全和民族地区经济社会可持续发展具有重大意义。

一、宁夏生态文明建设的历史进程

自治区自成立以来，党委、政府高度重视生态环境建设和环境保护工作，以重点生态工程建设和环境污染源头治理为突破口，采取了一系列保护和改善环境的重大举措，取得了举世瞩目的成绩。

（一）宁夏回族自治区成立至1978年实施“防沙治沙”生态建设工程

从20世纪50年代开始，宁夏开始实施“防沙治沙”工程，在中卫市，为保护我国第一条沙漠铁路包兰线的畅通，宁夏治沙人创造出麦草方格治沙技术，在裸露的移动沙丘上大面积固沙造林，建立起了五带一体治沙防护体系，解决了世界性难题，确保了铁路至今畅通无阻。通过连续多年防沙治沙生态工程，宁夏的生态环境逐渐由黄转绿，实现了“治理速度”大

作者简介 马红梅，中共宁夏区委党校哲学教研部副主任，副教授。

于“沙化速度”的历史性转变，生态环境与相关经济发展开始步入良性循环。宁夏的防沙治沙经验是对宁夏的贡献，也是对中国乃至全世界的贡献。宁夏的生态区位十分重要，是风沙进入祖国腹地和京津地区的主要通道和前沿地带，宁夏的防沙治沙工作是建设祖国西部生态屏障的需要，更是维护中华民族生态安全的需要。

（二）1978年至2000年实施“退耕还林（草）”“三北防护林”生态建设工程

其一，实施“退耕还林（草）”工程。实施退耕还林（草）工程，整治水土流失，改善沙区生态条件，不仅是关系到宁夏人民子孙后代生存和发展的大事，同时也是维护我国生态安全，实现可持续发展的大事。从2000年开始，宁夏在固原市的彭阳县、原州区（原固原县）、西吉县、泾源县和隆德县开始退耕还林（草）试点工程，2001年增加海原县试点区，2002年全区全面启动退耕还林（草）工程。退耕还林区生态得到改善，水土流失和土地沙化得到缓解，林业生态和产业建设逐步趋于合理，全区生态进入了“整体遏制、局部好转”的新阶段。退耕还林（草）工程实施以来，宁夏林业产业的快速发展也为生态建设的可持续发展和促进农民增收闯出了新路子。其二，实施“三北防护林”工程。为保护环境和扩大林草植被，遏制宁夏日趋恶化的生态状况，1978年国务院批准建设三北防护林工程，宁夏全境列入三北防护林体系建设范围，是三北地区唯一全境列入三北工程的省区。从自治区林业厅了解到，三北工程为宁夏经济社会可持续发展做出了重要贡献。

（三）2001年至今实施“禁牧封育”“湿地保护”“生态移民”生态建设工程

其一，实施“禁牧封育”工程。2003年5月1日，宁夏率先在全境实施禁牧封育工程，境内近4000万亩天然草原彻底“休养生息”。截至目前，宁夏呈现出生态恢复、生产发展的良好局面。其二，实施“湿地保护”工程。20世纪50年代后，由于气候干燥、围湖造田和城市建设等原因，自然湿地面积减少，湿地生态退化。2001年以来，宁夏加大对湿地生态进行抢救性恢复建设，制订了“自治区湿地保护中长期发展规划”，组建了区、市两级湿地保护管理机构，出台了湿地保护的地方性法规，并重点实施湿地保护恢复工程，包括毛乌素沙地边缘的盐池哈巴湖国家级湿地自然保护区以及鸣翠湖、黄沙古渡、星海湖等11处国家级湿地公园，宁夏的湿地保护、恢复和利用工作已走在全国前列。其三，实施“生态移民工程”。从20世纪80年代开始，宁夏先后组织实施了引黄灌区吊庄移民、1236工程、易地扶贫搬迁移民、中部干旱带县内生态扶贫等，累计移民96.33万人，其中县外搬迁62.5万人，县内搬迁16.08万人，就地旱改水17.75万人，扣除扶贫扬黄工程重复计算的12.37万人，净移民数为83.96万人[1]。“十二五”期间，宁夏共投资105.8亿元，搬迁中南部地区35万贫困人口，极大地改善了民生，从根本上解决了山川区发展不平衡、不协调、不可持续的问题。

二、宁夏生态文明建设的主要成就

多年来，自治区党委、政府高度重视生态文明建设，并以生态建设为重点，提出“抓生态建设就是抓发展”“加强生态建设是落实科学发展观的具体体现”的重要理念，为建设美丽宁夏打下了坚实的基础，创造了良好的氛围[2]。

（一）依托各项生态建设工程，生态环境建设成效显著

其一，深入实施生态林业工程。全区森林资源总量快速增长，森林覆盖率由2000年的8.4%增长到2013年13.6%。其二，突出抓退耕还林工程。2003年5月，宁夏在全国率先实行全境封山禁牧，扎实推进退牧还草工程建设，使全区天然草原得到休养生息和切实保护，天然植被得到有效恢复，植被覆盖率大幅度提高，因土地沙化和水土流失所造成的自然灾害明显降低。其三，突出抓资源管护工作，湿地保护走在全国前列。目前，全区湿地总面积约400万亩，约占全区地域总面积的5%，比全国平均水平高出1.2个百分点。其四，全面推进全国防沙治沙综合示范区建设，防沙治沙走

[1] 狄国忠.宁夏生态移民及移民区的社会管理问题与解决对策[J].中共银川市委党校学报,2013(4).

[2] 朱天魁,王丛霞. 建设美丽宁夏 共绘人民美好生活新家园[N].宁夏日报,2013(12).

在全国前列。自治区率先在全国以省为单位全面实行禁牧封育，天然草原全部承包到户，并采取工程措施和生物措施相结合的举措来加强荒漠化防治。全区累计治理沙化土地700万亩，近10年沙化土地净减少80万亩，是全国最早实现人进沙退的省区。

（二）节能减排实现历史性突破，环境质量持续明显改善

其一，“十二五”期间，宁夏把环境保护作为促进经济结构调整和经济增长方式转变的重要抓手。淘汰关停工艺差、能耗高、污染重的落后企业1900余家；全区10万千瓦以上火电机组全部安装脱硫设施，走在全国前列；全区新增城市污水处理厂22座，县县建成污水处理厂，人均污水处理能力高于西北地区一倍，走在西部地区前列。其二，宁夏加大了环境污染治理投资力度，并将污染减排年度目标纳入5个市经济发展目标考核范围，进一步优化能源消费结构，提高非化石能源消费比重，鼓励低碳产品消费。宁夏大力实施减排工程建设力度，加快淘汰落后产能步伐，强化监督管理和减排措施，实现了主要污染物排放总量由增到减的历史性转折。银川市环境空气质量水平，在全国省会城市中处于领先地位。

（三）政策法规相继出台，生态文明建设的法规体系不断完善

近年来，审议通过了《关于加强农村环境保护工作的意见》，使宁夏成为目前全国第一个以党委、政府文件出台加强农村环保工作意见的省区。宁夏继2006年被环保部确定为全国第一个农村小康环保试点省区之后，又两次被环保部列为全国3个农村环境整治目标责任制考核试点省区和全国8个农村环境连片整治示范省区之一，在项目和资金上得到了国家的大力支持和重点倾斜，110万农民直接受益，农村环境保护工作处于全国领先水平。2011年12月1日出台的《宁夏回族自治区环境教育条例》，是探索中国环保新道路的重要成果。2012年11月1日施行的《银川市农村环境保护条例》，为银川市农村环境保护提供法律依据。

（四）人居环境明显改善，民众文明程度不断提升

从2007年开始，自治区政府连续七年认真组织实施为民办10件环保实事，切实解决影响人民群众身体健康、生命安全、群众反映强烈和存在环境安全隐患的重大环境问题，有效保障了人民群众的身体健康和生命安全。在全国率先实施农村环境连片整治，出台了加强农村环保的政策措施，累计投入10多亿元。创建国家级和自治区级生态乡镇及生态村180个，全区三分之一以上农村人口从中受益。城市污水处理率、生活垃圾无害化处理率、城市建成区绿化覆盖率明显提高。各地以加强农村基础设施建设为基础，结合卫生城镇创建活动，加快改水、改厕步伐，农村环境面貌明显改善。

三、宁夏生态文明建设的基本经验

多年来，宁夏在生态文明建设方面积极作为，政策上敢为人先，在全国产生了积极影响，经验十分宝贵，值得其他地区借鉴。

（一）树立生态文明意识

党的十七大第一次明确把“建设生态文明”作为全面建设小康社会奋斗目标的新要求提了出来，十八大将生态文明建设放在突出位置，纳入“五位一体”的总布局。宁夏在十届人大一次会议以来就十分重视生态文明建设，并把树立生态文明意识作为生态文明建设的前提和基础，坚定不移地推进生态环境保护和建设。

其一，破除就生态论生态的传统生态观。在生态文明建设的实践中，宁夏注重克服就生态抓生态的习惯作法，使思想观念由生态建设转向生态文明建设，实现了思想认识的巨大飞跃。在此基础上，生态文明建设指导思想也由工程优先、注重建设、造林绿化为主转向保护优先、建管并重、自然恢复为主，实现转变生态建设方式的大进步。其二，坚持“抓生态就是抓发展、抓生态就是抓生命工程”的理念。宁夏发展决不能重蹈人类历史上工业文明，生态倒退的覆辙，要在各级干部中大力推行“抓生态就是抓发展、抓生态就是抓生命工程”的新理念，让宁夏回汉各族人民在追赶全国发展的同时，充分享受蓝天白云的畅快、绿水青山的清新、鸟语花香的优美。其三，坚持“保护自然也是政绩”的观念，坚持保护优先、因地制宜，宜封育则封育，宜保护则保护，宜建设则建设，加大封山禁牧、封山育林力度，加大森林资源、湿地、野生动植物保护力度，珍惜来之不易的生态成果。其四，坚持优美环境是宁夏最大优势。宁夏回族自治区党委书记李建华在自治区党委十一届三次全体（扩大）会议上强调：良好的生态环境是最公平的公共产品、最普惠的民生福祉，必须把生态建设摆在突出的位置，把环境友好、人与自然协调、精神文明和人民幸福作为重要目标。

（二）确立生态立区的发展战略

对于生态环境相对脆弱的宁夏来说，保护生态环境就是保护生产力，改善生态环境就是发展生产力。

其一，实施环保项目带动战略。通过实施环保项目带动战略，全区环保工作取得了突破性进展。基本形成了自治区级环境信息网络、区市级环境质量监测网络、区市县三级环境监察能力、自治区级危险废物处置能力、主要市县“12369”环保举报热线和重点污染源自动监控能力。其二，实施“生态产业化，产业生态化”战略。生态是资源，宁夏以“产业化”的思维谋发展，努力探索生态效益、经济效益和社会效益统筹兼顾的产业化发展路径，实现由“生态换取增长”向“生态优化增长”转变。充分利用沙地资源，大力发展沙产业。其三，实施建设祖国西部生态屏障战略。按照“大地园林化”的要求，重点建设“六个百万亩”工程。在贺兰山东麓地区，发展防护林、生态经济林、封山育林和以葡萄等林果产业为主体的各具特色的国际生态庄园，建设贺兰山东麓百万亩生态防护林工程。其四，实施生态优先的发展战略。2014 年宁夏环保实施生态优先发展战略，出台《环保厅转变职能优化服务办法》，制订《宁夏项目投资环境保护指南》，运用“优先、控制、禁止”三道闸门，推动产业结构调整。

（三）构建全社会共同参与的体制机制

多年来，自治区党委和政府始终注重构建全社会共同参与的体制机制，形成全社会协力推进的环境保护新格局。

其一，建立完善的环境宣教体系和多元化的宣教工作投入机制。建立完善环境宣传教育体系，落实全民环境教育计划，培育壮大环境保护志愿者队伍，引导和支持公众及社会组织开展环境保护活动。其二，进一步实行环境保护政务信息公开制度。完善新闻发布和大环境信息公开制度，建立健全环境保护举报制度，广泛实行信息公开，加强环境保护的社会监督。

其三，建立有奖举报制度、落实公众环保听证制度，激励公众参与监督环境违法行为。其四，加强环境监管机制建设。健全地方监管、单位负责的环境监管体制。地方政府对辖区环境质量负责，对下级政府的环保工作和重点单位的环境行为实施监督。其五，健全环境与发展综合决策机制。不断完善党委领导、政府负责、环保部门统一监督管理、有关部门协调配合、全社会共同参与的环境管理体系。其六，建立“政府引导、地方为主、市场运作、社会参与”的多元化投融资机制。各级政府把环境保护作为公共财政支出的重要领域，不断增加财政资金对环境保护的支持力度。研究制定有利于环境保护的价格、税收、信贷、贸易、土地和政府采购等政策，制定鼓励环保型产品开发和环境污染治理的优惠政策。

（四）依法解决突出环境问题

多年来，自治区党委、政府狠抓生态建设的同时，十分关注影响群众健康和可持续发展的突出环境问题，对破坏生态环境零容忍，依法解决突出环境问题，不断开创宁夏生态建设的新局面。

其一，环境执法重点突出。解决突出环境问题是宁夏环境执法的重点，宁夏深入开展整治违法排污企业、保障群众健康专项行动，严厉查处环境违法行为和案件。其二，环境执法力度不断加大。全区环保部门建立了政务公开和规范化服务制度、执法责任制度、环境污染举报快速查处制度，推行了依法行政，统一执法文书，规范了执法程序和执法行为，查处了一批重大违法案件。所有新建、扩建、改建和技改项目，包括引进、合作、合资、扶贫项目，都会严格执行环境影响评价制度和“三同时”“三同步”制度，坚决控制新的污染源产生。加强生态环境监察，开展农业环境监察，实现从工业污染监察向全方位的环境监察转变。积极配合各级人大开展环境专项执法检查。完善跨行政区域环境执法合作机制和部门联动执法机制。规范排污费征收、行政处罚等执法程序，强化区域交叉执法及后督察制度，建立和完善区督查、市检查、县排查的环境行政执法体系，提高执法效率。深入开展整治违法排污企业、保障群众健康环境保护专项行动，严查违法违规行为，严惩危害群众切身利益的企业，切实解决影响群众生活、生产的环境问题，坚决维护群众的环境权益。

参考文献

[1] 宁夏回族自治区环境保护“十五”计划[R].

[2] 宁夏回族自治区环境保护“十一五”规划[R].

[3] 宁夏回族自治区环境保护“十二五”规划[R].

[4] 中共宁夏回族自治区区委党校,宁夏回族自治区统计局. 深入实施西部大开发战略专题数据手册[M]. 银川:阳光出版社,2010.

关于创建全国生态文明试验区及编制宁夏实施方案的建议

张　廉　李文庆　郑彦卿　吴　月

近日，中共中央办公厅、国务院办公厅印发了《关于设立统一规范的国家生态文明试验区的意见》（以下简称《意见》）及《国家生态文明试验区（福建）实施方案》，并发出通知，要求各地区各部门结合实际认真贯彻落实。《意见》指出，今后根据改革举措落实情况和试验任务需要，适时选择不同类型、具有代表性的地区开展试验区建设。对此，宁夏应提早谋划启动创建全国生态文明试验区及编制宁夏实施方案工作，以加快建设美丽宁夏的进程，把天蓝、地绿、水净、空气清新、宜居宜业这张名片打造得更加亮丽，以宁夏小气候、小环境的改善，为“美丽中国”建设作出贡献。

一、创建全国生态文明试验区及编制宁夏实施方案的必要性

党的十八大把生态文明建设纳入中国特色社会主义事业“五位一体”总体布局，党中央、国务院就加快推进生态文明建设作出一系列决策部署，先后印发了《关于加快推进生态文明建设的意见》和《生态文明体制改革

作者简介　张廉，宁夏社会科学院院长，教授；李文庆，宁夏社会科学院农村经济研究所所长，研究员；郑彦卿，宁夏社会科学院国史研究所所长，研究员；吴月，宁夏社会科学院农村经济研究所，博士。

总体方案》。党的十八届五中全会提出，设立统一规范的国家生态文明试验区，为完善生态文明制度体系探索路径、积累经验。2016年8月，中共中央办公厅、国务院办公厅印发了《关于设立统一规范的国家生态文明试验区的意见》，将福建、江西和贵州三省纳入首批国家生态文明试验区。开展国家生态文明试验区建设，对于凝聚改革合力、增添绿色发展动能、探索生态文明建设有效模式，具有十分重要的意义。

习近平总书记2016年7月视察宁夏时指出，宁夏是西北地区重要的生态安全屏障，要大力加强绿色屏障建设。要强化源头保护，下功夫推进水污染防治，保护重点湖泊湿地生态环境。要加强黄河保护，坚决杜绝污染黄河行为，让母亲河永远健康。习总书记的讲话精神为宁夏创建国家生态文明试验区指明了方向，我们应以科学发展观为指导，深入贯彻执行中央制定的《生态文明体制改革总体方案》和自治区党委提出的《关于制定国民经济和社会发展第十三个五年规划的建议》，以建设美丽宁夏为目标，以正确处理人与自然关系为核心，以解决生态环境领域的突出问题为导向，因地制宜、大胆试验，探索欠发达地区和生态较为脆弱区经济社会发展的新思路、新模式、新方法、新路径。到2020年，与全国同步建成全面小康社会，生态文明理念深入人心，符合主体功能定位的空间开发格局基本形成，产业结构更趋合理，资源利用效率大幅提升，生态系统稳定性增强，人居环境明显改善，生态文明制度体系基本形成。取得的生态文明建设经验，在宁夏管用，在西部可推广，在全国可借鉴。

二、创建全国生态文明试验区及编制宁夏实施方案的可行性

一是历届自治区党委、政府高度重视生态文明建设，始终坚持一手抓经济社会发展，一手抓生态建设，特别是自治区党委十一届三次全会提出的建设美丽宁夏的宏伟目标，十一届八次全会通过的《关于落实绿色发展理念，加快美丽宁夏建设的意见》，为创建全国生态文明试验区奠定了制度基础。

二是经过多年的奋斗和生态文明建设，特别是通过大力实施封山禁牧、退耕还林、湿地保护、绿化美化、移民迁出区等生态修复工程，着力打造

沿黄城市带绿色景观、贺兰山东麓生态产业、中部干旱带防风固沙和六盘山区域生态保护“四大长廊”，全区生态环境持续好转，生态环境的改善程度居全国前列，是我国第一个实现人进沙退的省区，已经具备创建全国生态文明试验区的基础条件。

三是近年来，宁夏积极开展创建、申报国家相关生态文明示范区等工作，并取得了显著的成绩。2013 年 12 月，《国务院关于加快发展节能环保产业的意见》发布后，2014 年 6 月公布了 55 个地区作为第一批生态文明先行示范区建设地区，宁夏的永宁县和利通区名列其中。2016 年 1 月，国家发改委发布开展第二批生态文明先行示范区建设通知，共确定了 45 个地区，其中包括宁夏石嘴山市。这为宁夏探索创建全域“国家生态文明试验区”，积累了有益的经验。

四是在国家首批确定的生态文明试验区福建、江西和贵州三个省，均位于生态环境良好、资源环境承载力高的南方地区，在我国广大的北方地区缺乏可借鉴性和可复制性。宁夏位于黄河中上游，是国家“两屏三带”生态安全战略的重要组成部分，面积虽然不大，却存在山脉、森林、草原、湿地、沙漠、灌溉和旱作农业等多种生态系统，区内地域差异显著，生态类型复杂多样。将宁夏设立为国家生态文明试验区，具有北方地区典型性、可复制性的特点，对于不同地区的生态文明制度建设具有示范作用。

三、创建全国生态文明试验区及编制宁夏实施方案的建议

《关于设立统一规范的国家生态文明试验区的意见》指出，今后根据改革举措落实情况和试验任务需要，适时选择不同类型、具有代表性的地区开展试验区建设。对此，宁夏应抢抓机遇、提早谋划，尽快启动创建全国生态文明试验区及编制宁夏实施方案工作，以加快建设美丽宁夏的进程，把天蓝、地绿、水净、空气清新、宜居宜业这张名片打造得更加亮丽，以宁夏小气候、小环境的改善，为“美丽中国”建设作出贡献。

一是由自治区发改委牵头，相关厅局和智库参与，研究编制生态文明试验区建设规划和实施方案。按照规划先行的原则，组织编写《宁夏生态文明试验区建设规划》和《宁夏生态文明试验区建设实施方案》确立生态

文明试验区建设的指导思想、基本原则、发展战略、主要任务和实施措施，为申报国家生态文明试验区打基础。

二是完善生态文明建设评价考核制度。完善《自治区党政机关、地级市领导班子和领导干部年度考核实施办法》，进一步加大资源消耗、环境保护、消化产能过剩等指标的权重；探索编制自然资源资产负债表，对领导干部实行自然资源资产和资源环境离任审计；实施严格的水、大气环境质量监测和领导干部约谈制度，对水、大气环境质量不达标和严重下滑、生态环境造成破坏的地方党政主要领导进行约谈或诫勉谈话。

三是完善环境治理和生态保护体系。积极培育环境治理和生态保护市场体系，探索建立市场化机制推进生态环境保护，培育一批环保产业龙头企业。实施黄河宁夏段及支流、湖泊湿地管养制度，培育一批专业化、社会化的河湖湿地养护队伍。建立用能权交易制度，推进火电、化工、建材等行业节能交易试点，推动开展跨区域用能权交易。建立碳排放权交易体系，探索林业碳汇交易试点。构建绿色金融体系，鼓励各类金融机构绿色信贷发放力度，探索建立财政贴息、助保金等绿色信贷扶持机制，积极推动绿色金融创新。

四是完善生态文明建设体制机制。建立多元化的生态保护补偿体制，完善稳定生态文明建设投入机制，加大对中部干旱带、南部山区以及矿山生态修复支持力度。建立自然资源产权管理体制，实行权力清单管理，明确各类自然资源产权主体权利，规划建立自然资源交易制度。完善水资源保护体制，全面落实“河长制”，落实河湖湿地管护主体，强化水污染防治、水环境治理等工作属地责任。完善农村环境治理体制，坚持城乡环境治理并重，推进农村污水治理，完善城乡一体化垃圾处理模式，构建县乡财政补贴、社会资本参与、村民定标付费的多元化农村环境治理运营机制。

五是进一步完善相关法规制度体系。落实《宁夏空间发展战略规划》划定的生态、耕地、水资源三条红线，完善红线区域保护制度体系；探索建立资源环境价值评价体系、生态环境价值的量化评价方法；利用现有的公共资源交易系统建立生态保护交易中心，制定推行用能权、碳排放权、排污权、水权交易制度，政府制定规则、提供交易平台，推动市场的形成与公平竞争；完善环境保护管理制度，健全各类污染应急预案，强化环境保护部门的执法权，赋予环境执法强制执行的必要条件和手段；坚持铁腕治污，实施环境保护"蓝天、绿水、净土"三项行动。

六是加大产业结构调整力度，构建绿色发展体系。大力发展可持续农业、生态农业和循环农业，坚守基本农田耕地红线，开展高标准农田建设，实施藏粮于地、藏粮于技战略。推进新型工业化，以循环经济和清洁生产技术推动能源化工产业向精细化工方向发展，实施中国制造2025宁夏行动纲要，促进工业化和信息化深度融合，对污染高、耗能高的落后产能进行兼并、重组、关停并转，完善退出机制。推动发展环保产业，进一步完善鼓励废物资源利用和可再生能源企业、环保技术开发、环保技术服务和商业服务企业发展的政策，鼓励企业提高废物的再利用、再制造和再循环，支持循环经济产业园和生态工业园发展。

七是实施一批生态建设与污染防治重点工程。依托三北防护林、退耕还林、天然林保护等国家重点生态工程，实施天然林保护、水生态文明示范和主干道路、沿山沿河整治绿化"三大工程"，构建沿贺兰山东麓和"黄河金岸"两个生态景观工程；实施污染防治重点工程，实施排污企业在线监测，严惩偷排超排行为；实施大气污染防治工程，对燃煤电厂进行环保改造，加快淘汰老旧机动车，大力发展城市公交快轨，强化施工扬尘、矿山扬尘的监管；实施农业面源污染防治工程，实施土壤有机质提升、测土配方施肥、绿色病虫害防控等项目；实施生态保护扶贫工程，将生态环保与精准扶贫相结合，推动以绿色生态为重点的产业开发。

八是打造富有宁夏地域特色、民族特色的生态文化。弘扬生态文化，是建设生态文明的重要切入点，重点以湿地保护文化、野生动物保护文化、森林旅游文化、古村落保护文化为切入点，宣传倡导树立生态文明价值观，倡导先进的生态价值观和生态审美观；通过世界水日、植树节、地球日、节能宣传周、低碳日、环境日、文化遗产日等活动，开展群众喜闻乐见的宣传教育活动；实现党政干部生态文明培训的全覆盖，不断壮大环保志愿者队伍，建立一批青少年生态文明教育社会实践基地，全面推进大中小学生生态文明教育，开展形式多样的生态文明知识教育活动；积极开展生态文明社区、机关、学校、军营、厂区等创建活动；推广闲置衣物再利用，狠抓餐饮环节浪费问题，大力推广文明餐饮消费习惯；积极引导城乡居民广泛使用节能型电器、节水型设备，选择公共交通、非机动交通工具出行；以广覆盖、慢渗透的方式逐步提高公众生态道德素养，使珍惜资源、保护生态、绿色发展成为全区人民的主流价值观。

宁夏绿色发展体系研究

李　霞

绿色发展体系是绿色经济、绿色新政、绿色人居环境等一系列概念的统称。党的十八大以来，宁夏确立了“生态优先”发展战略，出台了《关于落实绿色发展理念加快美丽宁夏建设的意见》，在全国率先出台《宁夏空间发展战略规划》和《宁夏空间发展战略规划条例》，转变经济发展方式，实现绿色发展已成为自治区各级党委政府的重要课题。

一、宁夏绿色发展取得的成效

（一）以顶层设计为引领，为绿色发展保驾护航

一是制定绿色发展规划。2015 年，自治区在全国率先编制了《宁夏空间发展战略规划》，规划了限制开发区域、禁止开发区域，合理布局生产、生活、生态三大空间，划定生态、耕地、水资源三条红线，推动形成了主体功能区。为了确保规划的严肃性、权威性和稳定性，通过自治区人大立法，确定了《宁夏空间发展战略规划条例》的法律地位。为了加强对规划执行的督促检查，自治区设立了规划办，确保规划落到实处。二是制订绿色行动计划。自治区党委、政府先后印发了《宁夏环境保护行动计划（2014—2017 年）》《宁夏大气污染防治行动计划（2013—2017 年）》等一

作者简介　李霞，宁夏社会科学院农村经济研究所副所长，研究员。

系列环境保护工作方案，颁布《宁夏污染物排放管理条例》《宁夏环境保护教育条例》等地方性环保法规，出台了自治区党委政府及有关部门环境保护责任体系、网格化监管指导意见、危险废物管理办法等相关制度，为绿色发展保驾护航。

（二）大力推动产业转型升级，提升低碳发展的绿色实力

1. 坚定不移地转方式、调结构

近年来，宁夏加大了钢铁、冶金、建材等传统产业的技术改造，推进煤化工产业向精细化方向发展，宁东基地的煤电项目全部采用60万千瓦级以上超临界间接空冷机组，煤耗、水耗达到国际国内先进水平，基本上实现了零排放。截至2016年10月，宁夏先后将13个不符合环保要求的项目拒之门外，涉及投资46.8亿元。新能源发电占宁夏电力装机容量达到14%。

2. 大力发展循环经济

目前，宁夏已初步形成了节能降耗、资源综合利用的循环经济发展模式。建立了“热电—烧碱—电石—PVC树脂—水泥联产”“煤—电—电解铝—铝材深加工”“煤—甲醇—醋酸—聚甲醛—烯烃”等一批循环经济产业链。宁夏惠冶镁业有限公司通过发展“资源—产品—再生资源—产品”循环经济圈，实现节能减排，使单位产品综合能耗由7.496吨标准煤下降到6.086吨标准煤，下降18.81%，收到良好的经济效益、社会效益。

3. 加大节能减排和“三废”治理力度

出台了《宁夏促进节能减排10条措施》，制定了一系列税收扶持政策，促使132家企业和宁夏高速公路、滨河大道两侧的12家高耗能企业尽快搬迁，对重点利用煤矸石、粉煤灰和各种废气、废渣、废水等“三废”产品生产的企业，凡符合资源综合利用条件的，以及国家和自治区命名的环境友好企业和循环经济试点示范企业，均给予减免企业所得税等税收优惠。将宁东能源化工基地纳入重点行业大气污染物排放限值执行范围。推进污水处理能力建设，加强工业废水综合利用，在宁东能源化工基地建成高盐废水深度处理工程。2014年—2016年10月，新建或提标改造污水处理厂7座。强化节能减排，坚决淘汰落后产能，严格执行十大铁律，关闭一大批规模小、污染大、工艺落后的“五小”企业，减少二氧化硫和化学需氧量4.66万吨和1.73万吨，单位GDP能耗下降10.98%，工业固体废弃物综合利用率近80%，装备脱硫设施并投入运行的燃煤机组占规模以上装机总量的92.38%。通过加大治理力度，收到了明显成效。黄河干流宁夏段水体保持Ⅲ类以上良好水质，其中Ⅱ类水质断面占比50%。监测的11个城市集中饮用水水源地水质总体良好。2016年上半年，宁夏PM10和PM2.5平均浓度分别较2015年同期下降5.8%和6%，大气环境恶化趋势得到初步遏制。

（三）致力造林增绿

一是通过实施封山禁牧、退耕还林、湿地保护、绿化美化、移民迁出区等生态修复工程，打造沿黄城市带绿色景观、贺兰山东麓生态产业、中部干旱带防风固沙和六盘山区域生态保护“四大长廊”，截至2016年10月，累计退耕还林1305.5万亩，年均治理水土流失面积1000平方公里，一些地方植被逐渐恢复，十年九旱的中南部地区特别是西海固地区这些年降雨量逐年增加。二是坚持防沙、治沙、用沙有机结合，沙化土地面积从20世纪70年代的2475万亩减少到2016年的1743万亩，被国务院批准为“全国防沙治沙综合示范区”，治沙经验在全国推广。

（四）加大执法力度，铁腕治污

重点围绕查冒黑烟、查排臭气、查尘土飞扬、查群众投诉四个关键领域，加大环境执法力度，惠农区西河桥地区小型企业在生产过程中烟气排放现象严重，无相关的环保设施。惠农区坚决取缔了环保审批手续不全、存在污染风险等问题企业。平罗县制定了《石嘴山生态经济开发区环境保护综合治理方案》，重点开展铁合金行业浇注烟气治理、原料堆场规范化治理、园区道路扬尘治理工作。按照边督查边整改要求，自治区严查严处中央第八环境保护督察组交办的476件群众举报案件。截至目前，已停产整治企业57家、限期整改179家、查封扣押5家，拘留8人、约谈35人、问责105人。

二、宁夏绿色发展的短板

（一）政府的绿色发展理念尚未全面形成

一是由于受经济发展水平及发展阶段的制约，政府对绿色发展认识不深，重发展、轻保护问题仍较突出。据中央第八环境保护督察组反馈显示：2013 年至 2015 年，全区 9 个县（市、区）累计引进医药、农药、染料中间体等项目近 60 个；2016 年，自治区对石嘴山、吴忠等污染较重地区的 PM10 年均浓度控制要求，较 2014 年《宁夏回族自治区大气污染防治行动计划（2013—2017 年）》确定的目标分别放宽 63%和 62%。二是生态用水呈逐年下降趋势。中央第八环境保护督察组反馈显示：2013 年至 2015 年，自治区分配给各地市约 140 亿立方米水量中，生态用水仅占 2.75%，且呈逐年下降趋势。三是环保投入减少。中央第八环境保护督察组反馈显示：2015 年，自治区本级财政用于大气和水污染防治资金分别较上年同期减少 58.4%和 40.6%。

（二）全区大气环境和局部水体环境质量下降

中央第八环境保护督察组反馈显示：2014 年至 2015 年，自治区 PM10 年均浓度分别比 2013 年增长 20.6%和 21.8%。2015 年冬季，银川市首次出现连续雾霾天气。2016 年上半年，银川市和石嘴山市 PM2.5 平均浓度与上年同比分别上升 16%和 6.7%，固原市 PM10 平均浓度同比上升 8%。自治区 8 条重点入黄排水沟水质为劣Ⅴ类，其中 5 条水质部分指标仍在恶化。葫芦河、渝河、茹河、清水河（固原段）等 4 条黄河支流水质由 2013 年Ⅳ类下降为 2015 年Ⅴ类或劣Ⅴ类。沙湖和星海湖水质由 2013 年Ⅲ类下降为 2015 年劣Ⅴ类，2016 年上半年水质部分指标仍在变差。

（三）生态破坏问题十分突出

中央第八环境保护督察组反馈显示：2013 年以来，自治区 9 个国家级自然保护区中，6 个存在新建或续建开发活动点位 149 处，其中 106 处为新建点位。贺兰山国家级自然保护区 86 家采矿企业中，81 家为露天开采，破坏地表植被，矿坑没有回填，未对渣堆等实施生态恢复。神华宁煤汝箕沟煤矿两个采区侵占保护区核心区和缓冲区面积 108 公顷，且切断生态保护区生物廊道，弃土弃渣沿山随意堆放，破坏林地 347 公顷。秀江工贸菜园沟煤矿占用保护区核心区、缓冲区面积 166.3 公顷，且露天开采，破坏自然环境。青年曼汽车有限公司以生态治理之名行资源开采之实，生态破坏问题突出。

（四）法律法规与政策执行能力仍较弱

虽然自治区关于绿色发展的法律法规与政策数量不少，但由于执法不严，偷排漏排问题时有发生。在中央第八环境保护督察组抽查的156家企业中，贺兰县暖泉工业园区污水处理厂、宁东水务公司污水处理厂等71家企业环保设施不正常运行或污染物超标排放。2016年上半年，平罗恒达水泥、中冶美利纸业、平罗吉青矸石热电、平罗县供热公司、宝丰能源甲醇厂（自备电厂）、宁东铝业、和宁化学等企业，废气污染物部分排放指标超标50%以上。固原市污水收集管网不配套，每天约6400吨生活污水未经处理直排清水河。彭阳县污水处理厂长期超标，部分工业废水和生活污水未经处理直接排入茹河。

三、加快宁夏绿色发展的政策建议

加快绿色发展是宁夏加快转变发展方式、提高发展质量、实现转型追赶的必然要求，是培育发展新优势、创造人民美好生活的迫切需要。加快宁夏绿色发展，必须从以下几方面发力。

（一）严格领导干部考核问责

一是建立宁夏绿色发展考核指标体系和考核办法，重点考核资源消耗、空气质量、水环境、生态效益等可量化、约束性指标，把考核结果作为干部选拔任用和管理监督干部的重要依据。二是严格落实《党政领导干部生态环境损害责任追究办法（试行）》，建立领导干部任期生态文明责任制，实行领导干部自然资源资产和环境责任离任审计，健全生态环境重大决策合法性审查及生态环境损害责任终身追究制度。

（二）加大财政投入，完善绿色发展长效投入机制

一是设立宁夏绿色产业基金，重点支持污染防治、节能减排、循环经济、环保产业发展等领域，提高资金使用效益。二是通过特许经营、PPP等模式，引导民间资本和社会力量加大投入，大力培育环境治理和生态保护市场主体，探索开展节能、碳排放权交易，加大水权、排污权有偿使用及交易力度，推行环境污染第三方治理。三是鼓励金融机构开发绿色信贷、保险、证券、担保、基金等产品和服务，支持具备条件的企业项目在资本

市场融资。四是探索建立环境损害赔偿及环境污染强制责任保险制度。

（三）实行严格的生态环境监管制度

首先，对宁夏的重点生态功能区、生态敏感区和脆弱区等重要区域，要实行严格的红线管控制度。其次，完善生态环境监管制度。严格执行《环境保护法》，完善污染物排放许可制度，实行企事业单位污染物排放总量控制，严禁无证排污和超标准、超总量排污。同时完善环境信息公开制度。自治区环境保护部门要及时公布大气、水等环境信息和重点排污企业污染物排放情况，健全举报、听证和公众监督等制度。第三，开展企业环境行为信用评价，定期公布评定结果和违法者名单。

（四）加快绿色产业发展

一是加快推进传统产业绿色化改造。鼓励企业采用高新技术、先进适用技术和节能低碳环保技术，改造提升煤炭、电力、冶金、化工、建材五大传统产业，推进原材料初级产品向成品转化，提高产业集中度、产品附加值和行业竞争力。结合自治区工业转型升级要求，明确现有各个园区的产业功能定位和产业准入。采用土地置换、政府补助等手段逐步将污染企业搬离市区，推动其向工业园区集中，减少市区环境污染，腾出空间和环境容量。二是推进新兴产业集群化发展。加快培育壮大先进装备制造、现代纺织、信息技术、新能源、新材料等新兴产业，形成产业集群，支撑转型升级。三是开展绿色制造专项行动和智能制造示范工程建设。扶持高端铸造、数控机床、仪器仪表、工业机器人等优势产业，引领和带动制造业高效清洁低碳循环发展。四是优化能源结构，推进清洁能源集约开发利用，建设国家新能源综合示范区，扭转宁夏资源能源消耗过多、环境压力趋增的产业格局。

（五）大力发展循环经济

实现资源和废弃物的循环利用，不仅可以有效降低环境污染，而且可以促进资源的再生利用。生产和生活中的废弃物不一定会造成污染，关键是要将之放对位置。要以“减量化、再利用、资源化”为目标，继续开发应用源头减量、循环利用和产业链接技术。一是实行最严格水资源管理制度。采用水循环利用技术，建设园区集中供水、污水处理回用等配套设施，推行园区循环化发展，节约利用水资源。同时增加园区节能减排考核权重，实行生产者责任延伸制度，促进园区低成本、闭合式循环发展。二是推行产业循环化发展。围绕煤炭、电力、煤化工、石油、冶金、有色金属和建材等重点产业，打造循环产业集群，推进煤矸石、粉煤灰、脱硫石膏、冶炼渣等工业固废综合利用。三是推进种植-养殖-农产品加工—休闲农业等循环链接，发展饲料生产—畜禽养殖—加工一体化产业链。四是推动石嘴山等国家循环经济试点城市和灵武市“城市矿产”示范基地建设。推进生活垃圾、餐厨垃圾、建筑垃圾资源化利用，推广垃圾焚烧发电等处理模式，健全再生资源回收利用体系，形成集约化、节约型增长方式。

（六）加强污染防治，着力提升环境质量水平

将污染治理、总量减排、环境质量改善作为宁夏绿色发展的刚性约束条件，重点对工业点源、农业面源、汽车尾气污染源实行全防全控。

1. 实施大气污染治理行动

一是综合治理大气污染，推进煤尘、烟尘、汽尘、扬尘“四尘”同治。二是加快城市燃煤锅炉拆除整治，实施集中供热、热电联产、清洁能源替代工程，推动工业园区余热回收利用，全面推广使用清洁能源。三是加大烟尘、汽尘治理力度。加强冶金、焦化等高耗能行业烟尘治理，推进石油化工、煤化工等行业挥发性有机污染物净化处理。逐步搬迁改造城市区域生物制药等污染企业。加大机动车尾气治理力度，扩大城市黄标车禁行区域，加快全部淘汰黄标车。四是加强气候变化监测评估和气象灾害预报预警，建立区域联动机制，预防重污染天气。

2. 实施水污染治理行动

一是治理城镇污水。加快各市、县城镇污水处理设施扩容提标改造，完善收集、回用配套管网建设，建立稳定运行机制。二是治理工业污水。实施造纸、焦化、氮肥、有色金属、印染、农副产品加工、原料药制造、制革、农药、电镀十大行业清洁化改造，推进污水集中处理、废水深度治理和重复利用。三是加强黄河保护，强化入黄干支流及主要排水沟水环境治理，坚决取缔入河、入湖、入渠、入沟的工业企业直排口，加快城市黑臭水体治理，杜绝污染黄河行为。

3. 实施土壤污染防治行动

一是加大农业面源污染治理力度。全面推行测土配方、水肥一体化施肥技术，加快推广使用有机肥，推进专业化统防统治和绿色防控技术示范。治理土壤盐渍化，加大退化、污染、损毁、废弃农田改良和修复力度，提高农田生态功能。二是加大规模化畜禽养殖污染防治力度，提高畜禽粪便资源化利用率、农用残膜回收利用率和农作物秸秆利用率。三是加大固体废物治理力度。加强医疗废物、危险化学品、放射性废物集中收集和专业化处置，严禁含重金属的废水、废渣污染土壤，防控重大环境风险。

（七）加快发展现代服务业

一是大力发展节能环保产业，完善环保产业发展规划、政策和市场服务体系，规划建设产业化示范基地。二是大力发展全域旅游，实施全域旅游发展三年行动计划，按照“全景、全业、全民”模式，推动景区开发、旅游交通、服务、宣传营销一体化，发展生态观光游、乡村体验游、民俗风情游、文化遗址游、体育休闲游等新业态，推进全域旅游示范区建设。三是培育和壮大电子商务、会展经济、健康养生、现代物流、文化创意等现代服务业，积极引进生物医药、电子信息、节能环保、新能源和高端装备制造等战略性新兴产业。

（八）倡导绿色生活方式

一是倡导文明节俭、生态环保的生活方式，严格执行《党政机关厉行节约反对浪费条例》，广泛开展文明餐桌“光盘行动”。二是推动绿色消费，鼓励城乡居民购买新能源汽车、高能效家电、节水器具等节能环保低碳产品。提倡步行或搭乘公共交通工具等绿色出行方式。

参考文献

［1］戴菁，李红. 坚持绿色发展　建设美丽宁夏——中共宁夏回族自治区党委书记李建华答本报记者问［N］. 学习时报，2016-1-14.

［2］2016 年 11 月 16 日中央第八环境保护督察组向宁夏回族自治区党委、政府通报反馈督察意见［Z］. 2016-11-16.

形势篇

XINGSHIPIAN

宁夏空气环境状况研究

王林伶

一、2015年宁夏空气质量状况回顾

2015年，按照《环境空气质量标准》（GB3095-2012）评价，宁夏银川、石嘴山、吴忠、固原、中卫5个地级市达标天数（优良天数）分别是259、228、270、323和268天，达标比例分别为71.0%、62.5%、74.0%、89.0%和73.4%；达标天数（优良天数）比例范围为62.5%—89.0%，宁夏平均达标天数比例为73.9%。宁夏轻度、中度、重度和严重污染天数比例分别为19.3%、4.0%、2.1%、0.6%，其中优等天数占7.2%、良好天数占66.8%、轻度污染天数占19.3%、中度污染天数占4.0%、重度污染天数占2.1%、严重污染天数占0.6%。在超标天数中以PM10和PM2.5为首的污染物天数分别占44.4%、38.1%。颗粒物（PM10）宁夏平均年均浓度为106微克/立方米，同比上升1.0%，细微颗粒物（PM2.5）宁夏平均年均浓度为47微克/立方米，同比下降4.1%（见表1、图1）。

2015年，宁夏共出现沙尘天气5次，其中浮尘4次、扬沙1次；虽然沙尘天气减少了1次，但是污染的范围明显增强和增大了，宁夏受扬沙天气影响人口约475.45万人，占总人口的71.9%。首府银川市环境空气质量

作者简介 王林伶，宁夏社会科学院综合经济研究所助理研究员。

达标天数（优良天数）比例下降4.1个百分点，优良天数减少15天；轻度和重度污染天数均增加9天，中度和严重污染天数分别减少1天和2天。

表1　2015年宁夏环境空气质量天数状况

城 市	有效监测天数(天)	优良天数（天）	优良天数（比例）	优良天数同比变化	优等天数（一级）	良好天数（二级）
银川市	365	259	71.0%	–15	19	240
石嘴山市	365	228	62.5%	–2	13	215
吴忠市	365	270	74.0%	–	36	234
固原市	363	323	89.0%	–	50	273
中卫市	365	268	73.4%	–	13	255

说明：环境空气质量自动监测项目：二氧化硫（SO_2）、二氧化氮（NO_2）、颗粒物(PM10)、细微颗粒物（PM2.5）、一氧化碳（CO）、臭氧（O_3）。同时，2014年，固原市和中卫市有效监测天数分别为343天和363天，吴忠市优良天数288天，故2015年3个城市的优良天数均不做同比。

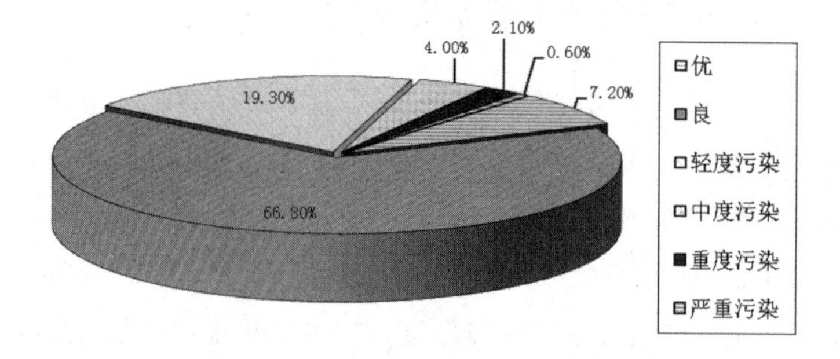

图1　2015年宁夏空气质量级别情况

二、2016宁夏空气治理与五市“环境空气质量综合指数”排名

（一）宁夏空气治理措施与成效

1. 沙尘天气

2016年一季度受较强冷空气东移南下的影响，宁夏出现了6次沙尘天气，较上年同期增加4次；其中，一级沙尘天气（浮尘）3次，二级沙尘天气（扬沙）3次，最强沙尘天气发生在3月4日，持续时间为10个小时，五个地级市均受到影响。与2015年同期相比，一级沙尘天气（浮尘）和二级沙尘天气（扬沙）分别增加了2次，但没有更强等级的沙尘天气发生。

2. 大气污染防治目标与综合治理方案

2016年，宁夏回族自治区下发了大气污染防治目标，明确了各市、县（区）人民政府和自治区政府有关部门在燃煤锅炉、工地扬尘、机动车尾气治理等重点领域的工作任务，同时细化了工作措施和时间节点，确保本年度城市空气质量优良天数比例达到75%，城市可吸入颗粒物平均浓度较2015年下降7.4%，细颗粒物平均浓度较2015年下降2.3%，二氧化硫和二氧化氮年均浓度保持2015年水平。其中，银川及周边地区可吸入颗粒物年均浓度较2015年分别下降为：银川市7.8%、石嘴山8.7%、吴忠市7.3%、宁东能源化工基地7.0%、固原市6.0%，中卫市7.3%。

2016年，自治区政府出台了《银川及周边地区大气污染综合治理实施方案》，其中明确提出要健全监测预警和应急体系、建立区域协作机制。银川及周边地区是自治区大气污染防治重点控制区，其具体范围包括：银川市全域、石嘴山市大武口区和平罗县、吴忠市利通区和青铜峡市、宁东能源化工基地核心区。其中，银川市兴庆区、金凤区、西夏区、贺兰县、永宁县为核心控制区。该方案计划，到2018年，银川市、石嘴山市、吴忠市、宁东基地优良天数比例分别达到80%、73%、80%、75%，空气质量明显好转。银川市基本消除重污染天气，石嘴山市、吴忠市、宁东基地重污染天气有较大幅度减少。

3. 实施生态优先战略与环境空气质量全国排位提升

2016年，宁夏回族自治区首次将实施生态优先战略写进国民经济和社会发展五年规划《建议》中，将生态环境保护独立成章，提出绿色低碳水平不断上升，能源、土地、水资源开发利用效率不断上升，环境空气质量全国排位不断上升；森林覆盖率达到15.8%以上，万元GDP能耗和主要污染物排放总量控制在国家下达指标内，生态补偿机制初步建立；提出“十三五”期间将对所有排污企业实行在线监测，严惩偷排超排行为。

4. 启用企业环保信用评价及信用管理

宁夏启用了《宁夏企业环保信用评价及信用管理暂行办法》，企业环保信用评价结果按优劣分为绿色、蓝色、黄色、红色、黑色五个等级。其中“红色、黑色”企业将面临信贷受限、暂停申报各类环保专项资金资格、保险机构提高环境污染责任保险费率等，意味着这些企业将在生产经营中“四处碰壁”。企业环保信用评价周期为一年，评价结果反映企业当年1月1日至12月31日期间的环保信用状况。

5. 宁夏提前完成19个城市站空气质量监测事权交接工作

实施城市空气质量自动监测站点事权上收，是党中央、国务院就生态文明体制改革作出的一项重要部署，环保部于2015年印发了国家生态环境质量监测事权上收实施方案，要求2016年完成1436个城市空气质量自动监测站点的监测事权上交接工作，旨在解决以往存在的监测数据受地方政府干扰等问题。2013年以来，宁夏提前实现国家空气质量新标准监测“三步走”战略，先后在宁夏5个地级市建成19个城市空气质量自动监测站点。其中，银川市6个，石嘴山市4个，吴忠市、固原市和中卫市各3个。宁夏19个城市空气质量自动监测站已全部完成运维交接，成为全国首批完成这项工作的省区之一，也是西北地区首个完成这项工作省区，受到了环保部电视电话会议表扬。

6. 宁夏空气环境治理成效

宁夏通过制定年度大气污染防治目标与综合治理方案并采取具体措施，收到了良好的成效。2016年，宁夏统筹安排了2.37亿元的大气污染防治资金，比2015年增加了3倍，为煤尘、烟尘、扬尘、汽尘同治提供了资金保障。一是加强燃煤锅炉污染淘汰和治理。2016年宁夏淘汰137台20吨以下的燃煤锅炉，拆除后的供热面积全部并入集中供热热电联产项目；对29台20蒸吨以上的燃煤锅炉基本完成了消烟除尘、脱硫治理改造。二是加强城市扬尘和建筑扬尘治理。加大了对各个建筑工地扬尘防控专项执法检查，严格落实6个100%的要求，对各个市的洒水车、喷雾车等治尘设施给予补贴，目前银川市主城区道路机械化清扫率最高达到98%，其他地级市城区主次干道路机械化清扫率为60%~76%。三是加快黄标车淘汰和“黄改绿”的进程。宁夏淘汰黄标车和老旧车19278辆，查处违反限行规定车辆825辆，通过这些措施使车尘下降。四是自治区环保厅制定了《自治区建设项目竣工环境保护验收与排污许可规程（试行）》。规范建设项目竣工环境保护验收和排污许可管理制度，明确了自治区、市、县三级核发排污许可的责任权限。截止 2016 年 9 月，自治区本级已审查发放了宁夏宝丰能源等 24 家企业的正式排污许可证 11 个、临时排污许可证 14 个，神华宁煤化学工业分公司甲醇厂等 3 家企业因废水排放等问题暂未发放许可证，基本完成了国控、区控重点排污企业的排污许可。五是环境空气质量各项指标得到明显改善。来自宁夏环境监测中心站的统计数据显示，2016 年 1 月至 10 月，宁夏环境空气质量各项指标得到明显改善，其中优良天数比例从去年的 73.9%上升到为 79.6%，同比上升 3.6 个百分点；PM10 和 PM2.5 平均浓度分别为 95 微克/立方米和 41 微克/立方米，同比分别下降 9.5%和 6.8%。下降幅度居西北地区首位，环境空气质量连续 2 年下降的趋势得到逆转。

（二）宁夏五市“环境空气质量综合指数”与排名

宁夏五市在治理空气环境质量上积极作为，认真落实年度计划，采取各种措施来降低污染物排放，确保实现年度目标任务，在空气质量治理上取得了阶段性果效（见表 2）。

表 2　2016 年 1—10 月宁夏五市“环境空气质量综合指数”与排名

月　份	指　标	银川市	石嘴山市	吴忠市	固原市	中卫市
1	综合指数	8.04	8.09	6.15	4.66	5.68
	优良天数	16	17	22	28	23
	综合排名	5	4	3	1	2
2	综合指数	7.92	6.80	6.77	5.31	5.72
	优良天数	16	16	15	18	17
	综合排名	5	4	3	2	1
3	综合指数	7.20	7.0	6.15	4.88	5.6
	优良天数	19	18	19	21	22
	综合排名	5	4	3	1	2
4	综合指数	5.12	4.91	4.35	3.78	4.14
	优良天数	29	26	30	26	26
	综合排名	5	4	3	1	2
5	综合指数	5.73	5.80	4.40	3.75	4.22
	优良天数	22	15	26	27	23
	综合排名	4	5	3	1	2
6	综合指数	4.54	4.72	3.96	3.26	3.77
	优良天数	22	20	27	28	27
	综合排名	4	5	3	1	2

续表

月 份	指 标	银川市	石嘴山市	吴忠市	固原市	中卫市
7	综合指数	4.06	4.02	3.30	3.07	3.30
	优良天数	23	19	29	31	30
	综合排名	5	4	3	1	2
8	综合指数	3.79	4.05	3.28	2.91	3.29
	优良天数	27	25	29	30	28
	综合排名	4	5	2	1	3
9	综合指数	4.19	4.12	3.72	3.08	3.70
	优良天数	27	30	29	30	29
	综合排名	5	4	3	1	2
10	综合指数	5.49	5.58	4.64	3.23	4.23
	优良天数	25	26	27	30	28
	综合排名	4	5	3	1	2

说明：1.环境空气质量自动监测项目含二氧化硫（SO_2）、二氧化氮（NO_2）、颗粒物（PM10）、细微颗粒物（PM2.5）、一氧化碳（CO）、臭氧（O_3）。2.环境空气质量状况排名采用环境空气质量综合指数和可吸入颗粒物月均浓度两种方法，环境空气质量综合指数越小，可吸入颗粒物月均浓度值越低表示环境空气质量越好。

三、宁夏环境空气质量面临的挑战与问题

（一）PM10不降反升，雾霾天气呈多发趋势

近年来，随着宁夏城市化和工业化的快速发展，大气环境质量受到了严重威胁，冬春季节雾霾天气也开始出现并呈多发趋势，可吸入颗粒物PM10不降反升。2015年国家通报了PM10不降反升的7个省区，其中就有宁夏。2014年，宁夏的PM10比2013年上升了20.7%，2015年比2014年上升了1%。

（二）污水处理厂建设滞后，污水处理不达标

宁夏城镇污水处理厂虽然实现了市县（区）全覆盖的目标，但是，由于设计标准低，宁夏已建成的34座城镇污水处理厂，仅有8座达到国家最新排放标准一级A标准，还有5座新建污水处理厂也不能达标。尤其是南部山区4个县的污水处理厂存在设计落后、管网不配套、经费短缺等问题，致使污水处理厂长期不能发挥作用。

（三）垃圾填埋场渗滤液难以达标排放

垃圾填埋场的正常运行需要完善的渗滤液收集处置系统，但因为缺乏专业的运营团队，且运营水平低下，大量垃圾填埋场渗滤液收集处置系统不能正常运行。很多填埋场虽然建设了纳滤和超滤等深度治理设施，但由于前段的生化系统缺乏专业维护而不能正常运行，导致深度治理设施无法投运，只能闲置，造成资源浪费，而渗滤液也难以达标排放。

（四）大气治理投入不足，环保机构不健全

宁夏在大气污染防治方面的投入不足，尤其是环境保护机构力量薄弱，目前还有 5 个县、4 个区没有环保机构。现有的环保部门，存在装备不足、环保机构队伍建设滞后、人员少且不稳定等问题，难以适应环境保护尤其是大气污染防治工作。

（五）监管缺位，执法不严

地方对环保基础设施的监管存在明显的选择性监管现象，对污水处理厂超标排污管得严，但对源头排污单位超标纳管现象不能积极排查处置；对垃圾填埋场的异味扰民问题管得严，但对渗滤液超标排放现象失于监管。

四、宁夏空气环境建设的对策建议

（一）调整产业结构，打造低碳产业体系

将低碳发展作为新常态下经济提质增效的重要动力，推动产业结构转型升级。依法依规有序淘汰落后产能和过剩产能，运用高新技术和先进适用技术改造传统产业，延伸产业链、提高附加值，提升空气质量。

1. 控制工业领域排放，淘汰落后产能

要控制工业领域的钢铁、建材等重点行业二氧化碳排放总量，积极推广低碳新工艺、新技术，使主要高耗能产品单位产品碳排放达到国际先进水平。要按照自治区产业结构调整政策，加快淘汰、关停落后产能的步伐，坚决关闭淘汰不符合国家产业政策、工艺落后、环保不达标的生产设备。要严格执行国家产业政策及行业环保标准要求，切实提高建设项目节能环保准入门槛，强化节能、减排等约束性指标，禁止引入高污染、高耗能项目和落后生产能力。

2. 大力发展低碳农业，推广秸秆还田

坚持减缓与适应协同，降低农业领域温室气体排放。实施化肥使用量零增长行动，推广测土配方施肥，减少农田氧化亚氮排放。推广秸秆还田，增施有机肥，加强高标准农田建设。因地制宜建设畜禽养殖场大中型沼气工程，推进畜禽废弃物综合利用。

3. 建设六盘山生态补偿试验区，增加生态系统碳汇

把六盘山地区作为国家重点生态功能区，建设六盘山生态补偿试验区。加快造林绿化步伐，推进土地绿化行动，继续实施天然林保护、三北防护林体系建设、沙化综合治理等重点生态工程；全面加强森林经营，增加森林碳汇；加强湿地保护与恢复，增强湿地固碳能力。继续推进退耕还林还草、退牧还草等草原生态保护建设工程，推行禁牧休牧轮牧和草畜平衡制度，加强草原灾害防治，积极增加草原碳汇。

（二）实施大气污染防治，治理扬尘燃煤污染

1. 采用集中供热，减少、关停小型燃煤炉

继续对宁夏各类电厂进行技术改造，采用集中式、大功率、智能化供热项目，利用大温差长距离管线输送技术，将高品质、环保型热能供给各个城区，以减少各类锅炉对城市环境的污染，改善城市供热质量和水平，改善城市空气质量。通过华电宁夏分公司“灵武电厂向银川市智能化集中供热项目”可实现向银川市供热面积8000万平方米供热能力，前期可实现向滨河新区、河东国际机场等地供热，全部工程建成投运后，将替代、关停465台燃煤小锅炉，每年可节约标煤43万吨，减少排放二氧化碳110万吨、二氧化硫2.8万吨、氮氧化物2万吨，可减少物流运输的能耗与运输污染，同时减少空气污染。

2. 加强城市扬尘污染治理，强化颗粒物污染防治

继续加强施工扬尘监管，施工现场必须设置全封闭围挡墙，严禁敞开式作业，施工现场道路必须进行硬化，并在出入口设置车辆冲洗装置，严禁车辆带泥带尘上路，大力推进绿色施工；渣土运输车辆采取密闭措施，严厉查处违规渣土车辆，实施渣土车资质备案管理；加大道路清洗频次和力度，降低道路积尘负荷，加大道路机械化清扫等低尘作业方式。大型煤

堆、料堆必须封闭存储或建设防风抑尘设施，集中供热中心煤场、渣场采取防风抑尘措施和自动喷淋设施，防止二次扬尘污染；企业电石、铁合金原料堆场建设挡风抑尘墙。

3. 实施园区循环化改造，打造互补循环节能体系

一是加快企业内部循环化改造，实现企业内部废气、余热、余气高效循环利用。二是要对宁夏现有园区进行生态化改造，强制推行企业清洁生产，要不断延伸产业链，形成以产品配套、废物利用为核心的园区内部大循环建设。三是要对宁东工业园区、石嘴山市工业园区、中卫市等工业园区进行生态化改造，使矿热炉等项目的余热可以发电、可以循环利用、尾气回收再利用等，实现各产业链资源、能源循环利用，推进企业内、企业间、产业间互补的大循环体系。

（三）实施废水污染防治，达到达标排放

1. 污水处理与达标排放

按照国务院《水污染防治行动计划》的要求，城镇及工业园区污水处理设施全覆盖。一是要对宁夏污水处理厂建设、改造制定目标，争取到2017年底全部达到一级A排放标准。二是对于同心、红寺堡等南部山区5县污水处理厂建设中原设计工艺（“深池曝气+表流湿地处理工艺”）不适合宁夏寒冷的气候条件，存在设计缺陷，即使进行改造，也难以达到理想效果的实际，建议除盐池县外，其他4县不再进行改造，应建设新的污水处理厂替代原污水处理厂，可以采取异地新建第二污水处理厂方式，原污水处理厂作为调蓄设施使用。三是在资金的筹措上要积极争取国家发改委专项建设基金等资金，确保2017年底前全部完成改造，达到排放标准。

2. 加强工业企业水体污染防治

一是强化工业园区水污染防治力度，对医药、造纸、印染、化工、淀粉、农副食品等重点行业企业进行技术改造和废水综合治理，确保各类化工企业污水处理设施稳定运行，对废水进行处理后达标排放。同时，要全面检查、监督、取缔黄河干流宁夏段所有工业企业的直接入黄排污口，确保河流、水库、湖泊水质达标，确保黄河水环境安全。二是加强黄河干支流、主要排水沟、湖泊湿地等重点流域水污染治理。三是规范

工业固体废物环境管理，严格危险化学品管控，加强重金属污染防治，防控重大环境风险。

（四）推动城镇低碳发展，助力空气环境建设

1. 加强城乡低碳化建设，减少能源消耗

在城乡规划中落实低碳理念和要求，优化城市功能和空间布局，科学划定城市开发边界，探索集约、智能、绿色、低碳的新型城镇化模式。提高基础设施和建筑质量，防止大拆大建。推进现有建筑节能改造，强化新建建筑节能，推广绿色建筑。强化宾馆、办公楼、商场等商业和公共建筑低碳化运营管理。因地制宜推广余热利用、高效热泵、可再生能源、分布式能源、绿色建材、绿色照明、光伏屋顶、太阳能供热、屋顶墙体绿化等低碳技术。倡导低碳生活方式、低碳居住，反对过度包装、过度装修等，鼓励使用节能低碳节水产品，推广普及节水器具等节能低碳生活设施。

2. 建设低碳交通运输体系，减少空气环境污染

完善公交优先的城市交通运输体系，发展城市轨道交通、智能交通和慢行交通，鼓励绿色出行。推进现代综合交通运输体系建设，加快发展铁路客运与物流减少，发展低碳物流，鼓励使用节能、清洁能源和新能源运输工具，完善配套基础设施建设。尝试在银川市、吴忠市推行城市绿色交通生态模式，建立城市纯电动车运营、分时租赁和管理共享云平台模式投资合作。吸引恒天集团等企业参与投资合作，设立纯电动车分时租赁公司，前期可投入500台电动车建立租赁运营平台。在银川设立至少100个租赁网点，部署3000辆新能源汽车，电气化改造上万个公共停车位，实现近距离取还车的运营和管理模式。倡导“135”绿色低碳出行方式（1公里以内步行，3公里以内骑自行车，5公里左右乘坐公共交通工具），鼓励购买小排量汽车、节能与新能源汽车。

3. 加强废弃物资源化利用

一是创新生活垃圾无害化处理方式，培育与吸引有条件的企业对可回收物、可燃烧物、有机物质、无机物质四类物质通过终端处理、回收利用等步骤后，在具备条件的地区鼓励发展垃圾焚烧发电等多种处理利用方式，最终实现垃圾的无害化处理与低碳清洁利用。二是拓宽建筑垃圾综合回收

利用途径，一方面可通过“移动式工厂”，对建筑垃圾进行分选和破碎，所制造的产品能通过“水稳拌和”用于铺路等方面；另一方面通过固定式“五位一体”方案，解决建筑垃圾问题。“五位一体”指的是建筑垃圾处理系统、混凝土砌块（砖）生产系统、高品质骨料生产系统、干混砂浆站系统、商品混凝土生产系统等，实现建筑垃圾的综合化利用。

（五）完善空气环境保护管理体制，建立网格化责任考核与追究监管体系

1. 加大财政资金投入力度与人员队伍建设

一是需要加大资金的投入力度，要通过申请国家环境治理保护方面的资金支持、《全国老工业基地调整改造规划（2013—2022）》政策性资金支持、自治区财政每年要从财政预算中安排部分环保专项资金，重点对完成污染减排任务的单位和企业根据核定的减排量以“以奖代补”的形式给予补助，促进重点企业和职能部门完成“十三五”减排任务；各市政府也要出台污染减排奖励资金管理办法，支持燃煤电厂、燃煤锅炉、水泥脱硝、烧结机脱硫、汽车尾气、建筑扬尘等综合整治和大气环境监测预警应急能力建设，切实改善城市大气环境质量；支持国家重点流域水污染防治规划项目；农业面源污染治理等综合整治项目，全面保护黄河流域水环境及地表水环境。同时，要完善5个县和4个区没有环保机构的局面，要增加扩充人员与人才队伍建设，要培养一支懂法律、懂业务、懂工艺、会查案的高素质环境监察执法队伍。

2. 建立网格化责任考核与追究监管体系

一是实行环保机构监测监察执法垂直管理，强化执法能力建设，建立区域大气环境联合执法监管机制，建立环保、司法联动机制、区域联防联控、各部门协同作战、公众共同关注，形成政府、企业、公众共治环境治理体系。二是按照属地管理与分级管理相结合的方式，以“属地管理为主”和“谁审批、谁负责”“谁污染、谁治理”的原则，明确各级政府、相关部门和企事业单位的环境保护责任。三是要以改善环境质量为目标，以落实环境保护主体责任为重点，按层级定区域、按职责定任务，通过属地管理、分级负责、全面覆盖、无缝衔接、责任到人的网格监管，确保排污单位得到有效监管、环境违法行为得到及时查处、突出环境问题得到稳妥解决。四是不断强化环境保护执法力度，建立环境保护与司法执法联动机制。对未完成环境保护目标任务、决策失误造成重大及以上环境污染事故或产生严重社会影响的严格追究责任。

参考文献

[1] 李锦. 宁夏19个城市站完成运维交接[N]. 宁夏日报,2016-10-18.

[2] 国务院关于印发"十三五"控制温室气体排放工作方案的通知[BE/OL]. http://finance.sina.com.cn/china/gncj/2016-11-04/.shtml.

[3] 五市空气质量状况排名[BE/OL]. http://www.nxep.gov.cn/kqzl.htm.

[4] 李锦.宁夏环境空气质量实现"逆转"[N]. 宁夏日报,2016-9-21.

[5] 专题询问环保工作[BE/OL]. http://news.ifeng.com/a/20161028.shtml.

[6] 石嘴山市环境质量信息公报[BE/OL]. http://szshb.nxszs.gov.cn/hjzlgb.htm.

[7] 我们的碧水蓝天哪儿去了[BE/OL]. http://www.nxep.gov.cn/50740.htm.

[8] 杨兆莲. 前10个月宁夏PM10、PM2.5实现"双下降"[BE/OL]. http://www.nxep.gov.cn 1202/50919.htm.

[9] 李锦. 五市10月份环境空气质量[N]. 宁夏日报,2016-11-13.

宁夏水环境状况研究

吴　月

宁夏地处我国西北内陆，水资源短缺已成为经济社会发展的主要瓶颈。通过调查分析宁夏境内河流、湖泊和地下水的水体质量现状，黄河入境、出境断面水质较好，主要污染物为氟化物和氨氮；排水沟水质受污染严重，主要超标污染物为氨氮、总磷、五日生化需氧量等；湖泊、水库水质受污染较严重，主要超标项目为总氮、氨氮、总磷等；地下水基本达到饮用标准。必须采取多元共济，因地制宜，加大水生态环境的保护力度，以水资源的可持续利用保障宁夏经济社会的可持续发展。

一、宁夏水环境概况

（一）区位条件

宁夏回族自治区（35°14′~39°23′N、104°17′~107°39′E）位于中国的西北，黄河中上游，东连陕西、南接甘肃、北与内蒙古自治区接壤，是中国东西轴线中心，地理位置独特。国土面积 6.64 万平方千米，总人口 668 万人[1]，是我国五个少数民族自治区之一。

作者简介　吴月，宁夏社会科学院农村经济研究所，博士。

[1] 数据来源：http://www.nx.gov.cn/zwgk/sjtj/120984.htm.

（二）气候水文条件

宁夏地处我国西北内陆地区，跨东部季风区和西北干旱区，西南靠近青藏高寒区，属温带大陆性干旱、半干旱气候[1]。按全国气候区划，最南端（固原市的南半部）属中温带半湿润气候区，固原市北部至同心、盐池南部属中温带半干旱气候区，中北部属中温带干旱气候区[2]。全年平均气温 5.3~9.9℃，年均日照时间 2800 ~ 3100 h，太阳辐射达 148 Cal/cm²·a，年降水量 150 ~ 600 mm（年均降水量约 300 mm），年蒸发量约 1000 mm。

黄河流经宁夏 397 km，国家分配的黄河可用水量 40 亿 m³，水面宽阔、水流舒缓，十分有利于引水灌溉；2015 年宁夏降水总量 149.103 亿 m³，天然地表水资源量 7.083 亿 m³（未计算黄河过境水量），地下水资源量 20.882 亿 m³，水资源总量 9.155 亿 m³，表明宁夏水资源匮乏。

二、宁夏水环境质量分析

（一）降水环境状况分析

2015 年宁夏降水总量 149.103 亿 m³，折合降水深 288 mm，与多年平均持平，较 2014 年偏少 21%，属平水年。

1. 降水的年际变化

如图 1 所示，2000—2015 年宁夏全区降水呈波动上升的趋势，上升趋势不明显，相关系数低（R^2=0.1202），本文认为降水量数据资料年限较短不能代表宁夏降水的年际变化规律。因此，选用 2015 年宁夏统计年鉴数据，引黄灌区以永宁县为代表，干旱山区以同心县为代表，如图 2 所示，永宁县与同心县多年平均降水量分别为 200 mm、260 mm，与拟合趋势线基本一致。本文得出结论为：宁夏降水量年季变化大，整体趋势变化不明显，而大多数年份年降水量都在多年平均降水量上下波动，只有个别年份出现异常。

---

[1] 谢增武，王坤，曹世雄. 宁夏发展沙产业的社会、经济与生态效益[J]. 草业科学，2013(3).

[2] 自治区人民政府关于印发宁夏回族自治区主体功能区规划的通知. 宁政发〔2014〕53 号，2014.

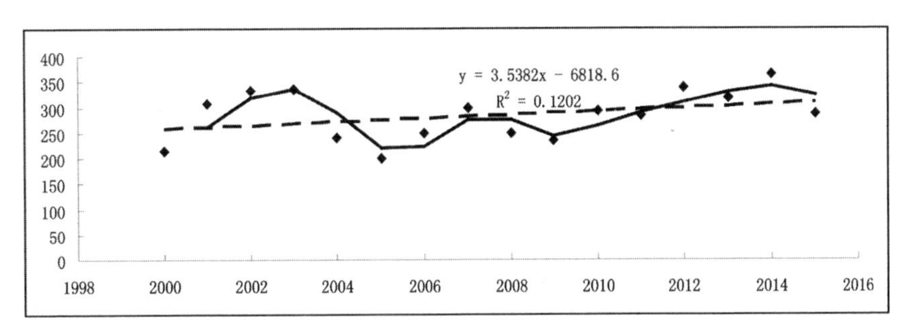

图 1　2000—2015 年宁夏全区降水量变化趋势

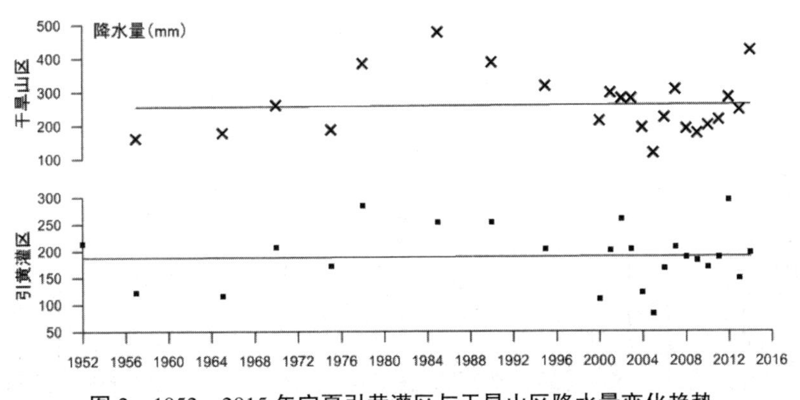

图 2　1952—2015 年宁夏引黄灌区与干旱山区降水量变化趋势

2. 降水的季节变化

根据图 3 可以看出，除固原市与中卫市以 7 月降水量为最外，全区及银川市、石嘴山市和吴忠市都是 8 月最多，之后依次是 7 月、5 月、6 月、10 月、9 月、4 月，其中宁夏 8 月和 7 月降水量约占 7 个月降水量总和的 50%，表明宁夏全区降水季节分布不均匀，雨季多集中在 6—9 月，且多暴雨。

3. 降水的空间分布

根据图 4 可得出，宁夏降水分布空间差异较大，降水量较大的地区主要集中于南部山区（2014 年泾源县降水量约 626 mm，固原市约 589.4 mm，隆德县约 544.8 mm，西吉县约 544.7 mm，海原县约 507.5 mm，同心县约 424.3 mm），而宁夏中部、北部地区降水较少，其中银川市、石嘴山市降水不足 200 mm。2014 年宁夏各市县日照时间 2071~3086 h，蒸发强烈。表明宁夏降水空间分布不均匀，显示南湿北干的特征，加之蒸发强烈，加剧了

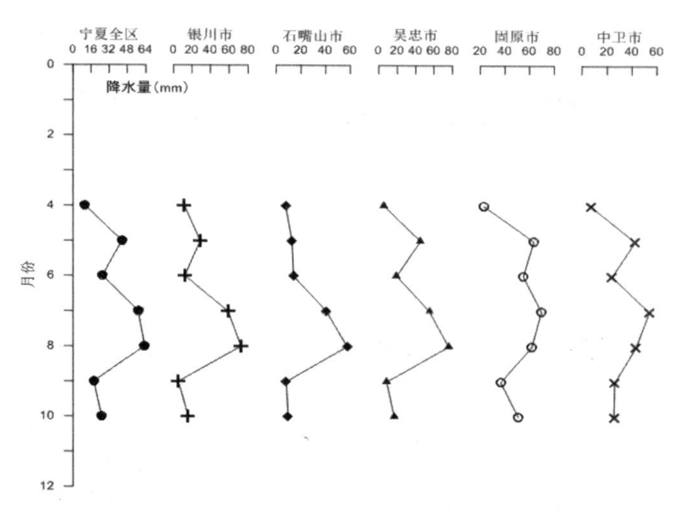

图 3　宁夏 2016 年分月度降水量变化趋势

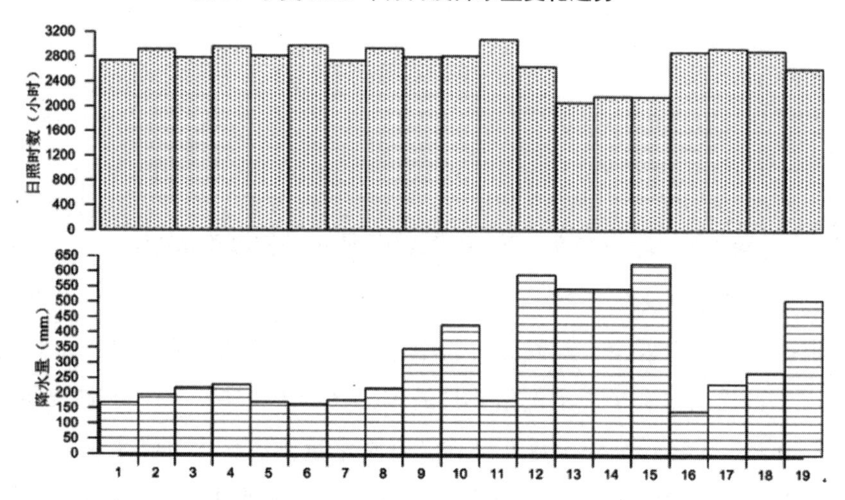

数据来源：宁夏统计年鉴 2015。图中：1—银川市，2—永宁县，3—贺兰县，4—灵武市，5—石嘴山市，6—惠农区，7—平罗县，8—吴忠市，9—盐池县，10—同心县，11—青铜峡市，12—固原市，13—西吉县，14—隆德县，15—泾源县，16—彭阳县，17—中卫市；18—中宁县，19—海原县

图 4　宁夏各市县 2014 年降水量、日照时数统计

水资源的水量性短缺。

（二）地表水环境状况分析

根据宁夏地表水来源和污染特征，选择高锰酸盐指数、阴离子表面活性剂、氟化物、五日生化需氧量、氨氮、总磷等 21 个基本项目（除水温、

总氮、粪大肠菌群以外），评价方式采用单因子评价法。评价标准采用国家地表水环境质量标准（GB3838-2002），其中Ⅰ类表示未受污染，水质良好；Ⅱ类表示基本未受污染，水质较好；Ⅲ类为轻度污染，水质尚可；Ⅳ类为受到污染；Ⅴ类为重污染；劣Ⅴ类为极重污染。

宁夏地表水水质介于地表水Ⅱ～劣Ⅴ类[1]，其中黄河干流入境断面下河沿全年水质类别为Ⅱ类，水质较好；出境断面麻黄沟全年水质类别为Ⅲ类。清水河二十里铺水文站以上河段水体水质类别为地表水Ⅱ类，水质较好；二十里铺水文站至韩府湾水文站河段水体水质类别为地表水Ⅳ类，受到污染，主要污染物为氟化物；韩府湾水文站至泉眼山水文站河段水体水质类别为地表水劣Ⅴ类，水质受污染严重。苦水河上中游河段基本没有人为污染，下游河段有少量工业废水、污水的汇入，水体受污染严重，导致河水水质差，为地表水劣Ⅴ类，主要污染物为氟化物、氨氮等。排水沟中除贺兰山东麓大武口沟的水质较好、为地表水Ⅱ类，望洪堡第一排水沟的水质为地表水Ⅳ类，其余排水沟的水体都受到污染、为地表水劣Ⅴ类。宁夏湖泊湿地的水质除鸣翠湖水质为Ⅲ类，水质较好；阅海公园为Ⅳ类，星海湖为Ⅴ类，水质较差；沙湖、宝湖、艾依河码头都为劣Ⅴ类，污染严重，主要超标项目为总磷、总氮、氟化物等。隆德县三里店水库、西吉县夏寨水库、原州区沈家河水库、彭阳县石头崾岘水库污染都比较严重，为地表水劣Ⅴ类，主要超标项目为氨氮、总磷、总氮。宁夏2015年主要河流、排水沟、湖泊、水库等水体水质评价见表1。

2006—2015年宁夏地表水水质年际变化情况显示：苦水河、清水沟、中卫四排、北河子沟、金南干沟、大河子沟、东排水沟、中干沟、新银沟、第二排水沟、第三排水沟，以及湖泊湿地中沙湖与艾依河水质检测结果都为地表水劣Ⅴ类，无明显变化；四个水库的水质检测结果都为地表水劣Ⅴ类，无明显变化；第四排水沟和星海湖水质检测结果中1年为Ⅴ类，其余检测年份为劣Ⅴ类，水质受污染严重。有明显变化的地表水水质见图5，显示清水河原州站（二十里铺）、大武口沟和鸣翠湖的水质近年来得到明显

---

[1] 2015年宁夏水资源公报。

表1　宁夏2015年主要河流、排水沟、湖泊、水库的水质评价

河(沟)名	站　名	pH值[1]	主要污染物及最大超标倍数	水质类别
清水河	二十里铺	7.65~8.83		Ⅱ
清水河	韩府湾	7.83~8.72	氟化物(0.2)	Ⅳ
清水河	泉眼山	7.73~8.74		劣Ⅴ
清水沟	新华桥	7.10~8.47	氨氮(6.6)、五日生化需氧量(2.2)、总磷(1.0)	劣Ⅴ
苦水河	郭家桥	7.69~8.71	氟化物(0.68)、氨氮(0.36)	劣Ⅴ
大武口沟	大武口	7.61~8.70		Ⅱ
中卫四排	中卫四排	7.58~8.22	氨氮(16.8)、化学需氧量(4.8)、五日生化需氧量(3.4)	劣Ⅴ
北河子沟	北河子	7.49~8.09	氨氮(8.3)、总磷(3.7)、五日生化需氧量(4.6)	劣Ⅴ
金南干沟	金南干沟	6.96~8.52	氨氮(6.6)、五日生化需氧量(2.2)、总磷(1.0)	劣Ⅴ
大河子沟	大河子	7.60~8.48	氨氮(10.0)、氟化物(0.3)	劣Ⅴ
东排水沟	东排水沟	7.61~8.54	氨氮(9.9)、总磷(2.3)、阴离子表面活性剂(0.50)	劣Ⅴ
中干沟	中干沟	7.44~8.69	氨氮(6.5)、化学需氧量(2.3)、高锰酸盐指数(1.8)	劣Ⅴ
银新沟	潘昶	7.19~8.36	氨氮(27.2)、总磷(10.0)、五日生化需氧量(10.2)	劣Ⅴ
第一排水沟	望洪堡	7.69~8.34	氨氮(0.27)	Ⅳ
第二排水沟	贺家庙	7.63~7.99	氨氮(6.1)、总磷(4.5)、阴离子表面活性剂(0.55)	劣Ⅴ
第三排水沟	石嘴山	7.37~8.70	氨氮(11.4)、总磷(0.48)、高锰酸盐指数(0.86)	劣Ⅴ
第四排水沟	通伏堡	7.51~8.43	氨氮(5.67)、总磷(1.0)、五日生化需氧量(0.18)	劣Ⅴ
第五排水沟	熊家庄	7.60~8.78	氨氮(2.3)、总磷(0.76)	劣Ⅴ
沙湖		8.69~9.01	总氮(0.6)、总磷(0.52)、氟化物(0.3)	劣Ⅴ
星海湖		8.41~8.98	总氮(0.98)、高锰酸盐指数(0.21)	Ⅴ
宝湖		7.99~8.55	总氮(1.2)	劣Ⅴ
鸣翠湖		8.09~8.58		Ⅲ
艾依河		8.39~8.42	总氮(2.8)	劣Ⅴ
阅海公园		6.89~8.58	总氮(0.19)	Ⅳ

[1] 2014年宁夏水资源公报。

续表

河(沟)名	站　名	pH 值[1]	主要污染物及最大超标倍数	水质类别
沈家河水库		8.50~8.89	总氮(27.5)、氨氮(15.4)、总磷(1.9)	劣Ⅴ
石头崾岘水库		8.61~8.86	总氮(0.7)	劣Ⅴ
三里店水库		7.99~8.67	总氮(1.8)、氨氮(1.0)、总磷(1.1)	劣Ⅴ
夏寨水库		7.69~8.31	总氮(41.4)、氨氮(36.7)、总磷(12.8)	劣Ⅴ

改善，水质较好；清水河韩府湾水文站，第一排水沟和阅海公园的水质也得到改善，但水体污染还未得到根本改变，仍需加强生产与生活污水的源头处理；清水河泉眼山水文站的水质去年得到改善，但今年又出现反弹，水质污染严重；第五排水沟与宝湖的水质变化较大，这两年污染有加重的趋势，应注重该地区的水质保护与管理，尽可能恢复到 2010 年的水平，或者更好。

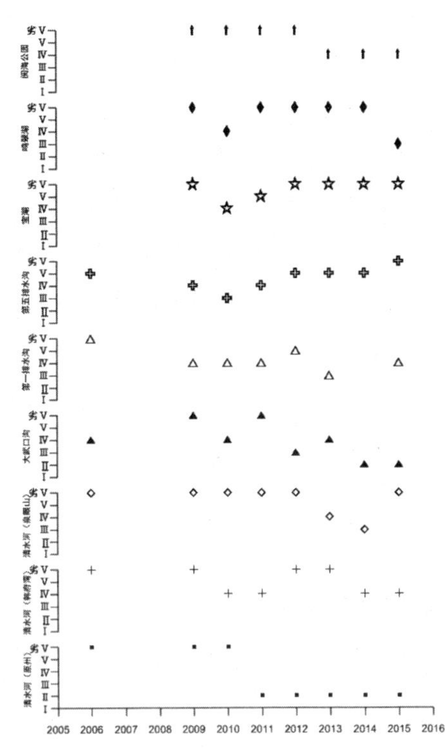

图 5　2006—2015 年宁夏部分河流、排水沟、湖泊的水质变化图

（三）地下水环境状况分析

宁夏境内浅层地下水埋深较浅、矿化度较高、受季节影响变幅较大，深层承压水受季节影响较小、水质较好。宁夏范围内作为饮用水源的承压

水水质均符合《地下水质量标准（GB/T14848–93）》Ⅲ类标准。引黄灌区南部卫宁灌区矿化度< 1.0 g/L，银南河西矿化度< 1.5 g/L，银南河东矿化度< 1.7 g/L，银川至贺兰矿化度< 1.5 g/L，银川以北灌区矿化度< 2 g/L。

宁夏存在5个地下水超采区，超采区总面积741 km^2，包括银川市1个，面积294 km^2，超采量1961万 m^3，漏斗中心水头埋深由2014年的18.28 m上升为2015年的18.27 m；石嘴山市4个，面积447 km^2，超采量957万 m^3，漏斗中心水位有升有降[1]。

（四）宁夏废水排放情况分析

宁夏地区COD排放主要有两个来源，工业废水和生活污水中COD的排放。2014年宁夏工业废水及生活污水中COD的排放量为11.77万吨，其中工业废水中COD排放量9.98万吨，生活污水中COD排放量1.79万吨[2]。废水排放源地主要集中在宁夏经济较发达、人口较密集、工业较集中的地区，其他地区水环境质量较好。水功能区达标率75%，表明宁夏水环境质量越来越好。

如表2、表3所示：2016年8月银川市废水国控重点污染源监测结果显示除灵武市宁夏金海皮业有限责任公司总铬与六价铬超标外，其余各企业的主要污染物指标都已达标；银川市城镇污水处理厂国控重点污染源检测结果显示生活污水经处理后主要污染物浓度已大幅度降低，达到国家检测排放标准。以上结果显示，近年来，宁夏的水体污染已从源头进行严格控制，生产和生活污水中污染物的排放浓度大幅降低，表明宁夏的废水处理成效显著，水生态环境逐步得到改善。

三、宁夏水环境存在的主要问题

（一）水资源短缺与浪费并存

宁夏位于中国西北内陆地区，降水较少，加之降水时间与空间分布不均匀，导致水资源短缺，经济社会发展主要依赖限量分配的黄河水，加之用水效率和效益较低，加剧了水资源水量性短缺形势。随着区域工业社会经济的发展，地表水与地下水污染严重，导致城市水源水质下降和处

[1] 2015年宁夏水资源公报。

[2] 2015宁夏统计年鉴。

表 2　2016 年 8 月银川市废水国控重点污染源监测结果

单位：mg/l

行政区	企业名称	行业名称	监测点名称	监测项目名称	污染物浓度	标准限值	是否达标
西夏区	银川宝塔精细化工有限公司	原油加工及石油制品制造	总排口	化学需氧量	26	120	是
				氨氮	11	50	是
金凤区	德泓国际绒业股份有限公司	毛染整精加工	总排口	化学需氧量	56	200	是
				氨氮	0.234	20	是
贺兰县	银川兄弟彩兴化丅有限公司	染料制造	总排口	化学需氧量	132	400	是
				氨氮	1.97	50	是
灵武市	宁夏成丰农业科技开发股份有限公司	毛染整精加工	车间处理设施	总铬	0.62	1.5	是
				六价铬	0.007	0.2	是
			总排口	化学需氧量	136	300	是
				氨氮	28.9	70	是
灵武市	宁夏嘉源绒业集团有限公司	毛染整精加工	车间处理设施	六价铬	<0.004	0.5	是
			总排口	化学需氧量	34	200	是
				氨氮	5.24	20	是
灵武市	宁夏金海皮业有限责任公司	毛皮鞣制加工	重金属设施处理排口	总铬	36	1.5	否
				六价铬	0.151	0.1	否
			总排口	化学需氧量	52	300	是
				氨氮	0.773	70	是
灵武市	宁夏特米尔羊绒制品有限公司	毛染整精加工	车间处理设施	六价铬	<0.004	0.5	是
			总排口	化学需氧量	48	200	是
				氨氮	0.986	20	是
灵武市	宁夏西部皮草有限公司	皮革鞣制加工	车间处理设施	总铬	0.115	1.5	是
				六价铬	0.042	0.1	是
			总排口	总铬	<0.005		
				六价铬	<0.004		
				氨氮	0.702	70	是
				化学需氧量	94	300	是
灵武市	宁夏中银绒业股份有限公司	毛染整精加工	总排口	化学需氧量	36	200	是
				氨氮	0.318	20	是

表 3　2016 年 8 月银川市城镇污水处理厂国控重点污染源监测结果

行政区	企业名称	监测项目名称	进口浓度	出口浓度	标准限值	单位	是否达标
永宁县	永宁县城市建设投资有限公司污水处理厂	化学需氧量	892	54	100	mg/l	是
		氨氮	3.46	0.542	25	mg/l	是

理成本增加，水资源消耗量逐年增加，水质逐年恶化，水质型缺水现象日趋严重。

社会公众对节约用水的认识不足，缺乏节水意识，政府及有关部门对节水意识及技术的推广和宣传力度不够。无论农业节水技术、工业节水技术，还是生活用水习惯、节水器具、污水处理等方面，宁夏的节水都较落后，导致宁夏水资源浪费严重。

（二）水环境污染较为严重

地表水流经城市的河段有机污染较重，企业排放的工业废水和居民日常生活所排放的污水含有大量有机物质，加重水资源的严重污染。宁夏北部引黄灌区土壤盐渍化和水污染情况严重，排水沟水质均为劣V类；中部干旱风沙区土地荒漠化与沙化严重，群众生活生产用水难度大；南部黄土丘陵区水土流失严重，自然环境十分恶劣，难以承受大规模的开发利用。随着社会经济的发展，农业面源污染不断加剧，河湖水体水污染尚未得到有效遏制，生产与生活所产生的水环境污染、水生态破坏给原本已很脆弱的生态环境带来了更大压力。

（三）地下水超采问题突出

宁夏存在5个地下水超采区，分布于银川市与石嘴山市，超采区总面积741 km^2，约占两市总面积的5.26 %[1]。宁夏相较于周边地区，地下水超采较严重，如陕西省地下水超采区15处，分布于西安、宝鸡、咸阳、渭南、榆林市，总面积1427.5 km^2，约占五市总面积的1.50 %；而甘肃省地下水超采面积16395.21 km^2，其中兰州市超采面积336.68 km^2，约占兰州市面积的2.57 %[2]。

四、改善宁夏水环境的对策建议

（一）多源共济，争取客水支持

协调推进南水北调西线工程前期工作，积极争取更多的客水支持。

[1] 数据来源：2015年宁夏水资源公报，2015宁夏统计年鉴。

[2] 数据来源：陕西省人民政府，http://www.shaanxi.gov.cn/；甘肃兰州政府网，http://www.lz.gansu.gov.cn/zjlz/；http://www.docin.com/p-1411648299.html。

鼓励水资源梯级循环利用，加强水源涵养和雨洪利用，实现水资源的高效利用。

合理开发利用地表水、地下水，根据水资源供需状况，逐步提高再生水、雨洪水、苦咸水、矿井水等非常规水源的利用水平。加快推进大柳树水利枢纽工程建设，进一步争取黄河水供水量指标。

（二）因地制宜，完善水资源配置格局

按照“北部节水增效、中部调水集蓄、南部涵养开源”的分区治水思路，多水源、多工程联合调度，实现黄河水、泾河水、当地水和非常规水的“多水”共用，形成“山川统一配置、城乡统筹兼顾、年际丰枯相济”的水资源配置格局。

（三）水生态环境保护

按照自治区政府要求，尤其是银川市、石嘴山市人民政府将全面推进地下水管理和超采区治理，到2020年基本遏制地下水超采状况。针对盐渍化、湖泊湿地退化和水土流失等问题，按照以人为本，点面结合，突出重点，分类实施的原则，切实保护好水生态环境，实现水生态系统的有效保护和适度修复。

采用清洁生产技术，推动产业结构升级和工艺改进，从源头上减少污染物排放量的同时，采取集中处理和分散处理相结合的方式，提高污水处理程度，强化污水处理回用、中水利用和循环套用。在新建、改建和扩建工业项目上，要严格把关，严格控制高污染的项目建设，确保采用清洁生产技术。

（四）节水增效，优化用水结构

宁夏通过调整产业结构和农业种植结构，有效实现节水，通过水权流转将水资源向能源重化工行业流转，提高水资源的利用效益。大力实施农业节水工程，积极推进工业节水和城市生活节水，开展水权置换，优化用水结构，有效支撑宁夏经济、社会、生态可持续发展。

工业要以提高发展质量和效益为核心，推进产业优化升级，做强煤炭、煤化工等一批优势产业，实施“五大十特”工业园区的提质和企业升级，抓好新能源、新材料等产业发展，在淘汰一批落后和过剩产业的同时，改造提升轻纺加工业、冶金、石化、建材等一批传统产业，推广工业节水技术，提高企业用水循环利用水平。

生活用水方面重点是城镇生活节水，在保证不降低城镇生活用水标准的前提下，积极开展城市供水管网改造工作，加大实施再生水回用工程建设，继续实行阶梯式水价，强化计划用水和定额管理，加大节水型企业、单位、学校和社区的建设力度，推广使用节水器具。

在优化产业结构的同时，进一步优化三产用水结构，以有限的水资源支持宁夏经济社会的可持续发展。

（五）建立健全水环境保护相关制度

1.建立健全法律法规等相关制度

建立健全与水环境、水资源和水源地相关的法律、法规体系和管理条例，建设从水环境、水资源和水源地监测管理到处罚的成套法制监管体系，切实做到有法可依、违法必究、执法必严。加大监督执法力度，并加强对干部群众普法宣传力度，增加法律意识，使大家的保护意识从被动变主动，以期逐步实现水资源可持续发展。建立健全用水总量控制、定额管理制度、水价制度、水权交易制度和水资源有偿使用制度，水资源规划制度、论证制度、排污许可制度和污染者付费制度，建立节水产品认证和市场准入制度等。

2.建立完善水资源检测体系

建立并完善水情监测体系（包括地表水情、地下水资源信息、水环境信息、盐碱化监测等），按相关水源地重要程度，分级别（一、二、三级等）建立监测预警预报体系，加强水源地监管和监控，进行常规监测为主、移动监测和预警监测为辅的监测网络，对水环境和水源地的水质状况进行全面的掌控。建立并完善用水和排水计量体系（包括农业用水和城市用水等），实现水管理信息化。

（六）加强技术支撑

引进先进技术进行水环境与水资源的科学建设和保护。首先，宁夏应大力推广农业、工业节水技术，引进废水处理回用技术，降低污水排放。其次，应加快建立科学的减排指标和监测体系，准确反映实际情况。最后，

应加快水资源、水源地保护相关新技术的研究与利用，并对实用价值高的研究成果进行示范和推广，将技术转化为实际生产。

（七）加强节水宣传

水资源和水源地的保护需要全社会的共同实施和参与。加大水资源保护的宣传力度，取得全社会对水资源和水环境保护的认同，逐步促使全体公民树立资源有价、用水有偿、水是商品以及节约和保护水资源的意识，大力倡导文明的生产和消费方式，形成节水光荣、浪费水可耻的社会风尚，建设与节水型社会相符合的节水文化。

宁夏生态林业建设研究

张仲举

宁夏是北方防沙带、丝绸之路生态防护带和黄土高原修复带的交汇点，东、西、北三面被毛乌素、腾格里、乌兰布和三大沙地沙漠包围，干旱少雨，生态环境十分脆弱，但区域生态区域十分重要，是风沙进入京津地区和我国腹地的重要通道，也是建设祖国西部生态安全屏障的重要组成部分，生态环境保护和建设的任务十分艰巨。

一、宁夏生态林业建设的现状

"十二五"以来，宁夏紧紧依托三北防护林、退耕还林、天然林保护等国家重点生态林业工程，深入实施封山禁牧、退耕还林、防沙治沙、湿地保护、绿化美化五大自治区生态工程，封飞造结合、乔灌草搭配，山水田林湖综合治理，宁夏生态面貌不断改善。"十二五"期间，宁夏林业用地面积达到2701.5万亩，占宁夏国土面积的34.66%；森林面积由"十一五"末的926万亩增加到1074万亩，森林覆盖率由11.89%提高到12.63%。宁夏城市建成区绿化覆盖率达到38%，吴忠市、中卫市成功创建国家园林城市，石嘴山市跻身国家森林城市。贺兰山、六盘山、罗山等8个国家级自然保护区管护面积835.7万亩，占国土面积的10.7%。2014年，南华山被

作者简介 张仲举，自治区林业厅植树造林与防沙治沙处工程师。

国务院批准为国家级自然保护区。宁夏湿地保护面积310万亩，占国土面积的4%。宁夏建有国有林场98个，经营面积1231.5万亩，占宁夏林业用地面积的45.6%。“十二五”以来，宁夏累计完成营造林核实合格面积591万亩，占计划任务的104%，林业建设共投入资金70.3亿元，其中：中央投入51.8亿元，自治区投入12亿元，利用外资6.5亿元。完成森林抚育面积150万亩，占计划任务的100%，从而增加了林业碳汇，减少了林业排放，提升了林业适应气候变化能力，为维护生态安全，拓展发展空间，实现林业应对气候变化能力稳定增强。

据全国第九次森林资源连续清查宁夏第五次复查结果，至2015年底，宁夏林地总面积2701万亩，其中：未成林造林地面积384万亩，宜林地面积1241万亩，森林面积984万亩，森林覆盖率为12.63%。现状林地中，部分未成林造林地由于前期栽植成活率差、保存率低，即使后期加强抚育管护仍无法达到有林地和灌木林地要求的成林郁闭度、覆盖度指标。为加快宜林荒山绿化，促进未成林造林地向有林地、灌木林地的正向转化，实现自治区“十三五”林业发展规划提出的森林覆盖率达到15.8%的规划指标，“十三五”开局以来，自治区林业厅积极适应林业建设新形势，坚持目标导向和问题导向，以大幅增加绿量、提高绿质、提升绿效为核心，做出了实施精准造林工程的战略决策，组织编制完成了各市县“十三五”精准造林规划和2016年度精准造林实施方案的编制。重点针对不同区域、不同降雨量，运用科学有效的造林、管林措施，全面推行精确规划设计、精确造林小班、精确造林模式、精确造林措施、精确项目管理、精确成林转化“六个精确”到位。加快林业建设由数量扩张向质量提升转变、由传统发展模式向现代治理模式转变，计划完成新造林300万亩，未成林补植补造300万亩。2016年计划完成100万亩，目前已超额完成年度任务。

二、主要作法与成效

（一）坚持分类指导，全面推进生态修复

按照自治区的战略安排部署，根据宁夏不同区域生态条件和功能定位，坚持封飞造结合、乔灌草搭配，山水田林湖综合治理，科学推进生态修复。

按照南部山区、中部干旱带、引黄灌区不同区域特点，科学确定不同区域的建设重点和治理模式，在南部山区，以治理水土流失，增加林草植被，发展水源涵养林为目标，加强了六盘山水源涵养林基地建设和水土保持林建设。重点启动实施了生态移民迁出区生态修复工程，自治区先后出台了《关于加强生态移民迁出区生态修复与建设的意见》《宁夏生态移民迁出区生态修复工程规划》和《宁夏生态移民迁出区生态修复工程年度实施方案》，对生态移民迁出区1272万亩土地，通过自然修复和人工造林种草等措施恢复生态，拓展了宁夏生态空间，改善了移民迁出区生态条件。经检查验收，截至2015年底，完成人工生态修复182.27万亩，占规划总任务380.1万亩的48%，完成了年度规划任务。高标准建成原州区开城镇刘家沟、张易镇马场，西吉县月亮山、张家湾等移民迁出区人工生态修复示范点。2016年，计划完成人工生态修复76.25万亩，截至目前，已完成人工生态修复83.64万亩，占年度总任务的109.7%，其中林业工程32.85万亩，占年度计划任务的124.6%，草地保护与恢复工程完成50.79万亩，占计划任务的101.8%。宁夏生态移民迁出区生态修复和黄土丘陵区综合治理的经验得到了国家林业局的充分肯定。同时开展六盘山水源涵养林建设，加大水土流失治理，快速增加林草植被。在中部干旱带，以防沙治沙，改善沙区生态为目标，采取禁牧封育、人工造林种草、飞播造林种草等综合措施，实施防沙治沙示范区建设和沙化土地封禁项目，宁夏率先实现荒漠化逆转。在北部引黄灌区，实施主干道路大整治大绿化、市民休闲森林公园、高标准农田林网、美丽乡村建设、保护黄河绿化行动等工程，打造了宁夏园艺产业园绿化改造、110国道镇北堡至闽宁镇段环境综合整治绿化改造工程和青银高速黄河大桥至水洞沟段生态景观长廊等重点景观绿化工程，加快造林绿化步伐，改善宁夏生态环境。从2013年开始，全力推进主干道路大整治大绿化。自治区制定下发了《自治区主干道路大绿化工程实施方案》《主干道路大绿化工程考核办法》，明确建设任务和工作重点。按照高质量、做精品、出亮点的要求，全力抓好京藏、青银等11条高速公路、6条国道、12条省道两侧及国省干道省际节点的绿化美化，高标准建设了青银高速黄河大桥至水洞沟段、中宁109复线、永宁西部水系等精品园林工程。

宁夏完成主干道路造林绿化 35.8 万亩，修剪抚育各类树木 8640 余万株，整治湖泊湿地 7800亩，宁夏城乡面貌显著改善。开工建设 26 个市民休闲森林公园，已建成兴庆区徕龙公园等 10 个市民休闲森林公园。

（二）坚持科学防治，全国防沙治沙综合示范区建设稳步推进

宁夏作为全国唯一一个省级防沙治沙综合示范区，防沙治沙创新和引领了草方格治沙、中卫沙坡头全国第一个国家沙漠公园、盐池哈巴湖第一个荒漠湿地类型的国家级自然保护区和灵武白芨滩全国唯一的一个治沙展览馆等多个全国治沙领域的第一。“十二五”以来，坚持把防沙治沙工作摆在更加突出位置，依托三北防护林、退耕还林还草、天然林保护等国家重点生态林业工程，以盐池县、同心县、沙坡头区和灵武市四个全国防沙治沙示范区为重点，坚持防沙、治沙、用沙并重，持之以恒地推进防沙治沙工作，防沙治沙取得了显著成效。“十二五”期间，宁夏防沙治沙目标任务为 30 万公顷，实际完成 65.42 万公顷，是目标任务的 218%。其中：三北防护林工程 9.47 万公顷，退耕还林工程 1.03 万公顷，水土流失综合治理 3.81 万公顷，高效节水灌溉 6.3 万公顷，中央财政造林补贴项目 27 万公顷，自然保护区防沙治沙工程项目 5.92 万公顷，其他工程完成 11.89 万公顷。国家林业局 2015 年 11 月 29 日公布的第五次全国荒漠化和沙化监测结果显示，“十二五”期间，宁夏荒漠化土地和沙化土地面积双缩减，实现了沙化土地连续 20 多年持续减少的目标。与 2009 年相比，荒漠化土地面积减少 10.97 万公顷，平均每年减少 2.19 万公顷，沙化土地面积总体减少 3.77 万公顷，平均每年减少 0.75 万公顷。“十三五”宁夏被国家列入首批沙化封禁保护区和国家沙漠公园试点，新增沙坡头区长流水沙化土地封禁区、灵武市白芨滩防沙林场沙化土地封禁区、红寺堡区酸枣梁沙化土地封禁区、同心县马高庄沙化土地封禁区和盐池哈巴湖沙化土地封禁区，封禁总面积为 5 万公顷，每处封禁区封禁面积均为 1 万公顷。积极争取国家批复建设中卫沙坡头、灵武白芨滩、盐池沙边子 3 个国家沙漠公园。

（三）坚持服务民生，大力发展特色优势经济林产业

充分挖掘和利用宁夏独特的光热水土资源，通过政策扶持和法规保障，从标准化基地建设、产品质量监管、产区品牌保护、市场规范开拓等环节扶持壮大枸杞、葡萄、红枣、苹果等产业。截至目前，宁夏特色优势经济林基地面积达到437.5万亩，产值突破190亿元。特别是宁夏枸杞、葡萄产业优势突出，发展潜力巨大。枸杞产业成效显著，自治区政府把枸杞作为宁夏最有优势的战略性支柱产业来抓，去年出台了《再造枸杞产业新优势规划》，制定了行动计划和实施方案，实施六大工程，从品种选育、基地建设、产品加工、市场开拓、文化引领等方面，全面推进枸杞产业现代化发展，着力提高枸杞产业效益。葡萄优势突出，有38度纬度最佳葡萄种植区，自治区一心十镇百庄千亿葡萄旅游产业带总体规划，宁夏酿酒葡萄面积达46万亩，产量18万吨，葡萄酒庄58家，产值达40亿元以上。

（四）坚持依法治林，森林、湿地资源持续增长

继续抓好全境实施封山禁牧，禁牧封育区内林草覆盖度由15%增加到40%以上。宁夏1530.8万亩森林资源纳入天然林保护工程管护，892.8万亩国家级公益林纳入国家森林生态效益补偿范围。建成贺兰山、六盘山、白芨滩、罗山、南华山等8处国家级自然保护区，总面积835.7万亩，占国土面积的10.7%。出台了《宁夏回族自治区湿地保护条例》，启动宁夏28处湿地保护与恢复示范区、湿地保护小区和湿地公园建设，宁夏湿地保护面积310万亩，沙湖荣获“全国十大魅力湿地”称号，宁夏成为全国为数不多湿地面积不减反增的省区之一。加大涉林案件查处力度，组织开展“天网行动”“候鸟行动”“非法侵占林地清理排查”等专项活动，涉林刑事案件破获率92.4%，重特大涉林刑事案件上升势头得到有效遏制。森林防火防控能力和应急处置水平明显提升，森林火灾受害率控制在1‰以下，连续58年没有发生重大以上森林火灾。

（五）坚持深化改革，着力增强林业发展活力

完成集体林权制度基础改革，集体林地确权率达到100%，积极推进林权抵押贷款，组织召开宁夏林权抵押贷款签约暨座谈会，与农行宁夏分行等3家银行签订支持林业发展战略合作协议，达成5年60亿元投资协议。在青铜峡市和西夏区开展非基本农田葡萄确权颁证试点，在西吉、同心、隆德3个县探索开展林权流转试点工作。积极扶持壮大林业新型经营合作组织，评选认定首批10家自治区级林下经济示范基地，宁夏发展林下经济

385万亩，产值近20亿元。启动国有林场改革试点，编制上报了《宁夏回族自治区国有林场改革方案》。科学划定并严守森林、林地、湿地、沙区植被、物种保护5条生态红线。严格林地限额管理，坚持占补平衡，占少补多。简政放权，厘定林业行政权力和责任清单，清理行政职权107项，精简率达57.5%，实现精简率过半的目标。深化集体林权制度改革。

三、存在的问题

尽管近年来宁夏生态林业、民生林业建设取得了突飞猛进的成绩，但与宁夏经济发展和人民的需要还有一定差距，距离美丽宁夏的建设目标还有一定距离，主要存在以下一些问题：一是基层林业部门地方债务负担重、化解难。国家林业工程属于补助资金，造林成本与国家造林补助资金差距大，造林面积越多，投入就越多，欠账也就越多，进而影响各市、县（区）承担宁夏生态林业建设的积极性和主动性，宁夏各市、县（区）林业部门均有不同程度的造林绿化欠账。二是造林后的管护问题越来越凸显。很多新造林在三年内有企业或者承包人管护，但三年之后，很多新造林面临着无管护资金、无管护队伍的窘境，尽管有一些市、县财政筹集划拨了一定的管护资金，但对整体而言，真是杯水车薪，如果不加强管护，未成林转化率就上不去，也就意味着宁夏森林覆盖率处于全国末位的现状将很难解决。三是营造林项目设计、管护及招投标中问题突出。在现行林业项目管理及运行模式中，没有按工程标准设计预算，但要按严格的工程规范审计管理，对工程管理和工程建设带了一定的难度。国家对造林工程没有资质，现行的招标都是用城市园林绿化资质，工程造价体系也是采用建设部门的造价体系，但国家林业投资却是补助性，这也是无形中增加了林业投资成本近40%。此外，造林投资部分来源于国家补助，且补助资金当年8—9月份才能到位，而此时再履行招投标，已错过了造林季节。四是基层林业部门干部结构问题突出。基层林业科技推广服务体系不健全、知识更新换代慢，人员结构老化严重，专业技术人员严重不足，缺乏交流和培训。五是宁夏本区苗木滞销严重，供需不平衡。周边苗木价格对宁夏苗木冲击非常严重，相同规格的苗木价格比宁夏低20%左右。六是主体功能区规划还未落实到位。城镇化建设进程的加快，尤其湿地公园周边的房地产开发已严重影响到城市地下水位和湿地公园的发展，要进一步合理做好城市发展规划，严格落实湿地生态红线制度，确保城市及周边湿地健康、可持续发展。七是宁夏生态林业政策及管理体系滞后。宁夏林业基础设施已不能适应新形势的管理需要，林地管理、营造林管理等林业信息化建设严重滞后。同时，深化林业改革任重而道远，企业、大户及农民参与生态建设缺乏积极性和主动性，农民没有收益，自己不愿意参与造林，但也不想让国家或者企业去造林，需要尽快完善集体造林机制。

四、下一步重点措施及方向

（一）扎实推进精准造林工程

重点实施400毫米以上地区造林工程。全面落实工程造林，实行全额预算管理，采用大规格苗木，营造乔木与乔木、乔木与灌木混交的近自然林，打造系统稳定、功能强大的人工生态系统。

（二）继续实施好生态移民迁出区生态修复工程

进一步加大生态修复力度，根据立地条件，宜林则林，宜草则草。建立管护机构，加强林草资源的保护，巩固生态修复成果。重点解决应搬迁但搬迁不彻底等遗留问题的基础上，增加自治区财政配套比例，确保工程的顺利实施。

（三）实施好新一轮退耕还林工程

抢抓国家实施新一轮退耕还林工程的有利时机，落实退耕地块，选择生态、经济效益兼具的适生树种，加快工程建设步伐。确保到2020年，实现森林覆盖率达到15.8%的目标。

（四）精准造林与助推脱贫紧密结合

把造林与扶贫挂钩。借鉴泾源经验，通过采购建档立卡贫困户育的苗木造林，让建档立卡贫困户农民参与造林挣取工资等方式，既直接增加了贫困户的收入，又使其有长期稳定的收入来源，开拓造血型的新模式。林业扶贫的根本出路在产业，要把产业与扶贫挂钩。通过帮助贫困户营造经济林或有经济开发潜力的树种，在获得生态效益的同时，增加贫困户收入。

五、加快宁夏生态林业的几点建议

（一）增加投入，逐步实行全额预算工程管理

建议区财政增加投入，设立林业建设专项资金，按工程前期、生产、补植补造、病虫害防治、森林防火及后期管护等，对营造林项目实行全额预算投资，实行真正的工程管理。

（二）创新项目管理方式，简化管理程序

针对造林绿化工程的特殊性，取消现行林业项目的招投标制度，出台宁夏林业重点工程项目管理办法，对苗木使用、造林资质等进一步明确要求，推进造林专业队造林、BT 模式和 PPP 等模式，尽快建立与实际相符合的招投标制度。树木是有生命的，造林是有季节的，为了确保造林的成活率、保存率、成林率，建议在苗木招投标、项目立相招标等方面，建立与造林绿化实际相符合的招投标制度。

（三）建议加强生态林业信息化管理建设

要进一步强化生态林业的管理水平，充分借鉴国土资源管理的有关经验和做法，进一步加快宁夏林地资源管理，真正杜绝边治理边破坏的加大对林业信息化的支持力度，发挥地理信息系统的功能，尽快实现森林防火、林地资源征占用、营造林管理、湿地公园、自然保护区、沙漠公园等一体化的信息管理系统。

（四）建议强化对宁夏自身苗木的关注和支持

目前宁夏自身苗木发展过快，尽管各级林业部门采取了一定的措施，优先使用本地苗木，但宁夏农民苗木依然滞销严重，这也必将为今后生态林业的建设和地方稳定带来隐患。建议进一步结合精准扶贫推动生态扶贫，推广泾源县育苗造林模式，优先购买建档立卡贫困户苗木和劳务，引导贫困地区群众参与荒山绿化，增加农民收入。

（五）建议将管护经费纳入自治区财政预算体系，强化森林资源管护队伍建设

尽早落实设立自治区级公益林补偿专项资金，提高地方生态公益林补偿标准，建立补偿标准动态调整机制，完善以政府购买为主的公益林管护

机制。

（六）建议加快宁夏葡萄、枸杞、红枣和苹果等特色优势产业的升级

进一步完善和创新生产经营方式，推进生态林业在增加就业、拉动内需和农民增收等方面的刚性需求，真正落实好农民在植树造林、产业基地建设、营造林管护等方面的补助，激发农民参与生态林业建设的积极性。加快枸杞、葡萄的质量提升工程，尤其强化产业基地建设质量，尽早推行严格的质量管理体系，保护好宁夏中宁枸杞等宁夏林产业知名品牌。

宁夏草原生态保护建设研究

张　宇　杨发林

目前，宁夏草原的突出问题是草原畜牧业发展与草原生产能力不协调，草原生态退化（沙化和盐碱化）面积迅速扩大，草原生态恶化的趋势还没有得到控制，严重影响草原畜牧业的可持续发展和牧区社会的稳定。通过对草原生态保护和建设的总结和梳理，分析草原生态建设面临的机遇和挑战，认识草原生态环境现状和造成这种状况的原因，提出草原生态保护和建设的重点，从根本上扭转草原生态退化的局面，促进农牧区可持续发展。

一、2016年宁夏草原生态建设重点工作

2016年，宁夏采取了一系列草原生态保护建设措施，健全完善草原法规、实施草原生态奖补政策、开展重大生态工程建设、推行草原禁牧制度、推进生产方式转变，草原局部生态状况呈现改善的良好势头。

（一）划定基本草原

为有效落实基本草原保护制度，加强基本草原保护、建设和合理利用，促进草畜产业健康稳定发展，开展了基本草原划定工作。

基本草原划定目标为全面完成宁夏基本草原划定工作，建立数字化、

作者简介　张宇，宁夏回族自治区草原工作站高级畜牧师；杨发林，宁夏回族自治区草原工作站研究员。

信息化、规范化的宁夏基本草原管理模式，将划定结果以自治区人民政府名义向社会公告。划定范围为宁夏基本草原划定工作涉及的除金凤区以外的21个县（市、区）。

划定内容：

基本草原权属核实：核实基本草原所有权和使用权的权属状况，以及权属界线、拐点等。国有基本草原使用权要核实到使用权单位；集体基本草原所有权要核实到村。

基本草原类型调查：要按照基本草原统一分类标准，查清每一宗草原的类型、面积和分布。

Ⅰ. 重要牧场：面积在1000亩以上的天然放牧草场。

Ⅱ. 割草地：具备割草条件的天然草原，一般不用于放牧。

Ⅲ. 人工草地：在天然草地或其他用地上通过人工种植优良牧草而形成的草地植被类型，且集中连片面积达到500亩以上。

Ⅳ. 退耕还草地：将原来是草原开垦为耕地或原从事农作物种植的耕地实施退耕还草工程后变为人工草地或逐渐恢复的天然草地，以及生态移民迁出区通过人工或自然恢复而形成的草地。

Ⅴ. 改良草地：在天然草地基础上，通过加强培育和管理措施，如灌溉、施肥、改良土壤通气状况、地表整理、防除杂草和草群的更新、复壮等，提高草地产量和品质的天然草地。

Ⅵ. 草种基地：专门用于牧草籽种生产的草地。

Ⅶ. 草原科研、教学试验基地：专门用于科研、教学试验的草地。

Ⅷ. 国家、省重点保护野生动植物生存环境的草原：禁止放牧及其他经营活动，且作为保护野生动植物生存环境的草原。

Ⅸ. 对调节气候、涵养水土、防风固沙具有特殊作用的草原：指难以达到放牧条件，但对调节气候、涵养水土、防风固沙等具有特殊作用的草原。

Ⅹ. 国务院规定应当划为基本草原的其他草原：按国务院有关要求执行。

Ⅺ. 禁牧、休牧草原：指因草原生态建设要求，已纳入禁牧、休牧的草原。

Ⅻ. 当地结合实际确定的应作为基本草原的草原、湿地及生态功能区等：由当地根据草原生态建设的现实及长远要求确定。

宁夏基本草原划定参照草场资源调查、草原“双权一制”落实、第二次土地利用现状详查等有关资料，对已有的信息直接转绘到工作底图上。新增或删减内容，采取实地调绘获取各项资料，通过整合完善，最后形成图件、数据、文字等各项成果。

（二）划定草原生态保护红线

2016 年 5 月 30 日，国家发改、财政、国土、环境、水利、农业、林业、能源、海洋等九部委联合下发《关于印发〈关于加强资源环境生态红线管控的指导意见〉的通知》（发改环资〔2016〕1162 号）。为了贯彻落实国家生态保护红线划定工作，根据自治区第十一届委员会第八次会议《关于落实绿色发展理念、加快美丽宁夏建设的意见》和《关于印发〈宁夏草原生态保护红线划定工作方案〉的通知》（宁农牧发〔2015〕11 号）文件要求，以《生态保护红线划定技术指南》为指导，制定宁夏草原生态保护红线划定技术方案。

根据宁夏回族自治区生态环境建设 2020 年中远期规划目标，划定草原生态保护管控区红线，形成满足生产、生活和生态保护的基本要求、符合宁夏实际的草原生态保护红线区域空间分布格局，确保具有生态功能的草原区域、重要的草原生态系统和草原主要动植物资源等得到有效保护。确定草原资源利用上线，保障草原资源永续利用及社会经济可持续发展。

按照以上原则和基本草原保护的要求，宁夏草原生态红线划定的范围主要分布在以下 3 个区域：第一，六盘山区 6 县集中连片的 400 万亩；第二，中卫香山地区 130 万亩；第三，分布于盐池县、灵武市、同心县植被覆盖度达到 50%以上的已治理温性荒漠草原 510 万亩。共计 1040 万亩，占宁夏国土面积的 12%。原则上草原生态保护红线是区域生态安全底线，是保护草原生态系统基本功能和生态系统稳定性的最低阈值，禁止开发。

（三）开展草原确权承包试点

按照六部委《关于认真做好农村土地承包经营权确权登记颁证工作的意见》（农经发〔2015〕2 号）、农业部《关于开展草原确权承包登记试点的通知》（农牧发〔2015〕5 号）文件要求，宁夏于 2015 年 7 月在盐池县青山乡开展了草原承包确权登记试点工作。试点工作按照“保持稳定、依法规范、尊重历史、民主协商”的原则，通过区、县、乡、村四级积极配合，试点乡群众积极参与，按照宣传培训、调查摸底、外业勾画测绘、内业绘制上图、矛盾调解、审核公示、确权发证、完善归档等关键环节，目前试点工作已基本完成。

试点基本情况：盐池县青山乡辖8个行政村，54个村民小组，总人口4591户12313人，总面积706.2平方公里，草原55万亩，共调查承包户4060户12739人，完成盐池县草原确权承包登记基本信息表、盐池县草原确权承包勘察登记表等表册2种9000份（套），完成草原地籍审核公示确认图20份，签订草原承包经营合同20份。根据实地调查测绘，青山乡本次确权承包面积为承包地块约为40万亩，比2011年二轮完善承包面积减少15万亩。试点乡草原确权承包权属明晰，承包地块空间位置明确、四至清楚，承包地面积准确，实现了“一地一证”，达到了草原确权承包目标。

在确权登记过程中，始终坚持“依法有序、公平公正、维护稳定”原则，不激化矛盾，不回避争议，按照相关的文件精神，充分发扬民主，对草原权属、四至界限、承包面积认真审查、严格把关，有效维护农村和谐稳定。

（四）实施草原生态保护建设项目

1. 落实草原生态保护补助奖励机制政策

国家新一轮（2016—2020年）草原补奖政策实施主要内容为：对实行禁牧封育的草原中央财政按照每年每亩7.5元的测算标准给予禁牧补助，对履行草畜平衡义务的农牧民按照每年每亩2.5元的测算标准给予草畜平衡奖励，5年为一个补助周期。并加大绩效评价奖励资金投入，继续对工作突出、成效显著的地区给予奖励，奖励资金主要由地方政府统筹用于草原生态保护建设和草牧业生产方式转型升级等方面。

2016年，宁夏启动新一轮草原生态保护补助奖励政策，政策内容涉及禁牧补助和绩效评价奖励两项内容。禁牧补助任务2599万亩，年补助资金19493万元，涉及14个县（市、区）33.4万户农户，仅禁牧补助一项，户均年直接收入584元。同时在宁夏实施草原补奖绩效评价奖励，每年1亿元左右的奖励资金主要用于草原保护建设、草牧业发展以及畜牧业生产方式转变。

2. 退牧还草工程

2003年，国家启动实施退牧还草工程，宁夏被纳入全国退牧还草省区。2016年宁夏完成退牧还草退化草原补播改良34万亩、人工饲草地10万亩、棚圈4500户。退牧还草工程实施13年来取得了显著的经济、社会和生态效益，成为宁夏草原生态建设的骨干工程。

3. 退耕还草工程

2015年，宁夏开始实施退耕还草工程，重点实施区域为25度以上或严重沙化的非基本农田条件的耕地，2015—2016年，共建设退耕还草面积6万亩，工程区域植被综合覆盖度得到了提高，发挥了草地植被防风固沙、蓄水保土、涵养水源、净化空气的积极作用，实施区域出现了“水不下山，泥不出沟”的喜人生态治理效果，成为宁夏生态建设的重要组成部分。草畜产业结构得到进一步合理调整，有效地增加了退耕农户的收入。退耕农户除种草费外，可直接享受每亩680~850元的补助。此外，退耕地种植的紫花苜蓿正常年份每亩可产青干草400公斤，每公斤苜蓿青干草按1.6元计，每年可获得直接经济效益640元，7万亩退耕还草地每年可获得直接经济效益4480万元。且一次投入，多年受益，起到了精准扶贫和加快山区脱贫致富步伐的作用，深受广大农户欢迎。

4. 已垦草原治理

农业部、国家发展改革委为推进农业环境突出问题治理工作，依据《农业环境突出问题治理总体规划（2014—2018）》制定了相应的工作方案。

2016年，宁夏实施已垦草原治理任务11万亩，每亩中央补助160元。项目通过建植优质稳定的多年生旱作人工草地等措施，提高治理区植被覆盖率和饲草生产、储备、利用能力，保护和恢复草原生态，促进农业结构优化、草畜平衡，实现当地生态、生产、生活共赢和可持续发展。

重点在已垦草原退耕区域，建设围栏，平整治理弃耕地，采取施肥、平耙等多种措施恢复土地地力，选择适应当地气候、地力条件的优良牧草品种，对种子进行包衣处理，科学配置牧草混播比例，采取混播、间作、套作等多种旱作种植技术，恢复草原植被。治理后的草原划为基本草原进行保护。

二、宁夏草原生态建设面临的挑战和机遇

（一）面临的挑战

近年来宁夏草原保护建设取得了显著成效，但还应该看到，草原生态总体恶化的状况还没有根本扭转，草原生产能力总体偏低的状况还没有根本改变，农牧民的收入和生活水平还没有根本提高，威胁草原生态的各种不利因素还依然存在，加强草原保护建设利用、修复草原生态任务十分艰巨而复杂。

1. 提升草原资源管理利用水平任务艰巨

宁夏是全国十大牧区之一，但不是草原资源利用强省。从人均资源量、资源分布利用、利用方式、承载力水平、管理方式看，宁夏草原资源管理利用水平还需要逐步提高。

2. 巩固草原生态环境建设成果任务艰巨

随着工业化、城镇化的推进，草原过度利用、保护不足，草原退化沙化和水土流失依然严重，沙尘暴等自然灾害和鼠虫生物灾害频繁发生，部分地区乱开滥垦、乱采滥挖等破坏草原现象屡禁不止。

3. 推动草原畜牧业转型发展、促进农牧民增收任务艰巨

牧区半牧区县经济结构单一，农牧民增收渠道狭窄，草原畜牧业作为农牧民收入的主要来源，发展面临草料缺和水平低的双重挑战。

4. 大力推进依法治草任务艰巨

我国草原法律法规体系还不健全，配套的部门规章不完善，地方性配套法规地区间很不平衡。草原监理人员少、素质不高、装备差，进一步巩固提升依法治理草原水平任重道远。

（二）新时期草原保护建设的机遇

中共中央、国务院印发了《关于加快推进生态文明建设的意见》。《意见》中强调加大退牧还草力度，继续实行草原生态保护补助奖励政策，提高草原植被覆盖率，增加草原碳汇，到2020年，全国草原综合植被覆盖度

达到56%。加快推进基本草原划定和保护工作，科学划定草原生态红线，修订《草原法》，严格落实禁牧休牧和草畜平衡制度，稳定和完善草原承包经营制度。

自治区《落实绿色发展理念　加快美丽宁夏建设的意见》中主要目标为通过划定五条生态保护红线，建设四大生态功能区，实施十大生态保护工程，开展三大环境治理行动（简称“5413”），加快推进美丽宁夏建设。其中基本草原红线和中部荒漠草原防沙治沙区为草原生态建设主要任务。

草原的重要生态地位和功能要求我们必须从维护国家生态安全、实现中华民族永续发展的战略高度来认识、看待草原，进一步提高对草原保护建设重要性的认识，紧紧跟上生态文明建设的大势，在巩固草原保护建设成果上奋发有为，在完善草原保护制度建设上乘势而为。

三、新形势下进一步加强宁夏草原生态建设地位的必要性

2011年以来，以草原生态保护补助奖励机制的全面建立为标志，国家对草原生态保护的支持力度空前提高，体现在支持强度最大、包含内容最宽、涉及范围最广、惠及农牧民最多等显著特点。

（一）国家生态文明建设的需要

生态文明建设是以习近平为总书记的党中央提出“五位一体”国家现代化建设布局的主要内容之一，也是“创新、协调、绿色、开放、共享”五大发展理念的重要组成部分。建设生态文明建设，实施绿色发展理念，都与草原有密切的关系。因为我国广袤的天然草原是重要生态屏障和生态文明建设的主战场，绿色草原是实施绿色发展理念的核心区域和明确指向。对天然草原进行休养生息，还其绿色，唤起生机，换来美好生态环境，是我国五位一体现代化国家建设，实现绿色发展的主要内容。

（二）全面建成小康社会的需要

全面建成小康社会是我国“两个百年”建设的奋斗目标之一。习近平指出“小康不小康，关键看老乡”。这里“老乡”包含着城市和乡村、农区和牧区、牧民和农民，特别是牧区、牧民和牧业即“三牧”是全面建成小康社会的短板，这个短板的重点是分布于少数民族地区的广阔草原及其祖

辈生活在这里的牧民的生存环境的改善，生产能力的提升和生活水平的提高。全面实施天然草原休养生息，完善生态奖补政策是补齐这个短板的主要途径和基本保障。

（三）生物多样性保护和可持续发展的需要

广袤的天然草原分布区不仅是一种地理景观、生态屏障，更重要的是生态多样性的储存库和繁衍地。在草原上常年繁衍生息着上百万种野生动植物种群，它们是维护生物多样性和系统多样性的基本成员和基础，是可贵的种质资源库。对天然草原实施休养生息，恢复植被，是对这一生态系统和生物种质资源库的最好保护，是天然草原及其生态环境走向可持续发展的必然选择。

（四）传承和弘扬草原牧区传统文化的需要

在中华多元一体文化形成体系中，草原文化是重要的文化类型之一。草原文化的产生、形成、发展、传播完全依赖于天然草原和在草原上生活的各族从事草牧业生产的牧民。当前，在建设文化强国的伟大历史征程中，草原文化的传承、建设和弘扬是不能忽略的部分。保护、继承和弘扬草原文化，挖掘草原文化的精神内涵和宝贵遗产，最好的办法是保护好草原文化产生、形成和发展的草原生态环境。对天然草原进行休养生息，恢复其固有的生态环境，维持原来的生产生活方式，保护已有的文化遗存，是传承和弘扬草原文化、发扬草原文明的重要举措，也是对草原牧区各民族群众的最大尊重和中华文化多元体系形成历史最好保护。

四、加强草原生态建设的建议

草原生态建设和保护是一项长期的系统工程，宁夏上下要以保护和恢复草原生态功能，促进人与自然和谐和可持续发展，提高牧民生活水平为目标，稳定草场承包经营责任制，坚持以人为本，尊重规律，统筹协调，充分利用一切优惠政策，加大力度，保护、建设好草原生态环境。

（一）保护和修复草原生态系统

实施重大生态修复工程，提高草原植被覆盖率。严格落实禁牧休牧和草畜平衡制度，加快推进基本草原划定和保护工作；加大退牧还草力度，继续实行草原生态保护补助奖励政策；稳定和完善草原承包经营制度。主要依靠大自然的自我修复能力，宁夏实施退牧还草、禁牧封育等生态工程后，项目区天然草原植被覆盖度、草群高度、草产量、优质牧草比例都有不同程度的提高。面对草原退化，国家提出“以自然修复为主，人工建设为辅”，这是对过去轻视自然修复作法的深刻反思，也是对未来努力方向的重大调整。

（二）引导农牧民转变经营生产方式，大力发展草牧业

草原具有经济和生态两大功能，现有的草原畜牧业主要强调经济功能，忽视了生态功能，也是造成草原资源严重破坏的重要原因，因此应转变生产经营方式。

大力发展人工种草，建设高产优质苜蓿示范基地，积极推进“粮—经—饲”三元种植结构和草牧业试点，因地制宜发展饲用玉米、苜蓿等优质饲草种植。全面推广秸秆调制与加工利用技术，建立以青贮和秸秆加工为主的饲草加工调制配送中心。提高饲草资源利用率。积极推动南部山区退耕还林还草地区牧草集中开发利用。加大马铃薯淀粉渣、葵花盘、柠条等非常规饲料资源的优质化处理和规范化利用力度，丰富饲料来源，提高饲草加工调制利用率。提升饲料加工能力，为草畜产业健康发展提供基础支撑。

实施草田轮作，开辟饲草资源，建设草地农业。今年中央1号文件提出粮改饲，引草入田，推行饲草料种植的重大政策措施，这为农业结构战略性调整和优质饲草产业发展提供了难得机遇，也为由耕地农业向草地农业转变指出了方向。要抓住这一难得的历史机遇，全面规划部署，发挥优质牧草特别是豆科牧草的优势，加快引草入田，推广草田轮作，大力开展玉米秸秆加工调制技术，开辟饲草资源，为现代畜牧业发展打下坚实的基础。

（三）加大生态补偿力度，发展特色产业

对于生态脆弱的中部干旱带，把生态建设与增加农牧民收入结合起来，使“绿起来”和“富起来”相结合，实施草原生态补偿机制，大力发展枸杞、红枣、中药材等特色产业。落实草原家庭承包经营责任制，享受国家草原生态保护补助奖励政策。加大特色产业扶持力度，扩大产业规模，提高产品加工转化能力，建立健全市场流通体系，提高农业生产组织化程度，最终达到经济与生态效益的最佳结合和有机统一。

（四）加强体系建设

1. 改进工作作风，深入调查研究

要经常深入实际、深入基层、深入群众开展调查研究。既要全面调查情况，更要深入研究问题。针对草原补奖政策落实中存在的问题、草原保护建设体制机制方面的问题、草原保护持续投入的问题、牧区经济开发衍生的问题、非牧区草原可持续发展的问题等，都要深入开展调查研究。

2. 加强体系建设，提高队伍素质

按照国务院17号文件关于加强草原监督管理工作的要求，进一步深化草原管理体制改革，加快推进草原监理机构建设，充实草原监理人员，加强市县草原监理机构建设。积极争取支持，不断改善草原执法监督装备的条件。

宁夏美丽乡村建设研究

王红艳　马荣芳

推动城乡统筹发展，全面实现小康目标，必须以美丽乡村建设为抓手，使建设美丽乡村成为改善生态环境，建设富裕、文明、和谐、幸福新宁夏的基础工程；成为宁夏经济社会可持续发展的必要工程；成为推动宁夏精准脱贫、创业致富的有效工程。

一、宁夏美丽乡村建设情况

自2013年中央一号文件明确提出建设美丽乡村任务以来，宁夏各地积极开展美丽乡村建设的探索与实践，已取得阶段性成效。2014年自治区党委、政府出台《宁夏美丽乡村建设实施方案》，明确提出美丽乡村建设的战略目标是实现城乡一体化，构建布局合理、功能完善、质量提升的发展体系。2015年自治区政府工作报告进一步提出推动美丽乡村建设，必须实施的“八大工程”，即规划引领、农房改造、收入倍增、基础配套、环境整治、生态建设、服务提升、文明创建。围绕目标、任务，自治区党委、政府2016年加大了对中南部山区的支持力度，通过全面统筹政府基金、公共预算资金、政府债券资金，高标准建设美丽小城镇、美丽村庄，加快城乡

作者简介　王红艳，中共宁夏区委党校经济管理教研部教授；马荣芳，中共宁夏区委党校经济管理教研部教授。

一体化进程。

（一）生态建设工程稳步推进

一是实施生态林业工程。全区森林资源总量增长较快。据统计，森林覆盖率由 2000 年的 8.4%增长到 2014 年 13.8%。二是退耕还林工程。自 2000 年宁夏启动实施了退耕还林工程以来，每年都能较好完成国家相关部委安排的退耕还林任务。同时，宁夏把退耕还林等重点林业工程与山区综合治理、农田基本建设、扶贫开发结合起来，进一步提高了农业综合生产能力。三是加强资源管护工作。湿地保护走在全国前列。目前，全区湿地总面积约 400 万亩，约占全区地域总面积的 5%，比全国平均水平高出 1.2 个百分点。四是建立防沙治沙综合示范区。率先在全国以省（区）为单位全面实行禁牧封育，把天然草原承包给农户，并采取工程措施和生物措施相结合的办法防治荒漠化问题，真正实现了人进沙退的目标。

（二）人居环境明显改善

建设美丽乡村，首先要做好环保工作。只有打好环保这张牌，才能让村容村貌真正美丽起来。作为全国首批 8 个农村连片整治试点省区，围绕农村生态文明建设主题，宁夏连续数年投入大量人力、财力、物力改善农村环境，加强环境基础薄弱村庄建设。高规格推进农村连片整治，建成一大批环保设施，创建国家级生态乡镇 20 多个、生态村 10 多个，一批与群众生活密切相关的乡村道路联网工程、饮用水改造工程等基础设施项目完工，创建村面貌焕然一新。同时，开展水源保护地工程，垃圾集中收集处理工程和农村污水达标排放工程。配备专职垃圾清运工和垃圾收集桶，建设乡镇垃圾压缩中转站和垃圾填埋场。运用新技术，通过让养殖企业建沼气池和用畜禽粪便制造有机肥等方法，打好循环牌。为解决农村群众基本居住安全，自治区住建厅组织实施了“塞上农民新居”建设和农村危房改造工程，建成了一批布局合理、特色鲜明、环境优美的示范村，农村住房质量和抗震防灾能力显著提升。此外，《宁夏农村环境保护条例》的出台，以法规形式完善农村环保地方技术标准规范体系，加快推进宁夏农村环保进程。宁夏农村环境质量和当地居民的幸福指数普遍提高。

（三）扶贫攻坚成效显著

宁夏西海固地区是国家14个集中连片特困地区之一，宁夏历经“三西”农业建设（1983—1993年）、“双百”扶贫（1994—2000年）、千村扶贫整村推进（2001—2010年），使扶贫开发由“输血式”向“造血式”转变。通过实施35万生态移民工程，65万贫困人口“四到”（2011—2015年）四个阶段努力，宁夏累计减贫290万人，西海固地区的面貌和贫困群众的生产生活条件发生了翻天覆地的变化。“十二五”期间，宁夏贫困人口从101.5万减少到58.12万人，贫困发生率由25.6%下降到14.5%，西海固地区农民人均纯收入从4964元提高到6500元，年均增长高出全区2个百分点，并力争2018年实现全区农村贫困人口全面脱贫。

二、当前宁夏美丽乡村建设存在的问题

宁夏美丽乡村建设工作虽然取得了一些成绩，但与人们心目中的美丽乡村建设目标还有一定差距，主要表现在以下几个方面。

（一）村庄规划有待完善

如何在美丽乡村建设过程中，制定出符合地方实际的指导意见和操作规范？做到这一点需要在尊重村民意愿的基础上进行科学分类引导，实施刚性与弹性兼具的差异化政策，这样才能保证美丽乡村建设规划科学、持续，这是最大的节约。为此，需要关注几个问题：一是规划设计个性特色凸显不足。目前的规划对各地生态、文化、产业特色考虑不足，没有突出鲜明特色的村庄文化；对村庄自然、历史人文和产业元素挖掘不够，存在千篇一律现象。同时，过于看中“学习”成功地区成功经验，仅是简单复制、拷贝，缺乏对各地实情、区位条件、资源禀赋、产业发展、村民实际需要的梳理分类，行不通。需要坚持个性化塑造，挖掘地方特色，营造具有自身特色的田园风光与乡土风情，这样生命力才能长久。二是整体考虑不够，阶段性目标不明，建设效果不明显。美丽乡村建设是一项全局性、系统性工程，需要从农民群众反映最迫切、最直接、最现实的环境整治和村庄道路等基础设施配套入手，实事求是地制订、实施计划。而且一旦规划制定好，就要从自身实际出发，以规划为引领，循序渐进、坚持不懈地

完成创建任务。

（二）农村生态环境退化问题

农村环境脏乱差问题依然突出，各类污染对美丽乡村建设的压力依然存在。随着社会经济的转型、区域要素重组与产业重构，农村点源污染与面源污染共存、生活污染与工业污染叠加、城市和工业污染加速向农村转移，非农化带来的资源损耗、环境污染、人居环境质量恶化等问题亟待解决。很多农户缺乏相关培训，各种污染未经处理直接排放，污染乡村生态环境，加大了乡村环境污染治理难度。此外，村民沼气使用积极性不高、秸秆环保化处理率较低、省域村庄环境综合整治差异较大、落后地区农村居住环境改善缓慢等问题未从根本上解决。一些地方“重建轻管”现象突出，“走过场”做得多一些，缺乏长效管理资金，且农村环境执法工作薄弱，“脏、乱、差”回潮情况较多。

（三）基础设施建设较落后

农村基础设施建设是发展现代农业、建设美丽乡村的重要物质基础。宁夏现有乡村基础设施建设同步性差，配套不足，区域差异明显，绿化、美化、亮化、污水处理、垃圾无害处理等推进不到位等问题仍较突出。具体表现在农村卫生厕所、自来水、道路硬化率、村级医疗卫生设施配置仍有待于进一步提高。随着新农合的逐步普及，多数村民会选择乡、镇、村级卫生室就医，而目前各乡、镇、村级卫生室卫生条件和农民的卫生观念还比较落后，医疗技术水平还不足以让人信赖，存在较大的医疗隐患，不能较好地为农民提供满意服务。村中心广场以及社区文化活动场所健身器械配套、管理不到位，致使群众无法正常使用。部分村庄虽修建了图书阅览室、文娱活动中心等文化设施，但使用不充分，大多处于闲置状态，浪费严重。农村社会保障及养老设施服务滞后，人文关怀不足。教育设施分布不均衡，呈现地区经济水平阶段性特征等。

（四）资金投入不足，使用效率不高，建设后劲不足

资金短缺是农村基础设施建设的重要制约因素之一。随着美丽乡村建设的不断推进，需要投入的资金量会更大。目前，宁夏美丽乡村建设投入机制还不够健全，投资渠道单一，面临较为严重的资金缺口问题，仅凭农业部和地方财政支撑难以为继。加之，政府资金投入交易成本高，在一定程度上会影响财政支农的政策效应。一些乡村可能会在短期内突击建成“美丽乡村”，但这样的美丽乡村建设模式能不能持续长久，需要引起注意。同时，对已经投入使用的资金产出效用评价、考核不到位，造成一定项目资金使用无效。

（五）农村文化特色尚未得到深层次挖掘利用

美既要美于“形”，更要魅力于“心”。中国农耕文化的根在农村。传统古村落传承中华民族的历史记忆、生产生活智慧、文化艺术结晶和民族地域特色，寄托了中华儿女的乡愁。总书记讲的记得住“乡愁”应该是更具田园风光、山村风貌的乡情。宁夏拥有丰富的乡村文化资源：如荣获“中国最美休闲乡村”称号的西吉龙王坝村、充满伊斯兰装饰风韵的永宁县纳家户村、享有“长寿村”美名的吴忠市利通区东塔寺乡的穆民新村和获得宁夏首个“全国历史文化名村”称号的中卫市沙坡头区香山乡的南长滩村及与之遥遥相望的北长滩村。北长滩村作为黄河进入宁夏北岸的第一个小村庄，既凝聚着浓郁的西北农村特色，也保留着深厚的文化内涵。此外，还有充满着浓厚历史人文气息的隆德县清凉河流域的红崖村，村里的那条“老巷子”被誉为宁夏最美的老巷子、隆德县奠安乡的梁堡村被誉为丝绸之路要冲等。当现代村庄面临从传统向现代、从封闭向开放演化时，我们改善农民居住条件后，如何避免经济负担增加和乡土特色丧失。但是我们对此研究、挖掘不充分。

（六）贫困人口脱贫致富压力大

“十二五”期间，宁夏虽然解决了近50万人口的脱贫问题，但这部分人口发展生产能力、防灾减灾能力还很脆弱，一遇天灾人祸就会陷入贫困，返贫概率很高。集中连片型贫困在山区贫困人口中仍占有较大比重，他们主要分布在干旱带和六盘山阴湿地区，这些地区自然条件恶劣，资源贫乏，人口超载严重，自然资源缺乏型和人力资源缺乏型贫困均集中在这里。农民抗御自然灾害的能力极弱，要从根本上解决山区农民的贫困面貌任重道远。贫困人口数量和质量因素既是致贫的关键，也是脱贫的关键，超生致贫、失学儿童、上不起大学现象在宁夏中南部地区仍然存在，对稳定脱贫会产生威胁。

三、加快宁夏美丽乡村建设的对策建议

按照要求，到2017年，宁夏52%的乡（镇）和50%的规划村庄要达到美丽乡村建设标准；到2020年，全区所有乡（镇）、90%的规划村庄达到美丽乡村建设标准，成为田园美、村庄美、生活美、风尚美的美丽乡村。要实现以上目标，必须做好以下几方面工作。

（一）规划先行，合理布局

以中心村建设为重点，完善村庄布局规划；以分类推进为原则，完善村庄建设规划；以衔接配套为要求，完善其他相关规划。以科学发展观为指导，把城乡发展一体化作为美丽村庄建设的根本出发点和落脚点，将“四化同步”贯穿全过程，以环境优美、农民富裕、民风和顺为目标，通过规划引导和环境整治，实现道路硬化、路灯亮化、河塘净化、卫生洁化、环境美化、村庄绿化，使村庄布局更加合理、村容村貌更加优美。坚持统筹规划、把握标准、整合资源。严格依据宁夏美丽乡村建设标准要求，加大分类支持指导力度，减少重复施工。

（二）挖掘内涵，打造特色

提高公共设施运行服务效益，探索美丽乡村新型社区建设模式。按照“四改、五化、六通”（改水、改厕、改厨、改圈，净化、硬化、绿化、美化、亮化，通水、通电、通气、通路、通客车、通排水）要求，不断完善基础设施。形成政府公共资源城乡共享机制，促进城市基础设施、公共服务和现代文明向农村延伸与辐射。同时，要坚持建管并重，创新管理运营体制，建立长效管护机制，确保各项设施正常运转、永续使用。

因地制宜，因村而异，根据各地产业、村容村貌、生态特色、人本文化等不同，分类发展。一方面要实现生产方式和管理模式的现代化，另一方面更要在建筑风格和文化传承等方面突出乡村特色。依托农村生态山水、田园风光和人文历史等资源，遵循乡村百姓最喜欢的人文情节，在尊重乡村原有历史风貌，保留传统美和特质美的基础上，建成一批布局合理、环境优美、平安和谐的特色乡村，促使人口集聚和产业集约。在加强乡村有

形遗产保护的同时，强调延续传统空间形态和保护乡村非物质文化遗产。

（三）整治环境，拓展外延

抓外在有形环境的提升，巩固扩大成果，综合改善质量，全面提高品位。以实现农村垃圾全面治理为核心，以开展专项整治行动为抓手，进一步完善农村垃圾收集处理体系，建立农村垃圾治理长效机制，引导农村居民养成健康文明的生产生活习惯，逐步实现农村垃圾减量化、资源化、无害化治理，全面改善农村人居环境，建设清洁宜居、生活和谐的美丽乡村。突出重点，把握关键，全力推进三大清理工程：一是开展陈年垃圾清理工程。重点清理村庄、路边、河塘沟渠、桥头等垃圾。二是开展农业垃圾治理工程。重点治理种植区农膜、农药、化肥等农资废弃物和养殖区畜禽粪便等垃圾。三是开展生活垃圾处理工程。重点清理农户日常生活产生的垃圾，采取“就地处理为主，收集处理为辅”模式。到2018年底，实现全区农村90%以上的行政村生活垃圾得到有效处理，农村畜禽粪便基本实现无害化处理、资源化利用，农作物秸秆综合利用率达到85%以上，农膜回收率达80%以上；农村地区工业危险废物无害化利用处置率达到95%目标。到2020年，全面实现农村生活垃圾减量化、资源化和无害化治理，基本建成规划科学、设施配套、技术先进、投入保障、队伍稳定、机制完善、运行高效、城乡统筹的农村垃圾治理体系。

（四）产业优化，激发动力

扶持优势产业，形成品牌效应，增强支撑功能，壮大集体经济，充分发挥城市在资源、人才、技术、信息、服务等方面的优势，在更高层次、更广领域支持美丽乡村建设。加大对农村产业发展的支持指导力度，帮助农村转变农业发展方式、引进科技人才、打开产品市场、建设现代农业园区。具体作法：一是由传统农业向现代农业转变。加快发展生态循环农业，统筹安排农业生产、农民生活、农村生态，改变乡村能源使用方式，降低生活能耗。大力发展果蔬农业、养殖农业、特色种植农业及休闲旅游农业，实现农村产业结构的调整和升级。二是由简单加工向精深加工转变。坚持区域化布局、规模化生产、企业化经营，培育壮大龙头企业、专业合作社等经营主体，推进农产品由简单加工向精深加工转变，提升农业产业化水平。三是由提升品质向创建品牌转变。继续推进农业标准化生产和质量认证，大力发展有机、绿色、无公害的农副产品。大力争创农业品牌，打造品牌农业，促进农业增效，带动农民增收。

（五）倡导文明，完善生态

宁夏美丽乡村建设是一项为民办实事的民生工程是农村精神文明建设的龙头工程，它符合中央要求、国家新型城镇化发展战略和农民群众的殷切期盼。应牢牢把握通过美丽乡村建设践行社会主义核心价值观这条主线，遵循思想先行、教育优先、问题引导原则，以文化人，统分结合，加强文明村镇创建活动。建好用好一批文化活动阵地，提升农村精神文明建设水平。使富在农家、乐在农家、美在农家，成为一种新的生活理念和对美丽乡村的具体诠释，进而推动农民群众生产方式、生活方式、思维方式、行为方式变革和进步，提升精神面貌、满足精神需求。同时，在处理经济和文化的关系时，要注意二者的深度融合。对于宁夏中南部地区而言，建设美丽乡村要把当地经济发展与民族文化、生态文明建设联系起来，在经济发展定位和产业运转上体现鲜明的地域特点和发展潜力。通过创建宜居、宜业、宜游的“美丽乡村”，全面提升生态文明建设理念、内容和水平。

（六）增加投入，保障后劲

发挥好财政资金“四两拨千斤”的作用，创新融资方式，拓宽融资渠道，整合各方资金，形成有效投入。通过放大财政资金杠杆效应多途径筹集建设资金。一是建立财政投入机制，设立美丽乡村建设专项资金。二是加强农村金融创新，鼓励金融机构推出适合农业农民的小额信贷金融产品，探索土地承包经营权及林地使用权等抵押贷款。三是广泛动员发动，鼓励各类企业、社会组织和热心人士通过捐助、认建、冠名、结对等多种方式参与支持美丽乡村建设。四是继续完善“一事一议”制度，引导农民自觉筹资投工投劳建设美丽乡村。五是盘活宅基地资产。同时，也要避免超规模建设造成的浪费。

（七）创新机制，提升效果

加大政策扶持。制定出台关于美丽乡村建设的政策措施，对加快发展现代农业、全面建设农村新社区、加快培育新型农民等方面作出全面部署。

1. 搭建有机衔接的工作架构

美丽乡村建设是物质文明、精神文明、生态文明成果的集中展示，各地党委、政府要高度重视，加强领导，明确责任，完善政策。要按照“想干事、会干事、干成事”的标准配备基层组织干部队伍，选好、用好农村基层党组织带头人，带领农民致富奔小康。

2. 建立健全有序推进的工作机制

采取有力措施，落实工作任务，形成共同关心、支持、参与美丽乡村建设的强大合力。实现年度计划、个性设计、项目管理的有序推进。建立健全市、镇、村三级社会综合服务平台，逐步实行农村社区化管理服务。鼓励建立村民理事会、乡贤理事会，共同参与农村社会事业建设和社会管理服务。加大对农村弱势群体和生活困难群众的帮扶力度，着力解决农村空巢老人、留守儿童、留守妇女等特殊群体的实际问题，促进社会和谐稳定。

3. 建立一套完整的美丽乡村考核指标和验收办法

各地各有关部门要严把建设标准，加强工作督查和考核，出台乡镇、部门工作考核办法，使各项建设工作的目标具体化、责任化。在实践活动上，要把生态文明纳入文明户和文明村镇等评选活动中。

专题篇

ZHUANTIPIAN

宁夏荒漠化治理及沙产业发展研究

刘天明　李文庆　吴　月

钱学森院士指出，“沙产业是在不毛之地搞农业生产，而且是大农业生产，这可以说是一项‘尖端技术’”，“沙产业实际上是未来农业，高科技农业，服务于未来世界的农业”[1,2,3,4]。发展沙产业，就是用现代生物科学的成就，水利工程、材料技术、计算机自动控制等前沿高新技术，在沙漠、戈壁开发出新的、历史上从未有过的大农业，实行节水节能节肥高效的大农业型的产业，即农工贸一体化的生产基地。宁夏荒漠化面积大且分布广，成为制约区域经济及社会发展的主要因素之一，并且对全国的生态安全亦造成影响。近年来，宁夏采取一系列政策与措施加强荒漠化治理，并在荒漠化治理的基础上变害为宝发展沙产业，取得了显著成效。

作者简介　刘天明，宁夏社会科学院副院长，研究员；李文庆，宁夏社会科学院农村经济研究所所长，研究员；吴月，宁夏社会科学院农村经济研究所，博士。

[1] 钱学森. 创建农业型的知识密集产业——农业、林业、草业、海业和沙业[J]. 农业现代化研究，1984(5).

[2] 钱学森. 发展沙产业，开发大沙漠[J]. 学会，1995(6).

[3] 钱学森.运用现代科学技术实现第六次产业革命——钱学森关于发展农村经济的四封信[J]. 中国生态农业学报，1994(3).

[4] 中国国土经济学会沙产业专业委员会、鄂尔多斯市恩格贝身体示范区管委会. 钱学森论述沙产业[M]. 2011.

一、宁夏荒漠化现状及成因分析

（一）宁夏荒漠化现状

宁夏荒漠化土地面积约4461万亩，占宁夏国土总面积的57.3%；其中沙化土地1743万亩，占宁夏国土总面积的22.8%[1]。按动力类型划分，境内主要有风蚀荒漠化土地、水蚀荒漠化土地、土壤盐渍化土地及其他综合因素导致的荒漠化土地。

（二）宁夏荒漠化成因分析

荒漠化是人为强烈活动与脆弱生态环境相互影响、相互作用的产物，是人地关系矛盾的结果。

1.自然条件的脆弱性

宁夏年降水量在150～600毫米，平均降水量约300毫米，年蒸发量约1000毫米[2,3]，降雨量小而蒸发量大，导致宁夏干旱少雨、缺林少绿、生态环境脆弱；降水分布不均匀，雨季多集中在6—9月，且多暴雨，易导致山地、丘陵地区水蚀荒漠化；风大沙多，超过临界起沙风的风速（≥ 5 m/s）每年出现天数多，主要发生在4—6月，且春季8级以上大风占全年大风日数的一半以上，加之春季少雨，侵蚀强烈，易引起宁夏大范围的风蚀荒漠化（形成沙质荒漠化）；南部黄土丘陵地区由于黄土结构疏松、垂直节理发育，是荒漠化的潜在发生地；黄河流经宁夏397千米，有利于引水灌溉，但由于引黄灌区蒸发强烈，大面积漫灌易导致土壤盐渍化（见图1，数据来源[4]）。

---

[1] 数据来源：宁夏回族自治区林业厅：《我区荒漠化治理和沙产业发展情况的汇报》，2015年11月。

[2] http://baikebaidu.com/link?url=Zs44-gkNuF6LESl20pJ_FQJvG7cl_e58hW7Os7S_5Mz-Di3bZ-XvUjndhr6nrawR6bwLIGnEsPr0VqfdiMmHUWK

[3] 谢增武，王坤，曹世雄.宁夏发展沙产业的社会、经济与生态效益[J].草业科学，2013(3).

[4] 数据来源：宁夏统计年鉴2015。图中：1—银川市，2—永宁县，3—贺兰县，4—灵武市，5—石嘴山市，6—惠农区，7—平罗县，8—吴忠市，9—盐池县，10—同心县，11—青铜峡市，12—固原市，13—西吉县，14—隆德县，15—泾源县，16—彭阳县，17—中卫市；18—中宁县；19—海原县。

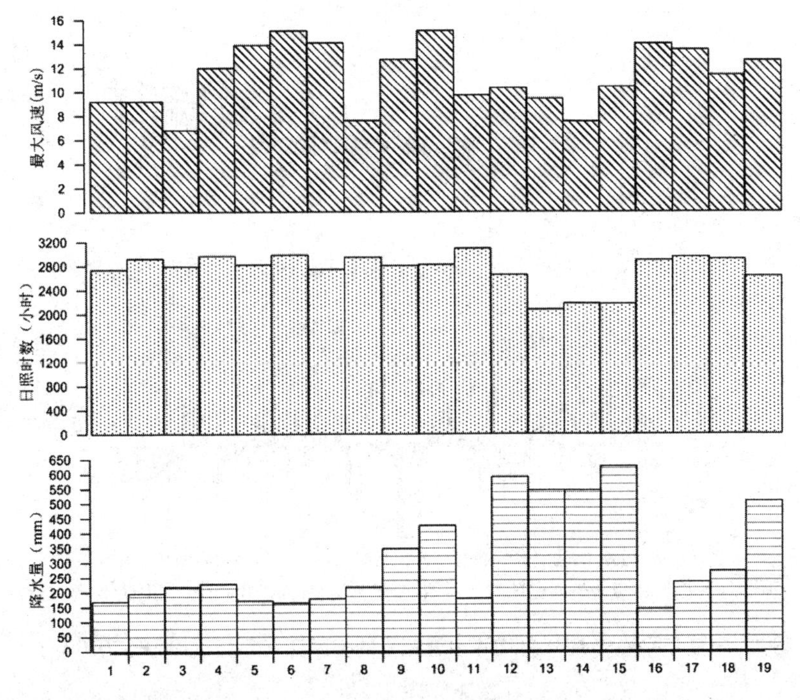

图 1　宁夏各市县 2014 年降水量、日照时数、最大风速资料统计

2. 气候干旱化

宁夏在全新世气候干旱化大背景下，自 20 世纪 60 年代以来，气温呈波动增长的趋势，降水量呈现波动下降的趋势[1,2,3,4,5,6,7]（见图 2），表明宁夏呈干旱化日益明显的趋势，加之宁夏风大沙多以及人类不合理地利用资源，较过去更易发生荒漠化。

---

[1] 徐海. 中国全新世气候变化研究进展[J]. 地质地球化学，2001(2).

[2] 王绍武. 全新世气候变化[M]. 北京：气象出版社，2011.

[3] 万佳，延军平. 宁夏近 51 年气候变化特征分析[J]. 资源开发与市场，2012(6).

[4] 王允，刘普幸，曹立国，等. 基于 SPI 的近 53a 宁夏干旱时空演变特征研究[J]. 水土保持通报，2014(1).

[5] 杨淑萍，赵光平，马力文，等. 气候变暖对宁夏气候和极端天气事件的影响及防御对策[J]. 中国沙漠，2007(6).

[6] 陈晓光，苏占胜，陈晓娟. 全球气候变暖与宁夏气候变化及其影响[J]. 宁夏工程技术，2005(4).

[7] 陈晓光，苏占胜，郑广芬，等. 宁夏气候变化的事实分析[J]. 干旱区资源与环境，2005(6).

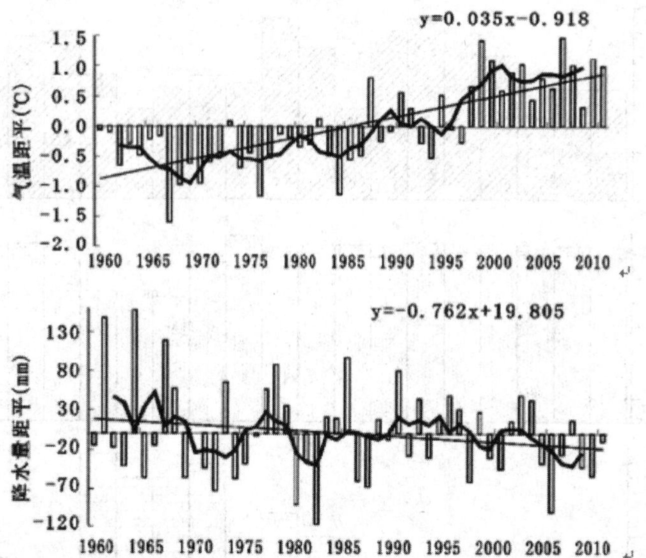

注：矩形为气温/降水量距平，曲线为 5 年滑动趋势，斜线为多年趋势。引自万佳（2012）。

图 2　宁夏年平均气温/年平均降水量距平的年际变化趋势（1960—2010 年）

3. 三面环沙，潜在荒漠化趋势严重

宁夏境内山峰迭起，平原错落，丘陵连绵，沙丘、沙地散布，其中固定和半固定沙丘主要分布在腾格里沙漠边缘地带（见图 3）。当起沙风速达到 5 m/s 时，在风力作用下，沙粒被搬运、堆积到可利用的土地表层，使得沙漠或沙地周边地区成为潜在沙质荒漠化地区。

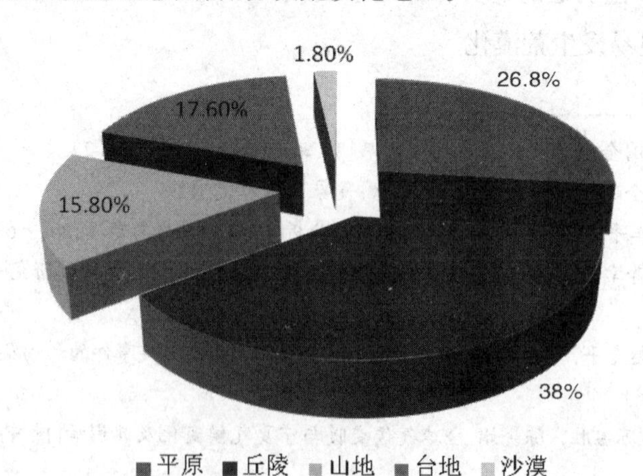

图 3　宁夏回族自治区主要地形所占面积分布图

4. 人口增长快速，生产经营方式落后

2015年末，宁夏总人口668万人，较2000年增长了19.5%[1]，大量的新增人口给农业用地带来更大压力，进而导致不合理土地利用问题出现，成为荒漠化发生的诱导因素。半机械化、半人工的耕作方式，机井大水漫灌及引黄灌溉，粗放型养殖方式，都导致土地荒漠化加速扩张。

5. 人类不合理利用资源

人类对资源的不合理开发利用，是宁夏现代荒漠化加速扩张的主要原因，其主要表现形式是滥垦、滥牧、滥樵、滥采、滥用水资源和滥开矿等。

二、宁夏荒漠化治理及沙产业发展的成效与经验

（一）种植业、养殖业发展迅速

1. 荒漠边缘种植硒砂瓜

沙坡头区是中卫乃至宁夏中部干旱带硒砂瓜种植的核心地带，形成了以香山为中心，辐射香山、兴仁、常乐3乡（镇）17个行政村的产业带，有硒砂瓜生产、流通专业合作组织100多个；建成大型硒砂瓜专业市场2个，田头马路市场18个；以香山硒甜瓜有限公司为代表的龙头企业在全国各地大中城市设立经销网点33个，开拓了国内30多个省区外销市场。2015年沙坡头区硒砂瓜种植面积达到49.1万亩，可实现销售收入6亿元以上[2]。

2. 设施农业快速发展

宁夏在荒漠化边缘地区采用低压管道、喷灌滴灌、地膜下渗灌、薄膜保温、无土栽培等节水生产技术，加上先进的生物科技与信息技术等，通过政府补贴吸引资金、雇佣本地农民等措施，发展沙区绿洲农业，实行了“基金+企业+农户”的市场化运作模式发展沙产业，不仅有效减轻了土地盐渍化的发生，而且加快了宁夏经济的发展，达到生态效益、经济效益、社会效益“三赢”的效果。

---

[1] 数据来源：国家统计局。

[2] 数据来源：宁夏新闻网。

3. 沙地中草药种植及产业化经营

自2000年以来，宁夏采取补植等措施恢复天然沙生药材，大规模推广家庭种植，在绿洲边缘大面积推广了良种枸杞、苜蓿、甘草、麻黄等栽培，提出了“土壤环境、植物品种、节水栽培及产业化发展相互耦合的荒漠绿洲边缘生产——生态技术体系”，大力推进了宁夏沙产业的产业化发展。

4. 发展沙区养殖业

沙区有很多既是很好的固沙植物，又是良好的牲畜饲料的植物资源，如柠条，既是耐旱耐沙的固沙植物，又是营养价值较好的饲料原料，为沙区养殖业的发展提供了基础条件。目前，以沙生灌草为主的系列饲料产品有效解决了宁夏100余万只羊的舍饲养殖问题[1]。

（二）林业、草业快速发展

1. 人工造林，封山（封沙）育林

通过人工造林及封山（封沙）育林，恢复自然植被，以其成本低、作用持久而稳定、可改善土壤等多种优点而成为防治荒漠化的主要措施。2015年宁夏共有森林面积990万亩，森林覆盖率由1977年的2.4%增加到12.63%，森林蓄积由217万立方米增加到835万立方米[2]，初步形成了以林草植被为主体的生态安全屏障。“十二五”末，宁夏防沙治沙规划区域实际完成营造林401.67万亩，其中人工造林247.3万亩，封山（沙）育林154.37万亩。

2. 退耕还林还草

对已荒漠化的林地、草地，采取先封禁、后人工补植的方法，综合运用生物措施、工程措施和农艺技术措施，土地荒漠化农耕或草原地区采取乔灌围网、牧草填格技术，即乔木或灌木围成林（灌）网，在网格中种植多年生牧草，增加地面覆盖，特别干旱的地区采取与主风向垂直的灌草隔带种植，加快植被恢复速度。

---

[1] 数据来源：宁夏回族自治区林业厅:《我区荒漠化治理和沙产业发展情况的汇报》，2015年11月。

[2] 数据来源：国家林业局公布的《2015年森林资源清查主要结果》。

3. 经济林建设

2015年初，宁夏种植葡萄面积59万亩，建成葡萄酒庄72家，年综合产值65亿元，初步形成了贺兰山东麓葡萄酒产业长廊；枸杞产业快速发展，种植面积85万亩，产量13万吨，参与加工流通企业近200家，年综合产值74亿元，形成了以中宁为中心、清水河流域和银川以北为两翼的枸杞产业区域布局；宁夏特色优势经济林（苹果、红枣等）面积达437.5万亩，培育林产品加工流通龙头企业近300家，特色林产品出口到40多个国家和地区，总产值突破190亿元[1]。“十二五”末，沙区经果林和沙生灌木林发展到1600多万亩，年产值16亿元以上，不仅推动了宁夏经济的发展，而且保护了生态环境。

（三）示范基地建设及新能源、旅游业开发

1. 示范基地建设

加强灵武白芨滩、中卫、同心、红寺堡全国沙化土地封禁保护项目的建设，加快推进盐池、灵武、同心、沙坡头四个防沙治沙示范乡项目建设。“十二五”末，全国防沙治沙示范区项目完成3.73万亩，其他防沙治沙项目完成151.68万亩，农业综合开发防沙治沙项目完成3.3万亩[2]。

2. 自然保护区建设

2015年末，建成了贺兰山、六盘山、白芨滩等8处国家级自然保护区，保护区面积已接近宁夏国土面积的11%，宁夏80%以上的野生动植物资源得到有效保护。

3. 湿地建设

建成国家级湿地公园12个（鸣翠湖、阅海园区、黄沙古渡、鹤泉湖、石嘴山星海湖、镇朔湖、简泉湖、吴忠黄河、太阳山、青铜峡库区、固原清水河、中卫天湖、平罗天河湾）[3]，湿地总面积2.8万公顷（约42万亩）。

---

[1] 中共国家林业局党校第46期党员领导干部进修班. 发展生态民生林业，建设绿色富民家园——中共国家林业局党校第46期党员领导干部进修班赴宁夏回族自治区考察调研报告[J]. 宁夏林业通讯，2015(4).

[2] 数据来源：国家林业局公布的《2015年森林资源清查主要结果》。

[3] 郑彦卿. 加强“美丽宁夏”的顶层设计，引领建设“美丽宁夏”[J]. 宁夏社会科学，2015(5).

自治区级湿地公园10个，宁夏湿地保护面积310万亩，宁夏成为全国为数不多的湿地面积增加的省区之一。

4. 新能源开发

沙区有丰富的风能和太阳能，通过科学开发利用，发展生态农业，有利于改革沙区生产生活方式。同时，大力发展太阳灶、光伏发电、风力发电等解决沙区能源问题，减轻对薪柴的依赖程度。

5. 发展沙区旅游业

宁夏悠久的历史文化及具有民族特色的回乡文化，依托特殊的自然环境，吸引大量的游客到宁夏旅游，不仅可以观赏独特的沙漠自然风光，也可以了解西夏文明的兴衰史。近年来，宁夏沙漠旅游业年产值达12亿元以上，经济效益巨大，可以为当地防沙治沙工作提供资金的支持，最终形成良性循环，实现区域生态、经济的可持续发展。

（四）宁夏荒漠化治理及沙产业发展经验

1. 坚持政府主导、政策促动，构建多元化的治沙格局

自治区党委、政府高度重视防沙治沙工作，坚持把防沙治沙作为"美丽宁夏"建设的基础性工程来抓。成立了政府分管主席任组长的防沙治沙领导小组，各级政府也都把防沙治沙提上重要的工作日程，逐级落实防沙治沙责任制。政府大力支持发展沙产业，给予财政补贴，并在税收、信贷、贴息等方面实行优惠政策，极大地调动了社会各界参与防沙治沙的积极性。形成了坚持政府主导，政策促动，社会各界广泛参与的多元化的治沙格局。

2. 坚持项目拉动、利益驱动，建立全国防沙治沙综合示范区

加强全国沙化土地封禁保护项目及防沙治沙示范县项目的建设，加强设施农业项目的建设，加强国际合作项目的实施，国家积极支持宁夏建设全国防沙治沙综合示范区，构筑西部重要的生态安全屏障。

3. 依托生态工程，有效遏制宁夏荒漠化的趋势

通过国家三北防护林、天然林保护、自然保护区和退耕还林还草等重点生态工程，重点加快毛乌素沙地、腾格里沙漠东南缘沙化土地综合治理。宁夏现有贺兰山、罗山、六盘山、沙坡头、白芨滩五个国家级自然保护区，其中六盘山自然保护区核心区森林资源十分丰富，被专家称之为"黄土高

原的绿岛”。据统计，“十二五”末，宁夏荒漠化治理区域内实际完成营造林 410.67 万亩，森林覆盖率由“十一五”的 11.89%提高到 2015 年的 12.63%，实现了沙化土地连续 20 年持续减少的目标。

4. 依托规划，注重实施，推动宁夏荒漠化治理

《宁夏防沙治沙规划（2011—2020 年)》中明确了建设任务和重点，组织实施了灵武白芨滩、中卫、同心、红寺堡 4 个全国沙化土地封禁保护项目，加快推进盐池、灵武、同心、沙波头区 4 个全国防沙治沙示范县建设。

5. 坚持产业治沙，沙产业发展初见成效

在防沙治沙工作中，宁夏坚持生态产业化，积极发展沙产业，着力促进农民增收，努力实现产业治沙的目的，实现沙退民富。目前，宁夏各类沙产业产值达 35 亿元以上，其中，沙区经果林和沙生灌木林发展到 1600 多万亩，年产值 16 亿元以上；沙生药材种植基地接近 200 万亩，产值约 1 亿元；以沙生灌草为主的系列饲料产品有效解决了 100 余万只羊的舍饲养殖；防沙治沙成果的不断扩大，带动了旅游业的发展，沙漠旅游业产值达 12 亿元以上；沙漠光伏产业也有了一定规模，开始发挥越来越大的作用[1]。

6. 加强国际合作，增强全民发展沙产业意识

加强国际合作，积极吸引外资，启动了世行贷款宁夏荒漠化治理与生态保护项目；继续实施德援二期项目和中德财政合作项目；加强中日合作吴忠市孙家滩黄土丘陵区水土保持项目监管；加强防沙治沙技术输出，建立国际荒漠化防治和交流平台，加大宣传力度，增强全民荒漠防治及发展沙产业的意识。

三、宁夏沙产业发展中存在的主要问题

（一）荒漠化防治形势严峻

目前，宁夏仍有 35 万公顷土地有明显沙化趋势，已经形成的固定、半固定沙地稳定性差，遇到干旱或过度放牧等影响，易转化为流动沙地，表明宁夏防沙治沙工作的形势仍十分严峻。

---

[1] 宁夏回族自治区林业厅. 我区荒漠化治理和沙产业发展情况的汇报[Z]. 2015.

（二）观念落后，认识不足

宁夏位于西北内陆地区，交通不便、信息不灵、农牧民文化水平不高，并受传统观念“以农为主”的影响，对于合理开发利用沙区资源的重要性和必要性认识不足，对沙产业发展重视不够，特别是对沙产业的发展前景缺乏深入研究，这些都影响了宁夏沙产业的发展。

（三）缺乏专门的资金渠道

治沙成本高、见效慢，国家及政府的投资无法满足宁夏防沙治沙的需要，迫切需要防沙治沙专项资金的资助。

（四）水资源分布不均，利用不合理

宁夏水资源在空间和时间分布上都存在不均衡性，加之不合理利用水资源，导致宁夏荒漠化治理面临困难大。

（五）缺乏先进的科学技术指导

宁夏区内高等院校较少，人们的文化水平普遍不高，科技力量薄弱，尤其生物科技、工程技术、自动化技术缺乏等都是制约宁夏沙产业发展的人为因素。

（六）保障体系不健全

主要体现在法制、决策、管理机制不健全，经费保障不到位，科学技术落后，职工文化素质较低等。

（七）沙产业发展水平低

沙产业相对于农、林、草业等产业来说，起步较晚，治理及发展的困难大，宁夏沙产业发展水平低。现阶段，应把主要精力放在加大科技、工程建设中，如经济林、治沙造田、改造低产田、药材及经济作物等，注重以产业经济效益带动生态效益发展。

四、促进荒漠化治理及沙产业发展的建议

（一）继续加强国家及地方政策落实

1. 科学编制沙产业发展规划

以往的规划侧重防沙治沙，现应从沙产业的视角编制规划，有利于推动宁夏沙产业的发展。建议由自治区人民政府组织，由自治区发改委会同

财政、林业、农牧业、水利、国土资源、环保等部门编制《宁夏“十三五”规划及中长期自治区沙产业发展规划》，经自治区人民政府批准后组织实施。规划中应明确沙产业发展的目标和重点，确定沙产业发展的步骤和措施。

2. 加快沙产业示范基地建设

依托宁夏荒漠化地区现有的种养殖和旅游资源，重点发展生态环境治理、现代农业种养殖、高效节水设施农业种植、微藻类新兴农产品加工、生物转基因技术基地建设、沙生植物及中草药的培育与种植、新能源开发利用和生态旅游为一体的支柱产业，形成区域乃至世界有影响力的示范基地。依托国家三北防护林、退耕还林还草、天然林保护、防沙治沙等重点林业工程，加强对盐池、灵武、同心、中卫四个县级综合示范区治沙项目的建设。

3. 大力培育沙产业龙头企业

一是大力促进沙生植物产业链发展。如甘草等中药材产业链、沙柳“三炭循环”产业链、梭梭木产业链、苦豆产业链、沙地紫花苜蓿产业链、沙棘产业链、沙地薰衣草产业链、沙地特色养殖产业链等。二是积极推动砂基新材料产业链发展。如以沙为原料生产打印纸、壁纸、砖、玻璃、用于精密铸造领域的覆膜砂、用于石油开采领域的孚盛砂和用于生态建材领域的生泰砂。三是发展科技示范园区观光、休闲健康沙疗、沙漠旅游、沙地光伏发电、沙地花卉、食用菌等产业。

4. 调整土地利用结构，推进工程治沙

培育驯化多种耐寒旱、耐盐碱的植物，建成沙漠物种资源库，变荒漠化土地为林、草业用地；创新生物、工程固沙方法，在沙漠边缘地区大面积推广温室大棚种植，变沙地为农业用地、建设用地；发展土壤改良剂、有机肥料、沙质建材等制造业，变荒漠化土地为工业用地；发展“发电+种树+种草+养畜”为一体的生态光伏产业，利用太阳能板发电、周边种树种草养畜，既能使原有的荒漠化土地改变为光伏电厂，又能增加地面覆盖度，保护地表生态，进而通过植树种草，防治荒漠化。

5. 坚持封山禁牧，适当轮牧、休牧，加快美丽宁夏建设

坚持保护优先，自然封育为主的方针，进一步改善生态，建设美丽宁

夏。进行禁牧封育与人工修复相结合、划区轮牧与设施养殖相结合、沙区资源开发与资源保护相结合，对封山禁牧进行精细化管理，建议在盐池县生态恢复较好地区进行划区轮牧、休牧试点，总结轮牧与生态恢复经验。

6. 积极开发沙区新能源

沙区有丰富的风能、太阳能、天然气等资源，通过科学开发利用，发展生态农业（温室大棚农业、绿洲农业），有利于改革沙区生产生活方式，属于农业型沙产业。同时，可以发展太阳灶、风力发电、光伏发电、沼气为微藻类产品提供能源，解决沙区能源问题，减轻对薪柴的依赖程度，属于非农业型沙产业。

7. 大力发展沙区生态旅游

依托宁夏悠久的历史文化及民族风情，迤逦的沙漠风光，丰富的旅游资源等，合理发展当地的生态旅游，市场化运作，创造较高的经济效益，进而加大荒漠化防止的资金投入，形成良性循环。

（二）扩大国际交流与合作

建立中国防沙治沙国际交流合作中心，研究国际防沙治沙重大问题，举办国际国内防沙治沙培训班，为我国防沙治沙培养人才，为世界防沙治沙输出人才。善于利用网络信息化平台和传播力量，加大公众、新闻媒体等对宁夏沙漠化防治及沙产业发展的经验宣传和推广。

（三）建立稳定的投入机制

建立国家、地方、集体、个人以及社会各界联动互补多元化投入机制。进一步扩大对外开放，积极利用国际金融组织贷款和外国政府贷款，需要财政担保时，财政应予以担保。努力争取国际援助和合作项目，鼓励外商和国内有实力的企业前来投资生态建设和沙产业基地内的可再生资源开发利用。采取配套补贴和奖励的办法，引导社会资金和广大农民自有资金投资生态建设和沙产业项目建设。建议设立荒漠化治理及沙产业发展基金，吸引社会及国际荒漠化治理资金投入。

（四）合理利用水资源，调控地区用水量

宁夏荒漠化地区水资源匮乏，进行荒漠化防治及沙产业开发时，应合理利用有限的水资源，综合运用节水设施、节水科技等发展节水产业。靠近黄河的地区，可以建立人工渠，有计划地引黄入沙，适度增加引水灌溉的面积，使沙区边缘地区逐步变为绿洲，既可以改善当地的生态环境，又不会引起河流的水量锐减，改变水资源利用中的空间不均格局；建立小型蓄水库，收集夏秋季节的降雨，待到用水时再进行调用，从而达到调节水资源利用的季节分配不均的目的。

（五）加大科学技术支持

加强沙区资源科学研究，对发展前景好、经济价值高的沙区资源的人工培育、加工利用等重点技术进行合作研究，争取早日投入使用；加大科研院所的科技输出，如生物科技、工程技术、计算机自动化控制技术等；依托中国科学院等科研院所及大专院校的合作，加快微藻类、生物转基因、高科技沙生植物等高科技生物产品的开发与推广；加大对沙产业的技术指导，提高科技成果转化率；加强管理和技术人员培训，提高人员素质；按照高科技、低能耗、高效益的思路，建设一批高科技沙产业示范基地，以点带面，促进沙产业的发展。

（六）完善荒漠化治理的保障体系

建立保护环境的法制体系。以我国新修订的《环境保护法》为龙头，明确政府、企事业单位责任，加大违法处罚力度，改革环境执法体制，加强基层执法能力建设，建立完善执法管理体制。出台荒漠化治理与沙产业发展的法律法规，加大法律保障力度。

建立系统的、完整的生态文明制度体系。加快建立盲目决策损害环境终身追究制和损害赔偿制度，实施生态补偿机制；建立行之有效的环境管理制度，清查宁夏的自然资源资产，编制资产审计表，有效保护宁夏脆弱的生态环境，防止荒漠化面积扩大。

建立改善生态环境质量的政策支持体系。加强资源环境市场制度建设，完善价格形成机制，发挥市场在环境保护中的决定作用。有序开放由市场提供服务的环境管理领域，大力发展环保服务业。构建行政监管、社会监督、行业自律、公众参与、司法保障等多元共治的环境监督体系，有效推进宁夏生态环境改善。

（七）落实和完善针对沙区的各项优惠政策

实行沙产业与农、林、草业一视同仁，向沙产业倾斜的优惠政策。通过扩大减免税费、补贴范围和提高补贴标准，调动农民、企业及社会力量的积极性，引导沙产业走集约化、节约化、科技型、低碳型的发展之路。对贯彻实施退耕还林还草的个人及单位继续发放草原补贴。为发展沙产业营造的再生性原料林，按公益林对待，享受造林补贴和公益林补偿金。对于以沙生植物为原料的加工企业，减免企业所得税地方留成部分。帮助在治沙造林中作出贡献的困难企业解决实际问题，以免治沙成果受损。

将宁夏建成一个具有民族特色和时代风格、具有绿色生态和环保的荒漠化治理与沙产业开发示范区，集生态旅游、学习体验、深化教育、保护生态环境、开拓新兴沙产业产品、促进社会经济生态和谐发展的精神家园。

内蒙古自治区荒漠化治理与沙产业发展的调研报告

刘天明　李文庆　陈文茜

内蒙古自治区各级政府以科学发展观为指导，将荒漠化治理和沙产业理论广泛付诸实践，寓沙产业开发于防沙治沙中，坚持生态建设产业化、产业发展生态化的方针，不断加大沙漠、沙地生态保护和沙区可再生资源开发利用力度，取得了良好的生态效益、经济效益和社会效益。

一、内蒙古自治区荒漠化现状及治理路径

（一）内蒙古自治区荒漠化现状

地处中国北疆的内蒙古自治区不仅有广袤无垠的草原、森林、湖泊，也同样有着大片的荒漠化和沙化土地，境内有巴丹吉林、腾格里、乌兰布和、库布齐四大沙漠和毛乌素、浑善达克、科尔沁、呼伦贝尔四大沙地及零星沙漠沙地。尽管多年坚持治理，但这一被称为“地球癌症”的生态难题仍在困扰着内蒙古辽阔的土地。2016 年 6 月公布的第五次荒漠化和沙化土地监测结果显示，截至 2014 年内蒙古自治区荒漠化土地面积 60.92 万平方公里，占国土总面积的 51.50%；沙化土地总面积为 40.78 万平方公里，占国土总面积的 34.48%；有明显沙化趋势土地面积 17.40 万平方公里，占

作者简介　刘天明，宁夏社会科学院副院长，研究员；李文庆，宁夏社会科学院农村经济研究所所长，研究员；陈文茜，兰州交通大学硕士研究生。

国土面积的14.71%。据第五次荒漠化和沙化土地监测结果，内蒙古自治区荒漠化土地比2009年减少41.69万公顷，沙化土地比2009年减少34.32万公顷，实现了荒漠化和沙化土地面积持续“双减少”，内蒙古自治区近8000万亩农田、1.5亿亩基本草牧场受到林网的保护，2.6亿亩风沙危害面积和1.5亿亩水土流失面积得到了初步治理，每年减少入黄（河）泥沙1.1亿吨。五大沙漠周边重点治理区域沙漠扩展现象得到遏制，沙漠面积相对稳定。五大沙地林草盖度均有提高，沙地向内收缩。科尔沁沙地、毛乌素沙地、浑善达克沙地、呼伦贝尔沙地、京津风沙源治理工程区等区域生态环境得到明显改善。科尔沁沙地、毛乌素沙地生态状况呈现持续向好逆转态势，呼伦贝尔沙地实现了沙化面积缩减、沙化程度减轻的重大转变，浑善达克沙地南缘长400公里、宽1~10公里的锁边防护林体系和阴山北麓长300公里、宽50公里的绿色生态屏障基本形成，乌兰布和沙漠东缘长191公里，乌兰布和沙漠西南缘建成了间隔长110公里，宽3~5公里的生物治沙锁边带，腾格里沙漠东南缘建成了间隔长350公里，宽3~10公里绿色防风固沙林带。草原牧区大部分天然草原植被正在恢复之中，植被盖度、牧草高度持续提高，草原生态状况逐步改善。水土流失面积在逐步减少、流失程度在减轻，治理区生态环境明显好转。

通过坚持不懈的防沙治沙工作，内蒙古自治区农牧业生产条件得到有效改善，综合生产能力稳步增强，沙区农牧民收入稳步增长。多年来，内蒙古自治区牲畜头数稳定在1亿头只以上，粮食产量达到并稳定在500亿斤以上。同时为工业化、城镇化和新农村建设提供了良好的生态条件，促进了经济社会发展和民族团结、社会和谐、边疆稳定。内蒙古自治区各地充分利用沙区独特的资源，发挥比较优势，大力发展林沙草产业，有力带动了沙区产业结构调整，成为地区经济发展和农牧民增收新的增长点。

（二）内蒙古自治区荒漠化治理与沙产业发展路径

近年来，内蒙古自治区在著名科学家钱学森提出的沙产业理论的指导下，以科学发展观为指导，将理论与实践有机结合，多用光、少用水的沙产业发展迈出了可喜的步伐，3种技术形式已广泛运用于沙区生产中。一是大田覆膜技术，采用这种技术既可以有效减少水分向大气中蒸发，又可

以使地下蒸发的水分遇到薄膜后凝结成水珠，再回到地里供植物利用；二是修建日光温室大棚，既可以节水，又可以增加室内积温，提高阳光利用效率，进而提高作物单产，大漠深处也出现了瓜果飘香，鲜花四溢的迷人景象；三是微藻开发，微藻类生物喜阳光，却可循环用水，一些地方这项技术已得到有效利用，而且取得了良好的经济效益。

大漠增绿、打造沙区绿色农产品基地，发展绿色产业是沙产业发展追求的目标。沙区自然条件特殊，阳光充足、降雨稀少、缺乏绿色，长期以来，人们更多地从生态角度出发，坚持防沙固沙，受科学技术的限制，很少将其视为一种资源去开发利用。但是，实践证明，农业型沙产业（以下简称沙产业）是以太阳光为直接能源，通过植物的光合作用，运用新技术在沙漠、沙地上进行种养加、科工贸一条龙运作的产业体系，是实现人与自然、人与社会和谐发展的创新型农业发展形态。

二、内蒙古自治区沙产业发展状况

为加快内蒙古自治区农业型沙产业发展，推动生态保护和建设，合理开发利用沙漠、沙地资源，实现沙区生态改善、生产发展、企业增效、农牧民增收的目标。

（一）内蒙古自治区发展沙产业的重要性

内蒙古自治区地处祖国北疆，横跨东北、华北、西北地区，是全国沙漠、沙地最丰富、土地沙化最严重的省区之一，沙区分布于内蒙古自治区12个盟市的90个旗县（市、区），面积达4159万公顷，占内蒙古自治区国土面积的35.16%。这些地区土地沙化、盐碱化问题突出，生态环境脆弱，沙区经济发展滞后，大力发展沙产业既是改善生态环境的需要，也是合理开发利用沙漠、沙地资源，发展生产、富裕农牧民的需要。

（二）内蒙古自治区发展沙产业的指导思想、基本原则、发展目标

1. 指导思想

以科学发展观为指导，以沙漠增绿、农牧民增收、企业增效为目标，以有利于整体生产力布局、有利于防沙治沙、有利于可持续发展为前提，按照生态保护优先，生态建设与资源利用相结合，良性循环发展的方针，

遵循自然规律、经济规律和社会发展规律，立足沙区资源，依靠科技进步，完善发展规划，突出重点，分步实施，积极培育原料基地，扶持沙产业龙头企业，提升产业规模、质量和经济效益，改善沙区人民群众生产、生活条件，加快建立沙产业体系，推动沙区走上生产发展、生活富裕、生态良好的文明发展道路。

2. 基本原则

(1) 坚持保护优先、可持续发展的原则。要把沙区生态保护放在第一位，在确保生态环境不被破坏，生态环境不断改善的前提下有序开发利用沙漠、沙地资源，并使沙产业得以持续发展。

(2) 坚持因地制宜、分类指导的原则。要充分考虑不同地区，不同沙漠、戈壁、沙地的实际情况，遵循自然规律，分类施策，因地制宜地采取不同的治理和开发模式。

(3) 坚持市场化原则。要按照政府扶持，社会各界广泛参与的方针，制定优惠政策，引导社会资金投入沙产业，用市场化和产业化的理念经营沙漠，发展沙产业。

(4) 坚持运用新技术的原则。要高度认识沙漠、沙地资源开发利用难度大、技术性强的特点，将高新技术成果与沙漠、沙地资源有效结合，促进沙产业更好地发展。

(5) 坚持以水为先、以水为限的原则。要按照多采光、少用水的要求，以沙漠、沙地水资源可持续利用为前提，确定沙漠、沙地开发项目，大力发展节水农业和节水林业。

(6) 坚持投入产出、讲求效益的原则。要按照开发利用沙漠和防沙治沙一致性的要求，加大投入力度，实现经济效益、生态效益和社会效益三效统一，沙漠增绿、农牧民增收、企业增效三增同步。

3.发展目标

内蒙古自治区发展沙产业的总体目标是，积极探索和实践中国特色的沙产业发展之路，逐步建立起较完整的沙产业体系，力争用30—40年时间使内蒙古自治区沙产业发展达到发达国家水平。到2020年，初步建立起适合内蒙古自治区不同地域的沙区现代化农业发展的模式和政策保障体系；

密切结合市场需求和变化的农业产业创新体系；初步配套的科学技术服务保障体系。到2050年，基本实现传统产业向现代化产业转变的历史性目标，三大体系建设基本完成，使沙产业成为阳光产业、绿色产业、黄金产业。

（三）科学编制沙产业发展规划

内蒙古自治区沙产业发展规划由内蒙古自治区人民政府组织，由内蒙古自治区发改委会同财政、林业、农牧业、水利、国土资源、环保等部门进行编制，经自治区人民政府批准后组织实施。盟市、旗县依据内蒙古自治区沙产业发展规划编制本行政区域沙产业发展规划，经本级人民政府批准后组织实施。要以内蒙古自治区沙化土地检测结果、沙漠沙地资源情况和生产力布局为基础，以《防沙治沙法》及相关产业政策为依据，根据本地区的地理位置、土地类型、植被状况、气候条件、水资源状况等自然条件及其生态、经济功能，编制沙产业发展总体规划，明确沙产业发展的目标和重点，确定沙产业发展的步骤和措施。努力使沙产业发展规划与本地区生态建设规划、草原建设规划、土地利用总体规划和水资源规划等相衔接，并纳入本地区国民经济和社会发展“十二五”规划。按照产业优化和产品升级的发展方向，编制运用先进科学技术对农、林、草、药、沙资源进行深度开发和循环利用规划，打造产业集群，完善产业链条，提高产品附加值。在规划发展农业型沙产业的同时，编制利用沙区充沛的阳光、风能、旅游和沙子等资源的非农业型产业发展规划，推动低碳经济发展。

三、内蒙古自治区沙产业发展经验

（一）加快沙产业基地建设

基地建设是发展沙产业的基础，内蒙古自治区各级政府切实把沙产业基地建设列入重要议事日程，突出抓好生态建设项目和沙产业示范基地建设项目的有机结合，发挥好项目的辐射带动作用，保证原材料的可再生、可持续供给和龙头企业的有效运转。统筹处理好生态建设成果巩固和生态资源利用的关系，兼顾生态效益、经济效益和社会效益，处理好群众眼前和中长期利益关系。要加快推进集体林权制度改革，明确沙地、戈壁、沙漠使用权和林木所有权，调动农牧民开展生态建设和沙产业基地建设的积极性。要从资金、技术等方面扶持各类企业开展沙产业基地建设，促进生态建设和沙产业互动发展，推动“沙地绿起来、企业强起来、农牧民富起来”多赢局面的形成。

（二）大力培育沙产业龙头企业

加快发展沙产业，龙头企业是关键。内蒙古自治区在扩大现有龙头企业辐射带动面的同时，立足可利用农、林、草、药、沙资源，培育一批有特色、有市场竞争优势、技术含量高、符合国家相关标准、辐射带动力强的大中型龙头企业，并按照种、养、加，科、工、贸一体化的路子，加快产业聚集、产业延伸、产业升级步伐，逐步形成产业集群。各级政府要支持沙产业龙头企业打造一批具有比较优势的特色产品和品牌，积极协助龙头企业尽快做好沙产业产品的产地认证和商标注册工作。

（三）提高发展沙产业的组织化程度

沙区地方政府要积极鼓励和扶持农牧民自愿建立各种类型的沙产业合作组织，制定沙产业合作组织章程和制度，完善运行机制，并通过合作组织密切沙产业龙头企业与基地和农牧民的关系，推行企业+合作组织的发展模式，实现企业与农牧民风险共担、利益共享。内蒙古自治区沙产业协会和防沙治沙协会要加强与盟市、旗县沙产业协会的业务工作联系，对农牧民沙产业合作组织给予指导，推动农牧民沙产业合作组织的健康发展，逐步提高沙产业发展的组织化程度。

四、内蒙古自治区沙产业发展的扶持政策

（一）建立稳定的投入机制

要加快建立国家、地方、集体、个人以及社会各界联动互补多元化投入机制。进一步扩大对外开放，积极利用国际金融组织贷款和外国政府贷款，需要财政担保时，财政要予以担保。努力争取国际援助和合作项目，鼓励外商和国内有实力的企业前来投资生态建设和沙产业基地内的可再生资源开发利用。要立足区位优势、资源优势和发展潜力，向国家申报一批有特色、有竞争力、产业关联度大的沙产业项目，并争取通过国家立项审批和专项经费支持。各地要积极支持沙产业基地建设和项目开发，进一

步加大对沙产业基地建设和龙头企业的扶持力度。要采取配套补贴和奖励的办法，引导社会资金和广大农牧民自有资金投资生态建设和沙产业项目建设。

（二）强化沙产业的金融信贷支持

各级政府要高度重视沙产业融资担保工作，协调相关部门按照“政府扶持、多方参与、市场运作”的模式，采取各级财政出资引导，金融资本、工商资本和民间资本广泛参与的方式，建立沙产业信贷担保公司。同时，逐步建立担保公司和金融机构互利合作、风险共担的利益联结机制，以及地方政府、担保公司、被担保者三方联动的风险防范机制，引导金融部门将业务向沙产业基地建设和生态资源开发利用等领域拓展。鼓励金融机构积极开展林权抵押贷款业务，放宽贷款条件，简化贷款手续，延长贷款期限，为沙产业龙头企业和农牧民提供便捷的金融服务。

（三）落实和完善针对沙区的各项优惠政策

实行沙产业与农、林、草业一视同仁，向沙产业倾斜的优惠政策。要通过扩大减免税费和补贴范围，提高补贴标准的优惠待遇，引导沙产业走规模化、集约化、节约化，科技型、综合型、低碳型的发展之路。对于有示范性、方向性的沙产业建设项目，要进一步放宽市场准入条件，简化立项审批程序，按投资规模给予一定比例的财政、专项经费支持。制定和落实贴息补助、林木种苗补贴、基地原料运输绿色通道、投资参股和税收减免等优惠政策，沙产业龙头企业和沙区农牧民购置割灌机械、运输车辆、加工机械、造林机械等享受农机购置补贴优惠。对于从事沙产业占用林地的项目，要免收植被恢复费。为发展沙产业营造的再生性原料林，按公益林对待，享受造林补贴和公益林补偿金。对于以沙生植物为原料的加工企业，减免企业所得税地方留成部分。

（四）强化沙产业发展的技术支撑

发展沙产业必须以技术创新为动力，坚持“知识密集”的原则，建立健全技术支撑体系。要进一步完善沙产业科研体制和机制，有效调动科技人员的积极性，发挥他们的创造性，按照著名科学家钱学森提出的“利用阳光、通过生物、创造财富”的要求，坚持“多采光、少用水、新技术、高效益”技术路线，力争内蒙古在沙产业开发的某些领域实现技术跨越。各级政府要加大沙产业科研资金的投入力度，支持科研单位购置科研设备，开展沙产业科研与开发，建设科研示范基地和技术推广培训基地。

（五）加强对沙产业项目环保状况和资源消耗的评估

鼓励和引导沙产业企业采用清洁生产工艺和节水、节能、节材技术，积极引进和应用先进的污染治理技术和设备，严格执行国家环保评估规定，限制和禁止高污染、高耗能加工企业进入，坚决淘汰产能落后企业，确保企业生产符合国家环保标准。对以林木包括灌木为原料的沙产业加工项目，立项前必须进行可行性评估，确保企业加工能力与生态资源可供给能力相适应。要建立健全沙产业检测、评估服务体系和行业组织，并充分发挥它们的职能，坚决杜绝因资源短缺而出现互争资源、不合理利用资源和破坏生态的现象发生。

五、内蒙古自治区沙产业发展的组织领导

（一）实行政府负责制

沙区各级人民政府要充分认识发展沙产业的重要性、长期性和艰巨性，增强责任感和紧迫感，把发展沙产业作为改善生态环境，改善沙区人民生产、生活、生存条件和促进农牧民增收的战略措施，纳入当地国民经济和社会发展计划，认真组织实施。要实行各级人民政府负总责的制度，政府主要负责同志是第一责任人，分管负责同志是主要责任人。沙产业工作实行领导任期目标责任制，定期进行考核，考核结果进入个人人事档案。要建立领导干部发展沙产业工作联系制度，各级领导都要确定沙产业工作联系点，协调解决工作中存在的困难和问题。

（二）实行沙产业工作部门责任制

沙产业公益性强，是一项多部门、多学科的综合系统工程，需要各部门通力协作和社会各界的广泛参与。内蒙古自治区要成立以主要领导任组长，分管领导任副组长，发改委、财政厅、科技厅、农牧业厅、林业厅、水利厅、金融办等相关部门为成员单位的沙产业工作协调领导小组，领导小组办公室设在发改委。各盟市、旗县也要建立相应的沙产业工作协调领

导小组，从而形成内蒙古自治区自上而下的沙产业发展协调领导小组体系，统一协调沙产业工作。有关部门要按照职责分工，各司其职、各负其责，密切配合，共同推动沙产业发展。

（三）建立沙产业工作激励机制

要积极探索新形势下发展沙产业的激励引导机制，各级沙产业协调领导小组要组织力量定期考评沙产业进展情况，开展沙产业“优秀企业”和“优秀企业家”评选活动，表彰和奖励沙产业发展成绩显著的单位和个人，并授予他们荣誉称号，对贡献突出者予以重奖。

宁夏沙漠旅游环境影响综合评价

李陇堂　张冠乐

现在很多游客对景区回归自然、返璞归真的诉求愈加强烈，沙漠地区以其较大的地域和文化差异、原始粗犷的天然内涵对这些旅游者构成很大的吸引力。随着我国沙漠旅游日渐升温，汹涌而至的客流给当地带来显著经济效益的同时，也给景区带来损伤性甚至破坏性的影响。曾经被誉为“无烟工业”的旅游产业，也出现了一系列的生态环境问题。

一、相关研究评述

国外有关旅游活动对生态环境影响的研究可追溯到20世纪30年代的欧美国家。在80多年的研究进程中，旅游活动对植被的影响一直是研究重点。学者们从土壤、动物、植被、水体、噪声等五个方面归纳了旅游开发对自然环境产生的影响。与此同时，研究者也意识到了旅游活动对生态环境不仅只有威胁，还伴随着有益影响。认识到旅游开发有助于当地环境的改善，有助于野生动物的保护，有助于历史建筑等遗产的保护和修复等诸多有利的因素，实现了辩证地看待旅游发展对环境影响这一问题。这一时期，学者们重点进行了旅游活动尤其是自然旅游活动对土壤影响和对植被

作者简介　李陇堂，宁夏大学资源环境学院教授；张冠乐，宁夏大学资源环境学院硕士研究生。

影响的研究。在不断完善理论研究的基础上，越来越多的学者关注实践的案例研究。热带、亚热带等旅游活动集中的区域成为研究的重点。近年来，国外对旅游环境的研究趋于成熟，但对沙漠型旅游景区的环境影响进行深入研究的并不多，目前尚无统一的旅游环境影响评价体系和指标。

国内研究起步相对较晚。20 世纪 90 年代以后，众多学者对旅游环境影响研究非常关注。卢云亭、崔凤军、郭来喜、陈传康、赵红红、林越英、保继刚、楚义芳等在旅游环境质量评价、旅游环境承载力研究、旅游对环境形式的研究以及旅游环境保护对策研究等方面都作了广泛的理论探讨，并发表了一系列理论性的论述。另外，也有许多学者在实证研究方面做了一些细致而深入的工作，他们先后在峨眉山、黄山、丹霞山、内蒙古草原、张家界森林公园和芦芽山自然保护区等地，针对不同类型的自然旅游景区提出不同的旅游开发策略，并对旅游开发中存在的资源和环境问题提出了保护措施。这些研究表明，我国旅游景区自然生态环境受旅游开发和旅游活动的影响比较严重，突出表现在对植被、土壤、水体、生物多样性及大气的影响上。

二、研究设计

(一) 研究区域

宁夏北部西（中卫）、北（石嘴山、银川）、东（吴忠）三面分别被腾格里沙漠、乌兰布和沙漠及毛乌素沙地围绕，沙漠化面积共 1.183×10^4 km^2，占宁夏总面积的 17.8%。其中的沙湖、沙坡头作为 5A 级旅游景区已驰名中外，黄沙古渡作为后起之秀以独特风光紧随二者之后，沙漠旅游对宁夏旅游业的发展起到至关重要的作用。

腾格里沙漠分布于中卫市西北部的丘陵、台地和阶地上，沙坡头一带是腾格里沙漠东南缘风沙由西北向南延伸堆积而成。沙漠内微地貌特征可分为沙山和沙丘沙地两大类。流动沙丘及新月形沙丘链绵延起伏，造就了一个神秘梦幻之境。沙漠内自然资源丰富，旅游资源独特，沙的雄宏与水的柔美完美结合，更加凸显了沙漠的独特魅力。

毛乌素沙地位于鄂尔多斯高原的南部和黄土高原的北部区域，地貌

"梁""滩"平行排列，大部分台地和滩地上分布有不同程度或流动或固定的沙丘和沙地，约 5~10 m 高。毛乌素沙地跨陕、宁、内蒙古三省，伸入宁夏境内的沙地面积约为 205.5 km^2。

（二）研究方法

传统的旅游环境质量评价大都是先选择评价指标，再根据各指标的实地监测值和环境质量标准值的比较，综合计算多因子环境质量，得出综合污染指数进行分级。这种方法存在很大的弊端：生态系统领域中存在很多具有模糊性质的、无法用确切界限来划分的事物和现象，而且环境质量变化具有复杂性和动态性，人为的对环境质量进行分级具有一定的主观性。鉴于此，本研究将采用模糊评价方法对沙漠景区环境质量现状进行旅游开发评价，以此来描述环境影响的模糊性。

模糊理论是处理人类不确定和不严密感知的重要方法。模糊综合评价是模糊理论的一个常用方法，已在医疗诊断、信息技术、水质评价和旅游景区游客满意度评价等方面获得了成功的应用。

（三）指标体系构建

为了客观、全面、科学地衡量沙漠旅游活动环境影响的水平，根据模糊评价模型的结构和目标，在建立宁夏沙漠旅游环境影响评价指标体系时必须遵循科学性、可操作性、动态性原则等原则。

1. 指标选取

沙漠旅游对当地生态环境影响包括对游览环境、自然环境和社会环境三方面。本研究在文献研究和专家咨询的基础上，构建双层指标系统来评价旅游活动对沙漠生态环境的影响，见表 1。

2. 指标解释

旅游活动对环境影响评价指标体系共分评价得分、准则层和指标层 3 层 18 个指标。鉴于沙漠景区区位和旅游活动的特殊性，准则层又分为 3 层：游览环境、自然环境和社会环境。沙丘及表面附着物构成了沙漠景区的主要吸引物，是沙漠景区游览环境的主要组成部分；景区所处的背景环境，是旅游活动影响的延伸，包括自然环境和社会经济环境。具体说来：游览环境包括沙漠旅游资源特色、生物资源的多样性、沙丘景观美誉度、

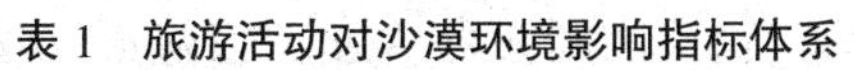

表 1　旅游活动对沙漠环境影响指标体系

旅游活动对环境影响得分	游览环境 U1	沙漠旅游资源特色 U11
		生物资源的多样性 U12
		沙丘景观美誉度 U13
		旅游资源的完整度 U14
		沙漠旅游环境承载力 U15
		旅游交通环境 U16
	自然环境 U2	景区绿化水平 U21
		景区噪音水平 U22
		大气质量 U23
		水体质量 U24
		污水处理水平 U25
		垃圾处理能力 U26
	社会环境 U3	经济发展水平 U31
		地区接待能力 U32
		基础设施建设 U33
		社会治安状况 U34
		社会引导示范 U35
		社区居民友善度 U36

旅游资源的完整度、沙漠旅游环境承载力和旅游交通环境 6 方面。沙漠旅游资源的独特性是沙漠吸引游客的重要因素之一，千篇一律的旅游开发在一定程度上影响着其独特性。大量游客的到来，不仅破坏了原始优美的沙丘景观，也对附着在沙漠里的动植物资源的多样性与完整性产生影响。另外，当代交通工具的发展让更多游客深入沙漠腹地进行旅游活动成为可能，使旅游交通环境也成为环境影响的重要方面。

自然环境包括景区绿化水平、景区噪音水平、大气质量、水体质量、污水处理水平和垃圾处理能力。除探险、科考等特种活动外，大部分沙漠景区类型都是依托治沙区、沙生植物园、地质公园等开发，景区绿化水平、处理污水和垃圾效率直接影响到景区的可持续发展。旅游活动中产生的噪音、粉尘、垃圾对大气、水体和土壤的污染，都是对景区生态环境的巨大考验。

社会环境包括经济发展水平、地区接待能力、基础设施建设、社会治安状况、社会引导示范和社区居民友善度。旅游不仅是发展地区经济的引擎，也是推动当地旅游接待设施和基础设施建设的重要推手。同样，旅游对当地居民价值观念的引导、对民俗民风的改变、对社区治安和居民友善程度的影响都是不可估量的。

根据评价者对旅游对环境影响的感知等级，构造评价集合 V= {很小，较小，一般，较大，很大}，分别表示旅游活动对环境的影响很小、较小、一般、较大、很大。对这 5 个评价等级依次赋予分值 0.2 分、0.4 分、0.6 分、0.8 分和 1 分。

（四）权重确定

用 AHP 和熵值法确定指标权重。为获取尽量准确的指标权重，先运用美国运筹学家 A. L. Saaty 提出的 AHP 法对规划指标体系 A–B–C 三个层次指标进行权重确定，然后用熵技术对得出的结果进行修正，最后对评价指标进行聚合。

将沙漠旅游适宜度评价指标体系同一层中各因素相对于上一层的影响力或重要性两两进行比较，构造判断矩阵 $A=(a_{ij})$ m×m，通过和积法确定各评价因子的权重值 ω_i，然后计算矩阵最大特征根 λmax，并计算一致性指标 CI=（λmax–n）（n–1）和检验系数 CR=CI/RI，RI 为平均一致性指标，可通过查表获得。如果 CR<0.1 时，认为通过一致性检验。若 CR≥0.1 时，需对判断矩阵 A 进行修正，使其具有满意的一致性。

采用熵技术修正 AHP 得到的因子权重。首先，对判断矩阵 $R=\{r_{ij}\}$ n×n 作归一化处理，得到$\overline{R}=\{\overline{r_{ij}}\}_{n\times n}$，其中$\overline{r_{ij}}=r_{ij}/\sum_{i=1}^{n}r_{ij}$，则指标 f_j 输出的熵 E_j 为 $E_j=-\sum_{i=1}^{n}r_{ij}\ln r_{ij}/\ln n$，可推知 $0\leqslant E_j\leqslant 1$；其次，求指标 f_j 的偏差度 $d_j=1-E_j$，确定指标 f_j 的信息权重 $\mu_j=d_j/\sum_{j=1}^{n}d_j$；再次，利用公式 $\lambda_j=\mu_j w_j/(\sum_{j=1}^{n}\mu_j w_j)$ 得到各指标的权重向量 $\lambda_i=(\lambda_1\lambda_2\lambda_3\cdots\lambda_m)$。修正后的权重信息量增大，可信度较修正前有所提高，且更符合实际情况。

（五）模糊综合矩阵判定

根据多个因子对评价等级作用的大小，得出因子集合 U 上的一个模糊

子集 $W=\{W_{11},W_{12},\cdots W_j\}$，$W_{ij}$ 为每个因子对 U 的权重。构造指标层和准则层构造判断矩阵，并检验比较矩阵的一致性，计算矩阵的最大特征值根所对应的特征向量，标准化后得到的矩阵即为各指标的权重。准则层和评价层指标权重集为和 W_i 和 W^i_2(i=1,2,3,4,5,6)。

采用模糊评价集来确定感知等级，可以有效避免由于评价人员判断的主观性带来的对同一指标所作的评定产生不同的结果。对于每一个准则层指标集 U_i，建立一个从 U_i 的下属评价指标集 U_{ij} 到模糊评价集 V 的模糊综合评判矩阵 R_i，由此得到 U_i 的综合模糊评判矩阵 B_i。其中，R=（r_{j1}，r_{j2}，…，r_{jk}）指第 j 个评价指标的单因素评价的相应隶属度，$r_{jk}=d_{jk}/d$ 式中 d 代表参与评价的专家人数，d_{jk} 代表评价中第 j 评价指标作出第 k 评价尺度的专家人数。则 $B_i=w^i_2\times R_i$。设 $B_i=(B^1_i,B^2_i,B^3_i,B^4_i,B^5_i)$，由于各等级的分值分别为 0.2、0.4、0.6、0.8、1 分，所以综合评价值为 $a_i=(B^1_i\times0.2+B^2_i\times0.4+B^3_i\times0.6+B^4_i\times0.8+B^5_i\times1)$。

对准则层指标的评分值做加权平均，得到目标层的总得分：

$$a=\sum_{i=1}^{3} W^i{}_1\times a_i,\ w=(w^1{}_1,w^2{}_1,w^3{}_1) \qquad (1)$$

三、结果分析

笔者于 2013 年 8 月至 2013 年 12 月在沙坡头、沙湖、黄沙古渡景区进行实地调查。采用调查问卷的方式向环境保护专家、旅游研究专家、景区管理者、部分游客发放问卷，调查沙漠景区旅游活动对环境影响的状况。共发放问卷 47 份，收回有效问卷 41 份，有效回收率 87%。利用 yaahp、Excel 和 SPSS17.0 软件对数据进行处理，结果如下。

根据各专家打分情况，利用 yaahp 软件和熵值法，得出准则层和指标层的各项权重：

$$w_1=\{0.4126,0.3275,0.2599\}$$

$$w_2^1=\{0.1881,0.3277,0.0523,0.1129,0.2832,0.0358\}$$

$$w_2^2=\{0.3651,0.0538,0.0753,0.1725,0.1220,0.2112\}$$

$$w_2^3=\{0.4637,0.1860,0.1320,0.0681,0.1121,0.0381\}$$

统计计算各专家各因子的测评结果，得出评价判断矩阵：

$$R_1=\begin{pmatrix}0.122 & 0.317 & 0.195 & 0.146 & 0.220\\0.024 & 0.049 & 0.146 & 0.488 & 0.293\\0 & 0.098 & 0.098 & 0.463 & 0.341\\0.073 & 0.171 & 0.195 & 0.512 & 0.049\\0.098 & 0.146 & 0.146 & 0.390 & 0.220\\0.049 & 0.098 & 0.220 & 0.268 & 0.366\end{pmatrix} R_2=\begin{pmatrix}0.024 & 0.073 & 0.073 & 0.537 & 0.293\\0.122 & 0.171 & 0.366 & 0.146 & 0.195\\0.220 & 0.268 & 0.244 & 0.195 & 0.073\\0.049 & 0.122 & 0.244 & 0.463 & 0.122\\0.049 & 0.073 & 0.220 & 0.439 & 0.220\\0 & 0.098 & 0.220 & 0.585 & 0.098\end{pmatrix} R_3=\begin{pmatrix}0.024 & 0.146 & 0.195 & 0.341 & 0.293\\0.049 & 0.195 & 0.220 & 0.244 & 0.293\\0 & 0.073 & 0.122 & 0.463 & 0.341\\0.073 & 0.171 & 0.244 & 0.439 & 0.073\\0.098 & 0.146 & 0.146 & 0.390 & 0.220\\0.049 & 0.122 & 0.244 & 0.268 & 0.317\end{pmatrix}$$

由各子集中二级因子权重 W_i 和评价决策矩阵 R_i，根据合成运算法则 $B_i=W_i\times R_i$，得出：

$$B_1'=\begin{pmatrix}0.023 & 0.008 & 0 & 0.008 & 0.028 & 0.002\\0.060 & 0.016 & 0.005 & 0.019 & 0.041 & 0.003\\0.037 & 0.048 & 0.005 & 0.022 & 0.041 & 0.008\\0.028 & 0.160 & 0.024 & 0.058 & 0.111 & 0.010\\0.041 & 0.096 & 0.018 & 0.006 & 0.062 & 0.013\end{pmatrix} B_2'=\begin{pmatrix}0.009 & 0.007 & 0.017 & 0.008 & 0.006 & 0\\0.027 & 0.009 & 0.020 & 0.021 & 0.009 & 0.021\\0.027 & 0.020 & 0.018 & 0.042 & 0.027 & 0.046\\0.196 & 0.008 & 0.015 & 0.080 & 0.054 & 0.124\\0.107 & 0.010 & 0.006 & 0.021 & 0.027 & 0.021\end{pmatrix} B_3'=\begin{pmatrix}0.011 & 0.009 & 0 & 0.005 & 0.011 & 0.002\\0.068 & 0.036 & 0.010 & 0.012 & 0.016 & 0.005\\0.090 & 0.041 & 0.016 & 0.017 & 0.016 & 0.009\\0.158 & 0.045 & 0.061 & 0.030 & 0.044 & 0.010\\0.136 & 0.054 & 0.045 & 0.005 & 0.025 & 0.012\end{pmatrix}$$

进行矩阵计算，得出沙漠景区旅游活动对环境影响第 i 个子集（i=1，2，3）的综合评判结果分别为：

$$B_1=(0.0686\quad 0.1449\quad 0.1611\quad 0.3896\quad 0.2358)$$
$$B_2=(0.0464\quad 0.1067\quad 0.1800\quad 0.4756\quad 0.1913)$$
$$B_3=(0.0382\quad 0.1465\quad 0.1897\quad 0.3487\quad 0.2769)$$

将对应的评判结果隶属度乘以对应的分值，得到 B1，B2，B3 的评价值分别为 0.7158，0.7317，0.7359。

根据准则层指标权重集和综合评价决策矩阵结果进行模糊变换综合运算，得出沙漠景区旅游活动环境影响的综合评判结果为：

B^*=(0.0534　0.1328　0.1747　0.4071　0.2319)

最后，可从计算公式（1）中得出沙漠景区旅游对环境影响的综合评价分值为 0.7263。

（一）总体结果分析

从评价结果标准化后的情况看，标准化后得 B^*=（0.0534，0.1328，0.1747，0.4071，0.2319）按最大隶属度原则，结果隶属度最大值为 0.4071，对应评价为“较大”，同时评价“很大”达到 0.2319；评价“一般”隶属也达到 0.1747，这三级总体水平占到 0.8137。结合综合评分值 0.7263 来看，宁夏沙漠景区旅游活动对环境的影响是比较大的。

（二）子系统评价结果分析

结合评价系统的 3 个子系统的分值，可知旅游活动对游览环境、自然环境和社会环境影响综合得分分别达到 0.7158，0.7317 和 0.7359，这说明宁夏沙漠旅游景区旅游活动对三者的影响都较大。

指标层分析，在不计算专家评判级别内部差异的前提下，从模糊的角度将评判选项分为两级：选项为“大”（包括较大、很大）和选项为“小”（包括较小、很小），并把各因子相应的隶属度值前两项 m（较大、很大）和后两项 n（较小、很小）分别相加，得出指标层模糊评价结果（见表 2）。

表 2　指标评价层各指标 m，n 值

评价因子	U11	U12	U13	U14	U15	U16
m	0.366	0.781	0.804	0.561	0.610	0.634
n	0.439	0.073	0.098	0.244	0.244	0.147
评价因子	U21	U22	U23	U24	U25	U26
m	0.830	0.341	0.268	0.585	0.659	0.683
n	0.097	0.293	0.488	0.171	0.122	0.098
评价因子	U31	U32	U33	U34	U35	U36
m	0.634	0.537	0.805	0.512	0.610	0.585
n	0.171	0.244	0.073	0.244	0.244	0.171

由表 2 可知，指标层中 U12（生物资源的多样性）、U13（沙丘景观美誉度）、U15（沙漠旅游环境承载力）、U16（旅游交通环境）、U21（景区绿化水平）、U25（污水处理水平）、U26（垃圾处理能力）、U31（经济发展水平）、U33（地区接待能力）和 U35（社会引导示范）这 10 个环境因子 m 值较大（大于 0.6），说明旅游活动对这些环境因子的影响较大。其中，旅游活动对沙漠景区绿化水平的影响最大，沙漠地区气候干旱，植被稀疏且极易受到旅游等人类活动的影响；对沙丘景观美誉度、沙漠生物多样性和当地社区的社会带动影响也很大，沙漠地区以特殊的自然景观和人文环境为背景，较大的地域和文化差异对回归大自然、返璞原生态诉求逐渐增强的旅游者形成很大的吸引力。而沙漠景观是沙漠旅游区的主流景观，具有极高的旅游观赏价值和科学研究价值，但沙漠景观以沙丘为代表，在旅游活动，特别是游客的踩踏下极容易活动或改变沙丘景观，失去特有的地貌景观等。沙漠旅游区又是生态脆弱带，旅游活动对沙漠地区动植物影响显

著，生物资源的多样性很容易受到威胁等。同时，沙漠旅游开发可以传播沙漠知识、治沙技术，带动当地社区及农牧民增收，因此，具有较大的社会带动与影响作用。

另一方面，旅游活动对U11（沙漠旅游资源特色）、U22（景区噪音水平）、U23（大气质量）和U34（社会治安状况）的影响较小。其中，对大气质量的影响最小，其次是沙漠旅游资源特色，这与沙漠地区大气环境、以各类沙地为主体的地表状况、极低密度的人口分布是相关的。

上述评价结果与在实地调查研究相契合。笔者在2013年6月至2014年9月在对沙坡头、黄沙古渡和沙湖景区的实地调查和模拟实验中发现，在游客过于密集的时间段和地段，沙漠植被遭到不同程度的攀折和踩踏，造成植被数量和种类减少，植物种类变得单一，恢复期延长，甚至植被死亡；出现沙漠结皮破碎、沙丘活化现象；另外，在游客踩踏严重的地段，沙丘出现不同程度的高度降低、坡度减缓、坡脚淹没植被现象；游客随意丢弃的垃圾遍地……这些不仅影响了景区生态环境、沙漠旅游资源的景观价值和游客的心理感受，也直接影响到景区的可持续发展。

四、沙漠景区可持续发展对策

针对旅游活动对沙漠景区影响的程度序列，并根据上述分析得出的模糊评价结果，提出沙漠景区的可持续发展对策。

（一）合理规划功能分区，维护景区治沙成果

合理规划景区内功能分区与项目布局，提高景区绿化水平，保护好沙漠地区的植被，合理分配项目区环境容量。对沙漠治理区与游乐区，推广沙坡头的开发模式：治沙区与游乐区有严格的界限，由黄河娱乐区通向沙漠体验区的车行道和游步道都有围栏将道路、栈道与治沙区隔开，防止、警示游客的破坏行为。

（二）采取游客分流措施，提高景区承载力和游览质量

由于沙漠旅游的季节性导致个别时段游客暴涨现象，各景区的旅游资源、服务设施和娱乐设施受到了巨大的考验，同时也对部分游客的心理体验带来负面影响。景区应实现“数字景区”，合理利用价格浮动制度进行分

流，并实施景区导航制度，最大限度地发挥景区设施的效力，维持沙丘景观独特的美学价值，提高游客游览和娱乐体验质量。

（三）严格控制进入式污染，加强景区资源多样性保护

严格控制各类污染物进入景区；对濒危的珍稀物种要进行重点管理，严禁游客和当地居民破坏；采取工程技术和生物技术进行保护，对旅游活动造成的植被破坏、湿地萎缩、河湖污染，采取人工办法进行恢复，确保沙漠土壤、水体不受污染。

（四）各部门紧密协作，提高当地旅游接待能力

结合旅游产业发展，充分发挥服务职能，大力改善宁夏沙漠景区当地社区的旅游配套设施环境。城建、交通、林业、水利等部门要发挥部门优势，使旅游区域的道路通行能力、环境绿化、电力供应、饮水安全等得到保障，使地区旅游配套设施条件得到有效改善。

（五）发挥景区教育功能，普及对游客环境保护教育

沙漠旅游在我国发展起步较晚，而且沙漠属于脆弱性的生态系统，所以在开展旅游时要对游客进行沙漠知识、治沙技术以及环境保护宣传教育，促进沙漠旅游的可持续发展。

参考文献

[1] 保继刚.颐和园旅游环境容量研究[J]. 中国环境科学,1987(2).

[2] 崔凤军. 论旅游环境承载力——持续发展旅游的判据之一[J]. 经济地理,1995(1):105~109.

[3] 崔凤军.山岳型风景旅游区生态负荷与环境建设研究：泰山实证分析[J]. 应用生态学报,1999(5).

[4] 邓金阳，吴云华，金龙. 张家界国家森林公园游憩冲击的调查评估[J].中南林业学院学报,2000(1).

[5] 邓金阳,柯显东.论森林旅游的生态影响及对策[J]. 湖南林业科技,1995(2).

[6] 董观志,杨凤影.旅游景区游客满意度测评体系研究[J]. 旅游学刊,2005(1).

[7] 冯学钢，包浩生. 旅游活动对风景区地被植物——土壤环境影响初步研究 [J]. 自然资源学报,1999(1).

[8] 管东生,丁键,王林. 旅游和环境污染对广州城市公园森林植物和土壤的影响[J]. 中国环境科学,2000(3).

[9] 郭来喜. 中国旅游业可持续发展理论与实践研究[J]. 人文地理,1996,(增刊).

[10] 管东生,林卫强,陈玉娟. 旅游干扰对白云山土壤和植被的影响[J]. 环境科学,1999(6).

[11] 蒋文举,朱联锡,李静,等. 旅游对峨眉山生态环境的影响及对策[J]. 环境科学,1996(3).

[12] 刘晓冰,保继刚. 旅游开发的环境影响研究进展[J]. 地理研究,1996(4).

[13] 卢云亭. 生态旅游与可持续旅游发展[J]. 经济地理,1996(1).

[14] 刘鸿雁,张金海. 旅游干扰对香山黄护林的影响研究[J]. 植物生态学报,1997(2).

[15] 陆林. 旅游的区域环境效应研究——安徽黄山实证分析[J]. 中国环境科学,1996(6).

[16] 刘春艳,李文军,叶文虎. 自然保护区旅游的非污染生态影响评价[J]. 中国环境科学,2001(5).

[17] 李贞,保继刚,覃朝锋. 旅游开发对丹霞山植被的影响研究[J]. 地理学报,1998(6).

[18] 刘振礼. 旅游环境的概念及其他[J]. 旅游学刊,1989(4):11~16.

[19] 米文宝,廖力君. 宁夏沙漠旅游的初步研究[J]. 经济地理,2005(3):422~425.

[20] 彭长连,林植芳,林桂珠,等. 旅游和工业化对亚热带森林地区大气环境质量及两种木本植物叶绿素荧光特性的影响[J]. 植物学报,1998(3).

[21] 秦安臣,任士福,马晓晶. 森林旅游对生态系统负面影响概述[J]. 河北林果研究,2001(3).

[22] 宋秀杰,赵彤润,郑希伟,等. 松山自然保护区旅游开发的环境影响

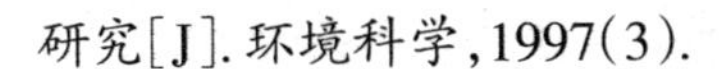

研究[J]. 环境科学,1997(3).

[23] 石强,雷相东,谢红政. 旅游干扰对张家界国家森林公园土壤的影响研究[J]. 四川林业科技,2002(3).

[24] 王宪礼,朴正吉,孙永平. 长白山生物圈保护区旅游的环境影响研究[J]. 生态学杂志,1999(3).

[25] 王忠君,蔡君,张启翔. 旅游活动对云蒙山国家森林公园土壤影响的初步研究[J]. 河北林业科技,2003(5).

[26] 吴开亚,陈晓剑. 企业学习能力模糊评价方法研究[J]. 预测,2002,(2).

[27] 朱颜明,王宁. 长白山自然保护区旅游资源开发的生态环境影响及其保护[J]. 山地学报,1999(4).

[28] 张晓兵. 野外旅游活动对土壤的影响[J]. 国外林业,1995(1).

[29] 保继刚. 旅游开发研究——原理·方法·实践[M]. 北京:科学出版社,1996.

[30] Stephen L J Smith. 游憩地理学:理论与方法[M]. 吴必虎,译. 北京:高等教育出版社,1992.

[31] 赵哈林. 沙漠生态学[M]. 北京:科学出版社,2012.

宁夏中卫市防沙治沙工作调研报告

潘长波

中卫市历届党委、政府始终把加快造林绿化、搞好沙区综合治理作为改善生态环境、促进国民经济发展的重点来抓。中卫市严格按照国家建设全国防沙治沙综合示范区的总体要求，借助国家实施的三北防护林、退耕还林、天然林保护等工程和世行、德援项目，持之以恒地推进沙化土地综合治理步伐，着力培植新型沙产业，防沙治沙取得明显成效。

一、取得的成效

（一）沙区生态环境显著改善

通过坚持不懈地综合治理，开发建设了 10 万亩北干渠系新灌区、22 万亩美利林业基地、15 万亩沙化土地封禁保护区和近 20 万亩南山台子扬灌区苹果、红枣基地，形成了一道绿色长城，不仅完善了防风固沙体系，而且控制了流沙，减少了风沙危害，沙区生态环境得到显著改善。

（二）沙区基础设施得到有效保护

经过长期的实践和探索，创造了麦草方格治沙技术和“五带一体”（固沙防火带、灌溉造林带、草障植物带、前沿阻沙带、封沙育草带）铁路防风固沙体系。在横穿腾格里沙漠的包兰铁路及 201 省道两侧，实行封沙

作者简介 潘长波，宁夏中卫市林业生态建设局办公室副主任。

育林草、人工灌溉造林、扎草方格等措施，在北部沙漠边缘建起了 60 公里的防风固沙林带，保证了铁路、公路的畅通无阻。

（三）建成了驰名中外的沙漠旅游胜地

经过多年的综合开发治理，营造防沙林和风景林，建成了沙、水、林为一体，景色优美的国家 5A 级沙坡头旅游区和金沙岛、腾格里湖旅游区，吸引了大量游客，旅游效益大幅提高。

（四）沙区林业支柱产业形成规模

沙区纸浆原料林基地总产值达 10 亿元以上。特别是北部沙区和南山台子沙区以苹果、红枣、枸杞为主的经济林产业面积已达 20 万亩，年产值达 6.9 亿元以上，已成为农民增收的绿色支柱产业。

（五）沙区工业得到长足发展

随着沙区生态环境的改善，建成了香山机场、中卫工业园区、沙漠光伏产业园、腾格里湖沙漠湿地旅游区等重大项目。开发建设的 1 万亩美利森林公园，改善了工业园区及北部沙区生态面貌和招商投资环境，吸引了区内外多家企业落户园区办厂，促进了中卫市工业化进程。

二、主要做法及经验

（一）加强领导，落实责任，保障防沙治沙建设工作顺利推进

多年来，我们始终坚持把改善区域生态环境作为林业生态建设的总任务，坚持一任接着一任干。特别是撤县设市以来，中卫市委、政府认真执行党和国家有关林业生态建设的方针、政策和法规，以建设全国防沙治沙示范区构筑西部重要的生态安全屏障为目标，以培植新型沙产业为重点，层层落实防沙治沙责任制，形成了各级领导带头，广大群众参战，有关部门协同配合，社会各界共同参与防沙治沙的可喜局面，保障了林业生态建设工作的顺利进行。

（二）突出重点，注重示范，加快沙漠综合治理步伐

针对中卫市防沙治沙任务艰巨的实际，坚持突出重点，注重实效，加快沙漠综合治理的步伐。一是大力营造防风固沙林体系。通过扎设草障、设置沙障、营造防风固沙林带、围栏封育种草种树、修建水利工程设施等措施，在北部沙漠边缘地区建起了55公里的防风固沙林带。二是积极开发改造沙荒地。结合重点项目工程的实施，先后对南山台子、北干渠系、西风口、赛金塘、马长湖、碱碱湖、葡萄墩塘、长流水八大沙区进行综合开发治理，累计完成治理、改造、开发沙区总面积100万多亩，为沙区可持续发展奠定了基础。三是强化防沙治沙示范区建设。在吊坡梁、碱碱湖沙区建立了千亩优质葡萄示范区；北部沙区建立22万亩造纸原料林示范区，6万亩光伏产业园；在南山台子和碱碱湖沙区建立了20万亩优质苹果、红枣示范区；通过示范区的建设，推广了防沙治沙及节水灌溉新技术，总结出了防沙治沙及产业化发展新模式，为类似区域的防沙治沙提供科技支撑，加快了沙漠综合治理步伐。

（三）落实各项林业方针政策，不断发展壮大沙产业

认真贯彻中央和宁夏关于发展林业和防沙治沙的一系列方针、政策，结合本地实际，不断完善各项制度，狠抓开发性林业政策的落实工作。一是制定优惠政策，激发社会各界治沙造林、兴办沙产业的热情。对国家、集体以及个人在沙区开发建设，给予无偿划拨土地，由土地部门发给土地使用证，林业部门发给林权证，谁造林、谁所有、谁受益。吸引了中冶美利纸业集团公司、香山酒业、中石油等多家企事业单位开发建设，在沙漠中造出了一个个人工绿洲，促进了沙产业的发展。二是落实造林补助和治沙贷款贴息政策。多年来，中卫市严格按照国家造林补助的政策，对企事业单位和开发大户在沙区营造的防护林、经济林给予资金补助和治沙贷款贴息扶持，协调银行帮助解决了用林权证抵押贷款问题，激发了他们的治沙造林的积极性，全力推动了防沙治沙工作。三是深化林权制度改革，确保经营者的合法权益。在明确林地所有权，维护林农和其他林业经营者合法权益的基础上，放活林地使用权，鼓励各种社会主体通过各种形式参与林木、林地使用权的合理有序流转，调动和保护其参与林业建设的积极性，加快了林业发展步伐。

（四）加强管护措施，保护沙区林草植被

加大封沙育林（草）及林木管护的力度，使沙化扩展趋势得到了遏制，生态状况显著改善。一是加大宣传力度，结合封山禁牧，通过利用电视、

广播、会议、标语、张贴封山禁牧公告，大力开展保护生态环境的宣传，提高了广大干部群众对保护生态环境的紧迫性和重要性的认识。二是实行目标管理责任制。通过加强护林组织建设，实行单位“一把手”负总责，分管领导和护林员负责制，层层签订责任状，把封育管护目标任务落实到每个管护人员及护林点上，使管护工作落实到了实处。三是严厉查处各种违法行为。坚持“预防为主，积极查处”的方针，及时依法对发生在封育区内的滥放牧、滥开垦、滥采挖、乱开矿及狩猎等违法行为予以严格查处，严厉打击，有效保护了沙区动植物资源和林草植被。四是建立健全了监测体系。在沙区各封育区建立了瞭望塔，及时观察掌握林区动态，并编制了《中卫市重大沙尘暴灾害应急预案》和《中卫市森林火灾应急预案》，有效防止了自然灾害的发生，确保了林区植被安全。

三、北部沙区生态综合治理存在的问题

（一）资金投入不足

随着防沙治沙综合治理步伐的加快，沙区治理及造林立地条件愈来愈差，难度越来越大，成本逐年加大，制约了沙区林业生态建设的快速发展。

（二）沙产业发展后劲不足

企业和开发大户前期开发时，按政策一次性享受到国家一定资金扶持，但开发后，由于需大量资金投入，多数企业和个体户存在缺乏资金问题，影响了发展的后劲。

（三）经济回报率低

由于立地条件限制，沙区林业建设以生态效益为主，经济效益生产周期长，回报率低，一定程度上影响了群众投资沙产业开发的积极性，沙区林业建设规模还不大，发展速度缓慢。

四、今后北部沙区生态综合治理的对策建议

（一）科学编制北部沙区发展中长期规划

在目前治沙成果的基础上，聘请国内沙漠研究专家编制腾格里沙漠利用规划，防止因违背自然规律无序开发沙漠破坏沙区资源和旷野的风貌，

规划中除必要的林业生态建设占用一定比例的沙地资源外，不宜再规划耗水量特别大、生产效益较低的农业用地。

（二）做特做优沙区特色产业

进一步拓宽沙区产业发展思路，形成有中卫特色和充分利用沙漠光热资源优势的沙区支柱产业体系。一是充分借助沙坡头垄断资源，依托黄河沙坡头大峡谷、腾格里湿地等独特优势，打造以沙漠体验、沙漠生存、沙漠探奇、沙漠度假、黄河漂流为主要内容的沙漠旅游产业，推动沙坡头沙漠旅游产品国际化。二是借助国家支持发展新型产业的机遇，充分发挥中卫地处我国太阳辐射高能区所特有的光能和风能资源优势，建设光伏产业园区。三是充分利用大柳树引黄工程，采取微灌等节水灌溉方式，引进国内外大型龙头企业，发展现代农业。

（三）巩固北部沙区防沙治沙成果

一是沿沙漠旅游开发区、光优产业园区，加大基地周边防沙治沙力度，建设东西长40公里、宽500米的生态防护林带5万亩；二是依托德援、世行和封禁保护项目，采取扎草方格、造林和封禁保护相结合方式，着力改善沙区生态环境；三是加大对北部沙区林木保护力度，采取人工植苗、播种、飞播等方式，加大对27.8万亩天保工程区、39.8万亩重点公益林区的补植补播力度，进一步提高天保区和重点公益林区的植被覆盖度，提高生态保护功能。

（四）加大政策扶持，培育防沙治沙龙头企业

按照放宽政策、放活经营、放手发展的思路，培育壮大防沙治沙龙头企业。一是要全面落实国家关于促进防沙治沙的资金投入、税收优惠、信贷支持、技术扶持、土地转让等扶持政策；二是鼓励金融机构针对防沙治沙创新金融产品，放宽信贷支持条件，加大防沙治沙信贷投放；三是大力支持沙防沙治沙龙头企业以公司+合作组织+农户的形式创建防沙治沙示范基地、创建品牌和多业发展，大力提高防沙治沙的组织化程度，促进沙产业集群发展，力促防沙治沙企业做大做强做优；四是统筹捆绑使用农业、草原、水利、林业、扶贫等有关部门的防沙治沙项目资金，重磅支持防沙治沙基础设施建设。

宁夏盐池县生态建设研究

冯彩萍　宋春玲

盐池位于宁夏南部生态脆弱区，处于中部干旱带，生态环境脆弱，环境问题严重制约盐池社会经济的发展。生态环境的保护和建设是盐池县社会经济发展面临的首要问题。总结生态环境建设的经验，努力实现人与自然的和谐相处，是盐池县生态环境建设的目的所在。

一、盐池县生态脆弱区现状

盐池县地处宁夏中部干旱带，位于毛乌素沙漠南缘，是全国266个牧区县中宁夏唯一的牧区县，总面积8522.2平方公里，其中可利用草原714万亩、耕地133万亩，常年干旱少雨、风大沙多，年平均降雨量220毫米，蒸发量高达2100多毫米，生态环境十分脆弱。20世纪七八十年代，全县75%的人口和耕地处在沙区。“一年一场风、从春刮到冬，风吹沙子跑、抬脚不见踪”，是当时的真实写照。恶劣的生态环境直接威胁到群众生存、生产、生活安全。近年来，宁夏实施封山禁牧工程，盐池县按照“北治沙，中治水，南治土”的总体思路，坚持草原禁牧与舍饲养殖、封山育林与退牧还草、生物措施与工程措施、建设保护与开发利用、移民搬迁与迁出地

作者简介　冯彩萍，宁夏盐池县环境保护和林业局科员；宋春玲，宁夏社会科学院农村经济研究所研究实习员。

生态恢复“五个结合”，“封、飞、造”多措并举，“乔、灌、草”合理配置，全面加强生态脆弱区综合治理。先后实施了退耕还林还草、三北防护林、天然林保护、世行贷款宁夏黄河东岸防沙治沙项目、草原可持续利用等一系列重点工程，人工造林每年以10万亩的速度推进，累计完成三北防护林190万亩、退耕还林170.7万亩、天然林保护191万亩、封育84万亩，林木保存面积达385万亩，天然草原面积达835万亩，林木覆盖度、植被覆盖率分别达到31%和70%，与十年前相比，分别提高了17和13个百分点。目前，土地沙化依然是盐池县生态环境存在的主要问题，由于土质疏松，水土流失严重且地形起伏较大，水土流失还破坏了水利设施，诱发滑坡、崩塌、泥石流等自然灾害，冲毁农田，威胁村庄、道路和交通安全[1]。此外，盐池县关于环境的法制建设滞后，作为宁夏南部生态脆弱区经济比较落后，生产力水平较低，科学技术水平和人民的思想素质还不是很高，这在很大程度上制约了生态环境的发展[2]。

二、盐池县生态环境脆弱的成因

（一）自然原因

盐池县位于黄土丘陵和鄂尔多斯缓坡丘陵的过渡地带，属于典型的中温带大陆性气候。降水量少，蒸发量大，降水的年际变化很大，保证率低。盐池正好处在西北季风带上。有关盐池的风，广泛流传于盐池百姓中的两句民谣，就是真实的写照。这两句民谣是“一年一场风，从冬乱到春”和“一年一场风，从春乱到冬”。前者是说，大风从前一年的冬天开始，到第二年的春天结束，天天刮；后者是说，小风一年365天，天天吹。据气象资料记载，自1954年以来，盐池县大风天数在30天以上的就有9年[3]。

（二）人为原因

过度放牧、盲目垦荒、水资源不合理利用以及乱挖中药材等人类活动是造成盐池县生态环境恶化的主要原因。

盐池草原的实际载畜量长期超出它的承受量。特别在干旱年份，草场生产力急剧下降，而畜牧数量却得不到及时调整，草原超载导致了大面积的土地荒漠化。滥垦主要表现在对土地的耕作方式上。盐池这样一个自然条件现在十分刻薄的地方，原有的植被一旦被破坏，再要恢复到原来的状况，基本是不可能的。盐池地处黄河水系和内陆水系分水岭地区，无客水入境，全靠降水形成地下水。由于干旱少雨，年均降水量少，干旱多风，蒸发强烈，地下水十分缺乏。荒漠化地区的植被多是重要的薪柴和药材资源。甘草，多年生草本植物，根有甜味，可入药，在冶金、食品中也有广泛用途。挖甘草，是造成土地荒漠化的另一个主要原因。这对本来就千疮百孔、荒漠化问题十分严重的盐池草原来说无异于雪上加霜[4]。

三、盐池县生态建设的经验与启示

（一）政府重视、群众配合

面对严峻的荒漠化现实，历届县委牢固树立抓生态就是抓发展，抓治沙就是抓生存的理念，防沙治沙接力棒一任接一任地传。特别是近年来，盐池县以创建国家园林县城为契机，进一步增强全民植树造林和环保意识，将防沙治沙纳入各级干部政绩考核内容，作为职务晋升、评选先进的重要条件。大力开展干部职工义务植树活动，建立义务植树基地，县领导率先垂范，干部群众广泛参与，年人均义务植树达到1~1.5亩。同时，县上每年筹资50万~100万元，对涌现出的先进集体和个人进行奖励。据不完全统计，近十年来，全县防沙治沙投工投劳10万余人次，直接创收1000万元，形成了“万马千军治沙，家家户户植树”的喜人局面。

（二）项目带动、增加投入

一方面，依托国家重点生态建设项目，“十二五”以来，共实施了“三北”防护林、天然林保护、退耕还林、公益林项目等国家各类生态建设项目30多项，完成防沙治沙面积289万亩。重点生态项目的实施，有效缓解了地方资金短缺问题。另一方面，加大县财政投入力度，虽然盐池是国定贫困县，可支配财力非常有限，但在生态环境建设上从来不打折扣，每年县财政植树造林费用达5000多万元。“十二五”以来，累计投工投劳20万人次，吸纳社会绿化资金8000余万元，造林规模、质量、速度均创历史最好成绩。

（三）防治结合、以防为先

多年的生态建设实践告诉我们，必须坚持“封育保护为主、人工栽植为辅”的防治原则，重建设更要重保护，充分发挥大自然的生态恢复功能，采取多种措施，促进生态环境改善。自实行禁牧封育政策以来，盐池县全面开展禁牧、禁伐、禁采、禁猎“四禁”工作。注重加强护林员队伍建设和管理，目前，全县包含生态护林员在内的近千名护林员在岗履职，全部实行目标管理，林木管护从粗放化转向精细化，林木保存率提高到90%以上，有效保护面积超过400万亩。同时，为了解决水资源匮乏问题，盐池县大力探索应用节水模式，实施节水滴灌工程；为有效化解禁牧后的畜牧业发展与生态保护的矛盾，盐池县大力推进柠条加工产业，先后筹资1000余万元，用于柠条平茬、加工机具的研发和推广，引导牧民通过林地间作苜蓿、青贮玉米等种植饲草料，有效破解了饲草供应与禁牧舍饲之间的难题，为草原的自然修复奠定了基础。2015年，全县滩羊饲养量稳定在300万只，是禁牧前的4倍多。

（四）依靠科技，抓点带面

坚持把依靠科技贯穿于生态建设的全过程，大力推广适用实用新技术、新材料、新工艺，重点推广应用了营养袋育苗、生根粉、截杆、覆膜等适用实用技术和综合配套模式，推广面积达200多万亩；采取“封播造结合，以封为主；乔灌草结合，以灌为主”的方法，在黄记场、沙边子、沙泉湾等区域，建成万亩以上重点生态林业治理精品工程10余个，治理面积20多万亩；采取“换土、深栽、浇水、覆膜、缠杆、涂红、圈白”六位一体的抗旱造林技术，围城造林3万亩，一次性成活率达90%以上；建成集“休闲、娱乐、观光”于一体的生态村20多个，林业示范户2000余户。通过示范带动，全县80%的村镇迈进“生态良好、生产发展”的新农村行列。

四、盐池县加强生态建设的对策建议

（一）在“建”字上下功夫，着力构筑绿色生态屏障

坚持把植树造林、防沙治沙、水土保持作为重中之重，围绕北部防沙治沙、中部经果林基地、南部水土保持三大区域，突出重点、综合施策，全面提升生态建设水平。坚持“适地适树、依水造林”的原则，扎实开展春秋季造林、全民绿化、义务植树活动，先后组织实施了退耕还林、德援治沙等重点生态建设项目。在县城周围，建立城南万亩生态园、花马湖生态园、城北万亩防护林等绿化工程；在乡镇村庄，以工业园区、移民新村、生态村造林绿化为重点，初步建成了骨干公路绿色长廊和一批生态乡村，有效改善了城乡人居环境。启动实施30万亩防沙治沙工程，采取“先固再治”的技术措施，加大境内连片明沙带的治理，在沙区初步建成了集水土保持林、防风固沙林、农田防护林、人居绿化防护林为一体的生态防护林网体系。加大南部黄土丘陵区的治理工作，采用挖鱼鳞坑等整地方式，在背风向阳缓坡地营造乔灌结合型水土保持林，恢复灌草植被。同时，大力实施生态移民工程，加强迁出区生态修复治理。

（二）在“技”字上下功夫，探索防沙治沙新模式

坚持与北京林业大学、宁夏农林科学院、宁夏大学等院校加强科技合作，实施半荒漠地区抗逆树种选择、盐池沙漠化土地综合整治试验等多项科技攻关课题，筛选出柠条、花棒、榆树、樟子松等一批适宜生长的树种，掌握栽培管理、快速繁育技术。积极推广干旱带流动半流动沙丘草方格固沙种树种草（灌木）治沙技术，流沙地上以扎麦草方格固沙为基础，在方格内点播耐旱沙生灌木，适地选栽柠条、沙柳等苗木，夏、秋两季重复补植补播。盐池县在杨树和沙柳深栽、多季节造林、抗旱造林技术等方面取得了重大突破，形成了具有盐池特色的防沙治沙模式，为宁夏乃至全国300毫米左右降水区域的沙化土地治理积累了经验。

（三）在“管”字上下功夫，巩固生态建设成果

自2002年起，盐池县率先在宁夏实施封山禁牧，将羊群撤离草原，全面推行舍饲圈养，结束了千年放牧养殖方式。通过草原围栏、封育补播、人工种草等措施，大力恢复草原植被，全县沙化草原显著减少，草原生态系统明显好转。盐池县严格落实禁牧封育政策，探索建立了村民自治、群防群治的禁牧长效管理机制。组织实施退牧还草等项目，扎实推进草原综合治理；积极鼓励群众“把草当粮种”，通过发展种草养羊实现致富；政府出资调动群众种草的积极性，推动草产业不断发展壮大。目前，全县累计实施草原围栏503万亩、补播改良草原246.6万亩。

（四）在“用”字上下功夫，切实增加农民收入

盐池县按照“治理与利用并重”的思路，分区规划，不断加大沙产业开发力度。在北部沙区，重点采取封育与撒播相结合的方法，大力发展灌木林；在中部扬黄灌区，大力发展农田防护林、牧场防护林和饲料林，同步进行草原改良补播，有力推动草畜产业发展；在南部丘陵区，营造水土与经济并重的水土保持型经济林，减少水土流失，增加经济收益。同时，良好的生态环境可促进旅游产业发展，成为县域经济新的增长点，目前全县已建成花马寺生态旅游区、哈巴湖景区、北部长城旅游观光带等生态旅游景点，生态休闲游等特色旅游逐渐兴起。

参考文献

[1] 王学平. 盐池土地荒漠化的成因与治理对策研究［J］. 宁夏党校学报,2000(9).

[2] 丁淑萍. 土地荒漠化的成因、危害及防治对策[J]. 环境科学与管理,2006(31).

[3] 姜玲. 宁夏盐池县生态环境的治理与保护对策[J]. 宁夏工程技术,2006(2).

[4] 杨建华.盐池县生态环境建设的成绩与做法[J]. 甘肃农业,2007(12).

低碳篇

DITANPIAN

宁夏碳排放权开发交易现状与发展对策研究

张吉生

习近平总书记今年来宁夏视察时指出，要在绿色发展上用实招，深入推进生态文明建设，建设天蓝、地绿、水美的美丽宁夏。对加快推进宁夏生态文明建设提出了明确要求，是我们今后的努力方向。

由于资源和产业特点，宁夏形成了“倚重倚能”的产业结构，高耗能、高污染行业占工业领域的比重大，经济高碳特征明显。这种能源和产业结构对宁夏节能减排目标的完成和生态文明建设构成了极大挑战，任务艰巨，形势严峻。宁夏要结合经济体制和生态文明体制改革总体要求，抓住全国碳排放权交易市场全面启动的机遇，以“控制温室气体排放、实现低碳发展”为导向，充分发挥市场机制在温室气体排放资源配置中的决定性作用。主动参与国内碳排放权交易，更多地引入和运用市场机制推进自治区节能减排，增强全社会特别是企业节能减排的内在动力，促进宁夏生态文明建设迈上新台阶。

一、清洁发展机制与国际碳排放权交易

碳排放权交易是世界各国为促进全球温室气体减排所采用的市场机制。

作者简介 张吉生，宁夏清洁发展机制环保服务中心主任，亚洲开发银行气候技术转移与融资专家，研究员。

1997年12月，《联合国气候变化框架公约》缔约方第三次会议通过了《京都议定书》，制定提出了“清洁发展机制（CDM）”，把市场机制作为解决二氧化碳为代表的温室气体减排问题的新路径，即把二氧化碳排放权作为一种商品，从而形成了二氧化碳排放权的交易，简称“碳交易”。通过碳交易市场，合同的一方以资金和技术的方式支付另一方获得温室气体减排额，买方可以将购得的减排额作为自己的减排量从而实现其减排目标，而卖方则获得了实现可持续发展的资金和技术，利用市场机制实现节能减排。碳交易从资本层面入手，通过对温室气体排放定价使排放权变得稀缺，从而迫使产业转型。开展碳交易是推动绿色发展和生态文明建设的重要举措，也是推动经济转型升级的重要抓手。

自2005年《京都议定书》生效以来，碳排放权交易作为各国促进节能减排、推动低碳发展的重要手段，在世界范围内被广泛采用，全球碳交易市场出现了爆炸式地增长。2007年碳交易量从2006年的16亿吨跃升到27亿吨，上升68.75%。成交额的增长更为迅速。2007年全球碳交易市场价值达400亿欧元，比2006年的220亿欧元上升了81.8%，2008年上半年全球碳交易市场总值甚至与2007年全年持平。全球银行统计数据显示，2012年全球碳交易市场达到1500亿美元。据世界银行预测，到2020年，全球碳交易总额有可能达到3.5万亿美元，并将超过石油市场，成为世界第一大交易市场。目前，利用碳排放权开发及交易，已成为世界各国促进节能减排技术的发展、利用市场机制推动低碳发展的重要手段。

我国企业积极参加了国际碳排放权交易，2005年1月25日首个清洁发展机制（CDM）项目获得批准，至2009年1月26日，我国清洁发展机制（CDM）项目注册数跃居全球首位。截至2015年2月底，国家发改委批准5073个清洁发展机制（CDM）项目，其中在联合国注册的项目已达到3806个，占全球总量的50%左右。

二、我国碳排放权交易现状与发展

随着中国经济总量的持续增长，能源消费量不断攀升。根据国际环保组织“全球碳计划”公布的2013年全球碳排放量数据，中国的人均碳排放量首次超越欧盟，引人关注。2014年，世界二氧化碳排放总量接近355亿吨，中国排放量高达97.6亿吨，位居世界第一。应对与日俱增的减排压力、缓解日益严峻的减排形势，成为我国政府和社会各界日益关注的问题。2012年我国明确提出：二氧化碳排放在2030年左右达到峰值、单位国内生产总值二氧化碳排放比2005年下降60%—65%，非化石能源占一次能源消费比重达到20%左右，森林蓄积量比2005年增加45亿立方米。清晰量化指标的首次提出，显示了我国对碳排放强度下降目标坚定不移的决心，以及为人类应对气候变化所作的重大承诺。2016年4月22日，中国签署《巴黎协定》，承诺将积极做好国内的温室气体减排工作，加强应对气候变化的国际合作，展现了全球气候治理大国的巨大决心与责任担当。

我国政府高度重视利用碳排放权开发与交易这一市场机制推动国内节能减排。国家“十二五”规划纲要中明确提出，要在国内逐步建立碳排放交易市场。党的十八大三中全会决定提出，发展环保市场，推行“节能量、碳排放权，排污权，水权交易”制度，建立吸引社会资本投入生态环境保护的市场化机制。2011年10月，国家发改委批准同意北京市、天津市、上海市、重庆市、湖北省、广东省及深圳市开展碳排放权交易试点。七试点省市高度重视碳交易工作的开展，均发布了地方碳交易管理办法，包括制定地方规章制度，建立交易系统，开发注册登记系统，分配相关排放配额，确定排放总量目标，确定纳入行业企业的覆盖范围，建立MRV（温室气体测量、报告和核查）制度，制定项目减排抵消规则，设立专门的管理机构，建立相关网站以及进行专业人员培训等一系列工作。2013年6月以后，7个试点省市相继启动交易，共纳入企事业单位2000多家，年发放配额总量约12亿吨二氧化碳。国内碳排放权交易试点工作取得了显著的成果，也为全国性碳交易市场的建设积累了丰富的经验，奠定了坚实的基础。

为了进一步运用市场机制以较低成本实现2020年我国控制温室气体排放行动目标，加快推动全国碳市场建设，2014年中央改革办将“建立全国碳排放总量和分解落实机制，制定全国碳排放权交易管理办法，建立国家碳排放权交易登记注册系统”作为国家发改委牵头的重点改革任务重点督办。国家发改委于2014年12月发布《碳排放权交易管理暂行办法》，规范碳排放权交易市场的建设和运行，并研究起草《全国碳排放权交易管理条例（草案）》，建设并投入运行国家碳交易注册登记系统，完成建立全国统一碳市场的基础条件。2015年5月印发了《关于落实全国碳排放权交易市场建设有关工作安排的通知》（发改气候〔2015〕1024号），决定2017年启动全国碳排放权交易市场，并明确提出，在全国碳排放权交易市场建设中，要大力发展碳金融。2015年9月，中美联合发布《中美元首气候变化联合声明》，提出我国计划于2017年启动覆盖电力、钢铁等重点工业行业的全国碳排放交易体系。在这一背景下，我国碳交易市场建设工作的步伐进一步加快。2016年1月11日，国家发改委发布了《关于切实做好全国碳排放权交易市场启动重点工作的通知》（发改办气候〔2016〕57号），再次提出，确保2017年启动全国碳排放权交易，实施碳排放权交易制度。

2017年将是全国碳交易市场开元之年。据测算，全国碳市场开启后，排放交易量可能扩大至30亿至40亿吨，成为全球最大的碳市场，仅考虑现货交易，市场规模可达12亿~80亿元，实现碳期货交易后，全国碳市场规模最高或将高达4000亿元，成为我国仅次于证券交易、国债之外第三大的大宗商品交易市场。与此同时，包括环保节能设备改造和环保服务、碳排放相关领域以及供碳捕捉服务或碳汇造林等相关行业将获得巨大市场发展机会。另一方面，以碳排放为标的的金融创新潜力大，特别是碳排放为标的的创新金融产品和机制，其中包括CCERs质押、碳期权合同、碳基金、CCERs预购买权、借碳业务等新兴领域，也将面临前所未有的发展机遇。

三、宁夏碳排放权交易现状、优势与问题

（一）碳排放权开发与交易现状

宁夏是国内最早从事碳排放权开发与交易的省份。2003年创建了全国首个省级清洁发展机制研究与开发机构——宁夏清洁发展机制环保服务中心，以“前瞻，创新，求实，共赢”为宗旨，致力于利用清洁发展市场机制，向企业提供极富创新性的碳资产开发技术研究、转移与服务，促进企业节能减排，提升发展质量和效益。多年来，先后与国内众多企业、国际

碳买家及第三方评估认证机构建立并长期保持着互信合作关系，形成了良好的资源网络，通过一流的技术开发服务及与碳买家的真诚合作，开拓了国际碳资产开发与交易市场，在将自治区内外企业的碳减排量开发为外汇收入方面取得了良好的成绩。截至 2014 年底，国家共批准宁夏 CDM 项目 162 个，获联合国 CDM 执行理事会（EB）批准 159 个，签发交易 28 个项目。宁夏清洁发展机制环保服务中心开发并已成功交易的减排量，约占我国可再生能源类 CDM 项目减排量交易总额的 8%。根据 CDM 项目开发规则，已获得联合国主管机构批准的项目收益按 21 年计算，上述项目在 CDM 计入期内将累计获得超过 250 亿元人民币的外汇收入。据 UNEP CDMPIPELINE 统计，宁夏清洁发展机制环保服务中心注册项目在全球排名第 11 位，在国内公司中排名第 3 位，注册成功率 97.6%，排名全球第一。其在碳资产开发等领域研究开发的 10 多个项目为国内首创，赢得国内第一的殊荣，为相关领域项目的开发提供了样板和经验。

在国内温室气体自愿减排项目（CCER 项目）开发方面，据统计，宁夏目前共有 90 个项目在国家发改委自愿减排项目信息平台公布，处于不同的开发阶段。2015 年 6 月 12 日，宁夏太阳山 45 兆瓦风力发电项目等两个首批 CCER 项目成功挂牌深交所。

通过碳资产项目开发，使宁夏企业的节能减排获得了额外经济收益，提高了投资新能源项目、加快节能减排技术改造的积极性，推动了节能减排及相关产业的快速和可持续发展。

（二）碳排放权开发与交易优势与问题

1. 优势

10 多年来，宁夏始终致力于利用清洁发展市场机制，促进温室气体减排、加快生态文明建设方面的探索和建设，在将自治区内外企业的碳减排量开发为外汇收入方面取得了良好的成绩，在及时全面参与全国碳交易市场方面有着一定基础和优势，具体表现在以下几个方面。

（1）宁夏是能源消耗大省，现已在整体上进入工业化中期，工业化、城镇化快速推进，客观上对高能耗、高排放的重化工业提出了旺盛需求。碳排放基数大，且正在持续增长，以市场为依托进行低碳减排，将给宁夏带来重大机遇。

(2) 宁夏火电、石油化工、冶金、建材和煤炭等重点耗能行业及以风力和太阳能发电为主的新能源产业发展很快，减排潜力及交易空间较大，具有良好的碳交易前景。

(3) 自治区党委、政府始终把节能减排和应对气候变化作为调整经济结构、转变发展方式的重要抓手和突破口，不断加大工作力度，宁夏节能减排和应对气候变化取得积极进展，“十一五”期间，反映宁夏应对气候变化工作的专题片《中国宁夏：行动带来改变》成为我国唯一在哥本哈根全球气候大会上展播的专题片，宁夏应对气候变化及节能减排工作的诸多亮点被介绍给世界各国。目前，自治区发改委、经信委等部门已开展了一系列参与全国碳交易市场的前期建设与准备工作。

(4) 宁夏是最早积极参与国际的碳资产开发与交易市场的省区，CDM项目开发与服务机构相对完善，拥有一支年轻、求真务实、专业经验丰富、核心优势明显的碳资产开发技术团队，与国内众多企业、国际碳买家及第三方评估认证机构建立并长期保持着互信合作关系，形成了良好的资源网络，碳资产开发与交易经验丰富。

(5) 宁夏部分企业已通过碳资产项目开发，使节能减排获得了额外经济收益，提高了投资新能源项目、加快节能减排技术改造的积极性。通过大量的宣传与培训，一些企业已认识到，实行低碳管理不仅是企业实现可持续发展的重要举措，也是赢得消费者与投资者信赖、履行社会责任的重要环节，同时也是进行国际化经营必须面对的挑战。树立了“积极探索低碳管理机制，采取低碳运营方式，抢占低碳经济发展先机，力争成为低碳经济时代的领跑者”的理念。

2. 问题

但与此同时，宁夏还存在着一些认识方面及实际存在的问题，对全面参与全国碳交易市场提出了挑战，主要表现在以下几个方面。

(1) 部分政府领导层和企业决策者对开展碳交易的重要性认识不足。碳排放权交易是一个崭新的课题，具有很高的科技含量和经济价值，对政府领导与企业决策者来讲无疑是一个陌生的领域，由于它在国际通用规则框架内运行，难免会造成理论误区。一是部分政府官员认为在应对气候变化上中国做出的减排承诺，是应对美国及欧洲国家的政治策略。二是把节能减排与经济发展相对立，认为节能减排、开展碳交易会影响宁夏经济发展。三是认为宁夏是能源消耗大省，排放量大，配额及指标有限，碳资产开发会影响宁夏配额分配，导致自治区减排指标缺失等。决策判断的失误造成了碳交易滞后和碳资产的流失。

(2) 缺乏碳资产协调配合和信息共享机制。宁夏新能源与碳减排企业、碳资产开发中介服务机构及政府部门间缺乏协调配合和信息共享机制，导致一些具有开发或购买意愿的企业由于缺乏及时的信息与沟通，难以获得所需的服务，错失碳资产开发与交易机会。

(3) 缺乏碳资产开发与交易的专业人才。碳资产开发与交易是一项创新系统工程，技术性强、涉及领域广，需要众多专业的融合，人力资本高度密集，对从业人员综合能力要求很高。而目前国内尚无对口高校及专业培养碳交易技术人才，熟悉碳交易相关理论和实践的政府职员、企业管理人员以及开发运用碳交易体系的专业人才匮乏，是宁夏企业碳资产开发的关键障碍。

(4) 对于碳资产开发重要性与意义认识不足。宁夏资源丰富，风、水、光等新能源项目较多，均可开发项目碳资产。但是由于宣传力度不足，大多企业缺乏碳资产开发与交易的常识，认识不足，没有及时开发项目碳资产。2013、2014 年建设的 240 万千瓦新能源项目中，仅不足 10%的项目进行了 CCER 开发。每年流失的 CCER 可达 300 万吨，损失达 1.2 亿元，碳资产流失严重。宁夏“十三五”期间将建设 900 万千瓦新能源项目，潜在的 CCER 减排量为 1300 万吨，根据目前国内碳市场均价，每年碳交易价值达 2.6 亿元。

(5) 支持引导碳资产开发与交易相关的政策不完善。宁夏目前支持引导碳资产开发与交易相关的政策不完善，配套的法律法规不健全，缺少开展碳交易强有力的保障。尚未进行企业温室气体排放总量控制目标制定与分配，企业温室气体在线监测与排放报告制度尚未实施，缺乏配额分配的基础性数据。

(6) 政府投入资金不足。参与碳市场交易，需要有专业资质和经验的第三方机构为政府提供碳排放报送及核查等技术支撑工作，并需要对相关控排企业、碳资产开发企业开展宣传、培训等能力建设工作。需要政府加大资金投入购买第三方服务。

四、运用碳排放权交易市场机制推进节能减排，加快宁夏低碳发展的思路与建议

基于宁夏目前面对的节能减排严峻形势和巨大压力，节能减排工作政府承担责任过重、直接参与过深、市场作用发挥不足等问题，要实现节能减排和低碳发展，有效解决高耗能行业发展与能耗总量增长过快的矛盾，实现经济发展与节能降耗双赢。在采取强有力的政策措施的同时，必须加大改革力度，采取有力措施，抓住全国碳交易市场启动和由此带来的发展机遇，加强政策引导，更多引入和运用市场机制，增强全社会特别是企业节能减排的内在动力，综合利用行政手段和市场手段，形成长效的碳减排激励机制，加快生态文明建设。

（一）充分发挥自治区应对气候变化及节能减排工作领导小组各成员单位的作用、加快推进碳排放交易市场建设工作

发挥自治区应对气候变化及节能减排工作领导小组各成员单位在宁夏碳排放权交易市场建设工作中的指导协调作用，统筹安排纳入交易企业名单确定、碳排放报告及核查、配额分配、交易和履约管理、市场运营监管、低碳试点、统计核算、重大问题研究、能力建设、宣传培训等相关工作；积极建立多部门协同配合工作机制，统筹协调碳市场建设过程中出现的新情况、新问题，明确时间节点，有序推进相关工作，有效推动全社会温室气体减排。

（二）设立财政专项资金、落实建立碳排放权交易市场所需的工作经费

应对气候变化和低碳发展工作需要政府从政策和资金上进行引导和支持，地方碳排放总量制度、交易量的分配、重点企业碳排放报告核算、人才培养和能力建设等工作需要政府资金的投入。近年来，各碳交易试点省和大多数非试点省均专门设立了应对气候变化专项资金，推进相关工作。

国家发改委也要求，各地方落实建立碳排放权交易市场所需的工作经费，争取安排专项资金，利用对外合作资金支持能力建设等基础工作。建议自治区设立财政专项资金，开展碳资产开发与交易能力建设，确保建立碳排放权交易市场相关工作需要的经费支持。主要用于地方碳排放总量研究、交易量分配、重点企业碳排放报告核算、扶持具备研究能力的机构，培育碳交易专家支撑队伍，加强相关基础研究和决策咨询等工作。

（三）认真总结周边省区及试点省加快碳排放权交易市场建设工作的经验与作法，做好与全国市场的衔接

自2014年以来，新疆、陕西、甘肃等宁夏周边省区已开始省内区域性碳排放权与节能量交易试点及碳排放交易市场建设工作。新疆将乌鲁木齐市、克拉玛依市作为碳交易试验区，逐步建立地方性碳排放评估体系和约束性碳排放指标，对规模以上企业进行年度碳核算，逐步形成碳排放交易和补偿机制；2014年12月，陕西发改委决定选择一批企业先行开展碳排放权交易试点工作，并且规定，参加此次碳排放权交易试点的企业，将被录入省碳排放交易数据库，省主管部门核发企业碳排放配额时将予以适当优惠；甘肃省政府于2014年4月9日正式批复同意设立碳排放权交易中心，初期为区域性碳交易平台，远期定位为国家级碳交易所，并与国际碳交易市场对接。目前甘肃、新疆等省区已制定印发了《落实全国碳市场建设工作实施方案（2016—2018年）》，明确提出，在2016—2017年做好碳市场建设启动工作，摸清重点排放单位碳排放基础数据，确定参与全国碳交易范围的重点企业，确保顺利融入全国碳排放权交易市场。这些经验与作法，对于宁夏碳排放交易市场建设工作具有很好的借鉴作用。通过了解和学习周边省及试点省在配额发放管理、登记注册、交易及履约、碳排放报告和第三方审查、监督管理等方面的做法，寻找建立适合宁夏特点的管理模式。

（四）开展重点企事业单位温室气体排放报告与核算报告工作、加快自治区温室气体排放信息报送平台建设

碳排放监测、测量与核查可以为碳交易及减排行动提供数据信息支持，是推进碳排放交易基础工作的第一步。2014年，国家发展改革委印发了

"关于组织开展重点企（事）业单位温室气体排放报告工作的通知"（发改气候〔2014〕63号），要求加快建立重点单位温室气体排放报告制度，加强重点单位温室气体排放管控。建议在宁夏抓紧开展重点企事业单位温室气体排放核算报告工作，推广应用宁夏自主开发完成的"企业温室气体排放在线报送系统"，加快自治区温室气体排放信息报送平台建设。完善自治区、企业温室气体排放基础统计和核算工作体系，实现企业温室气体管理的自动化与信息化，提升报告数据的管理和分析水平，提高企业温室气体排放报送效率，加强重点单位温室气体排放管控，为实行温室气体排放总量控制、开展碳排放权交易等相关工作提供数据支撑。

（五）加强技术支持与服务队伍建设、提升参与碳排放权开发与交易的管理和服务能力

碳市场建设是一个由各种要素共同组成的庞大系统工程，宁夏基础薄弱，应结合实际，围绕碳排放权交易市场各个环节，尽快培育建立一批在相关领域从业经验丰富并具备基础的金融、法律、财务、核查认证等排放权开发和交易专业技术支持与服务机构。重点开展相关政策法规、企业温室气体排放核算、报告与核查、配额分配和配额交易、履约管理、碳金融等为重点的能力建设，着力培育具备基础的第三方核查机构，逐步提升各类主体参与碳排放权开发与交易的管理和服务能力，推动自治区碳减排量认证和交易的专业化、权威性、制度化。鼓励和引导高等院校、科研院所及有关机构广泛参与应对气候变化领域和碳排放权交易制度研究、碳排放核查等工作，为自治区碳排放权交易提供智力支撑。

（六）加快宁夏碳市场建设领域重大问题研究、为企业参与全国碳排放权交易市场提供服务

收集和反馈企业在参与全国碳排放权交易市场中遇到的问题和相关建议，加快宁夏碳市场建设领域重大问题研究。重点从碳市场建设政策体系、跨区域交易对自治区碳减排目标完成的影响、碳排放权交易与其他节能减排政策和指标结合、宁夏温室气体排放总量控制目标、碳排放指标分配方案、碳排放核算关键问题、碳交易对重点行业及企业竞争力的影响等方面开展研究。着力解决碳减排领域的重大关键问题，研究提出符合宁夏实际、管理体系完备、技术基础扎实、各类参与主体有序发展的碳排放权交易市场发展模式和相关配套政策，为宁夏企业参与全国碳排放权交易市场提供服务，为制定和实施相关政策措施提供技术支持。

（七）组织开展多层次大范围的培训活动、建立碳排放权交易人才队伍

推进和开展碳排放权交易是一个新机制、新部署，需要加强碳排放权交易能力基础能力建设。建议采取积极措施，进行不同层面的碳排放权交易能力建设培训，针对相关管理部门、重点排放企业等不同层级的管理者，有针对性地制订详细的培训计划，组织开展多层次、大范围的能力建设培训活动，建立一支由地方政府官员、重点控排企业以及第三方核查机构共同组成的人才队伍。引导支持太阳能光伏发电、风力发电企业、重点用能单位等市场主体积极进行碳资产开发，积极参与国内碳排放权交易，更多地运用市场的机制和规律，促进节能减排。

（八）加强对碳排放权交易的宣传力度、营造良好的社会氛围和市场环境

一是结合建立和运行全国碳排放权交易市场的工作要求，在“全国低碳日”和地方各类节能低碳宣传活动中，以“运用市场机制推进节能减排和低碳发展”为主题，营造良好的社会氛围和市场环境。二是由自治区有关部门邀请国内外知名专家、学者，围绕“运用市场机制推进企业节能减排和低碳发展”这一主题，举办系列专题讲座，为宁夏开展碳市场持续健康发展启迪思路，明确未来的发展方向。

宁夏碳排放及空间分布特征研究

王　磊

宁夏的能源系统以煤炭为主，且相当长的时期内不会有大的变化，能源和环境问题是宁夏经济发展的一个长期制约因素，煤炭资源是所有能源中碳排放系数最大的能源。随着宁夏经济的高速发展，必然需要能源的不断推动，导致碳排放量的大幅度增长。深入分析宁夏碳排放量与经济增长的相关关系及空间分布特征，可以为如何在经济增长的前提下，有效控制碳排放量，实现宁夏可持续发展，做好中国适应气候变化项目试点省区提供一定的理论依据。

一、碳排放量估算

目前，国际上的环境统计工作中，估算气体排放量与污染物排放量计算方法相似，主要有实测法、物料衡算法、排放系数法和模型法等。本文对宁夏碳排放量的估算采用排放系数法，碳排放系数参考国家发展和改革委员会能源研究所编写的《中国可持续发展能源暨碳排放情景分析》。

碳排放量的估算方法：

$$C=\sum_i \frac{E_i}{E}\times\frac{C_i}{E_i}\times E=\sum_i S_i\times F_i\times E \qquad (1)$$

作者简介　王磊，宁夏大学西北土地退化与生态恢复国家重点实验室培育基地、西北退化生态系统恢复与重建教育部重点实验室，副教授。

其中，C 为碳排放量，C_i 为 i 种能源的碳排放量，E 为宁夏一次能源的消费总量，E_i 为 i 种能源的消费量，F_i 为 i 类能源的碳排放强度，S_i 为 i 能源在总能源所占的比重，F_i 取值见表 1。

表 1　各类能源的碳排放系数

项　目	煤　炭	石　油	天然气	水　电
F_i（t 碳/万吨标准煤）	0.7476	0.5825	0.4435	0

资料来源：国家发展和改革委员会能源研究所《中国可持续发展能源暨碳排放情景分析》。

利用式（1）计算得出宁夏 1990—2014 年间碳排放量（见图 1），总体处于加速上涨趋势，从 1990 年的 342.79 万吨增长到 2014 年的 3757.9 万吨，增长率高达到 9.65%。其增长趋势分为三个阶段：1990—1999 年碳排放增幅较小，从 342.79 万吨增长到 491.34 万吨，增长率仅为 3.67%；1999—2010 年进入加速增长阶段，增长率为 9.87%；2011 以来增速明显放缓。在整个研究时段内，1993 年、1999 年和 2009 年三个年份，出现了碳排放的跃增。

碳排放量与经济发展基本保持相同增长趋势，尤其是 2003 年后 GDP 总量的高速增长伴随着高碳排放量，三次产业中第二产业的增速与 GDP 的增速非常吻合，说明第二产业对 GDP 总量增长的拉动作用最大，但同时也说明以高能耗为主的第二产业增长伴随着高碳排放量。需要指出的是，2011 年后，碳排放量的增速开始弱于 GDP 的增长速度，说明随着技术水平的提高、循环经济建设和环境污染控制等多重因素下，单位 GDP 的碳排放量下降明显。随着世界低碳经济发展模式的不断实施，尤其是为履行我国在哥本哈根会议上的承诺，在今后的发展中，宁夏必须在保持经济发展的同时，减缓碳排放。

煤炭能源消费一直是宁夏碳排放的主要来源（见图 2），1990—2014 年平均比重高达 90.15%，虽然在能源消费结构多元化的影响下，出现了四次比重下降趋势，即 1990—1993 年、1996—1999 年、2002—2004 年和 2006—2009 年，分别是 88.9%~83.7%、90.7%~87.2%、91.9%~89.6%和 91.23%~90.48%，但下降幅度逐步减小，并且总体仍呈波动上升趋势。可见，煤炭能源碳排放量在宁夏碳排放中的主体地位在相当长的时期内不会改变。

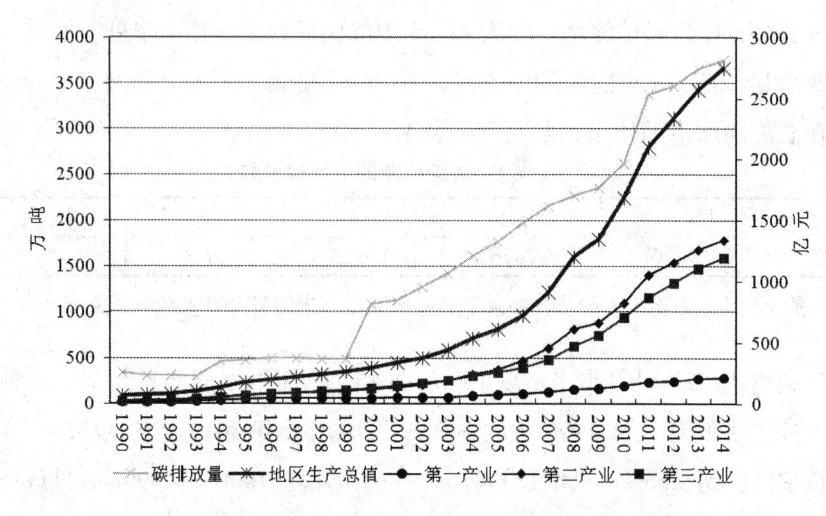

图1　宁夏1990—2014碳排放量与经济增长的演变过程

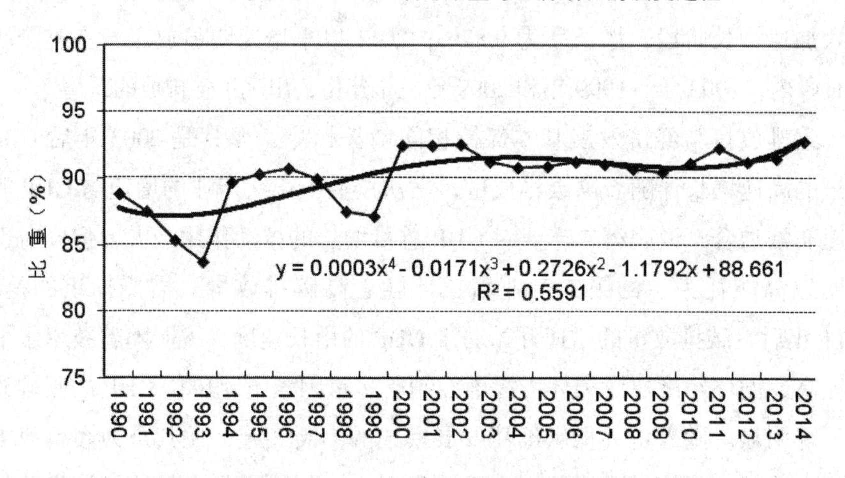

图2　宁夏1990—2014年煤炭碳排占总碳排量的比重

二、宁夏碳排放与经济增长的相关性分析

运用相关分析法，进一步对宁夏近15年来的碳排放量与各产业之间的关系进行分析，相关矩阵如表2所示，碳排放量与各产业经济指标以及总人口均显示出了很强的相关性，表明宁夏经济的发展与碳排放量有着非常紧密的联系。其中，碳排放量与三次产业中的第二产业相关系数最大为0.925，其次是第二产业为0.923，相关系数最小的是第三产业为0.91。在所有指标中，碳排放量与总人口的相关系数最大，高达0.988，可见，人口

的变化和人类的经济需求是影响碳排放量的重要因素。在所有产业指标中，碳排放与工业产值的相关系数最大，这主要是由于历史和资源方面的原因，宁夏已形成以煤炭、电力、电解铝、铁合金、电石、化工、水泥建材等工业为主体的重型化工业结构，经济增长对能源的依赖程度和消费水平高，以能源、资源为依托的大工业是自治区的支柱产业。碳排放量与金融保险业的相关系数性最小，为 0.879，但从数学模型的角度讲，仍属于较高的相关关系，这主要是由于金融保险业发达程度与地区发展水平也就是地区生产总值有很强的相关关系，相关系数达到 0.993，而地区生产总值又与碳排放量相关性显著，为 0.92，因此金融保险业与碳排放量的相关性强，也间接说明了宁夏经济发展对能源的依赖性很强。

表 2　宁夏近 15 年碳排放量与产业经济指标相关矩阵

	X1	X2	X3	X4	X5	X6	X7	X8	X9	X10	X11	X12	X13	X14
X1	1													
X2	0.920	1												
X3	0.923	0.999	1											
X4	0.925	0.999	0.999	1										
X5	0.929	0.996	0.998	0.999	1									
X6	0.880	0.984	0.976	0.977	0.966	1								
X7	0.910	0.998	0.995	0.995	0.989	0.992	1							
X8	0.894	0.992	0.985	0.986	0.977	0.998	0.998	1						
X9	0.929	0.999	0.999	0.999	0.998	0.976	0.995	0.986	1					
X10	0.879	0.993	0.991	0.992	0.987	0.986	0.993	0.989	0.989	1				
X11	0.923	0.991	0.986	0.987	0.979	0.990	0.995	0.995	0.989	0.979	1			
X12	0.915	0.997	0.994	0.994	0.989	0.990	0.999	0.997	0.995	0.989	0.996	1		
X13	0.921	1.000	0.999	0.999	0.997	0.983	0.998	0.991	0.999	0.993	0.991	0.997	1	
X14	0.988	0.945	0.946	0.945	0.947	0.914	0.940	0.929	0.951	0.905	0.953	0.947	0.945	1

注：碳排放量（X1），地区生产总值（X2），第一产业（X3），第二产业（X4），工业（X5），建筑业（X6），第三产业（X7），交通运输仓储和邮电业（X8），批发与零售业、住宿和餐饮业（X9），金融保险业（X10），房地产业（X11），其他服务业（X12），人均地区生产总值（X13），总人口（X14）。

三、宁夏碳排放量的空间分布特征

宁夏各产业的碳排放量中，比重最大的是工业，2009 年占总碳排放量的79.2%，为了分析宁夏碳排放量的空间分布特征，分别对各市县的工业碳排放量进行了统计分析。宁夏各市工业碳排放量占宁夏工业碳排放量的比重从大到小2009年依次为石嘴山市36.1%、银川市30.1%、吴忠市22%、中卫市11.5%、固原市0.3%，2014年依次为银川市47.1%、石嘴山市23.74%、吴忠市15.92%、中卫市11.23%、固原市0.48%。受宁东重化工基地的不断发展和石嘴山市煤炭工业的衰退，2014年银川市的比重升至第一位，其中，仅灵武市占宁夏的比重高达38.43%，表现出了严重的不均衡性。对各市万元工业产值碳排放量进行分析（见图3），可以看出，2009年，石嘴山市、吴忠市和中卫市均处于较高的水平上，分别为1.68吨、1.67吨和1.64吨，分别高于宁夏平均水平33.9%、32.7%和30.4%，分别高出全国平均水平的51.8%、50.5%和47.9%，银川市为0.81吨，分别低于宁夏和全国平均水平的35.9%和27.4%，万元工业产值碳排放量最小的是固原市仅为0.49吨，分别低于宁夏和全国平均水平的61.1%和55.9%。而2014年，发生了较大的变化，石嘴山市受经济总量增速降低的影响，在五个市中最高，增长为1.91吨，银川市也出现了增长的现象，增长为1.21吨，吴忠市和中卫市均降低，固原市出现小幅增长，但仍处于较低的水平，为0.61吨，分别低于宁夏和全国平均水平的30.62%和16.89%。

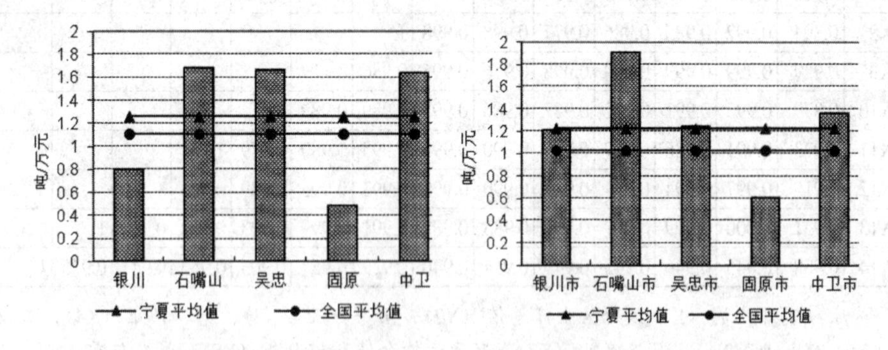

图3 宁夏各市2009年（左图）、2014年（右图）万元工业产值碳排量

从工业碳排放量在各县（市、区）的分布情况来看（见表3），排放量最大的是灵武市，达1275.14万吨，占宁夏工业碳排放量的1/3，排在第二位的是青铜峡市，排放量为467.05万吨，占宁夏工业碳排放量的近1/6，第三位是惠农区，排放量为416.57万吨，占宁夏工业碳排放量的12.55%，其余排放量较大的依次是平罗县、中宁县、沙坡头区、西夏区和大武口区，分别占宁夏工业碳排放量的6.92%、5.62%、5.61%、4.99%和4.26%。每万元工业产值碳排放量最高的前三位依次为灵武市、惠农区和青铜峡市，分别高出宁夏平均水平的172.43%、108.83%和71.93%。22个县（市、区）中，有13个县低于宁夏平均水平和全国平均水平。

表3　宁夏各县（市、区）2014年规模以上工业碳排放量情况

指标 县(市、区)	工业碳排放量(万吨)	占宁夏工业碳排放量的比重(%)	单位工业产值碳排放量(吨/万元)	高出宁夏平均水平(%)	高出全国平均水平(%)
兴庆区	3.96	0.119	0.010	-98.90	-98.68
西夏区	165.69	4.993	0.372	-58.00	-49.69
金凤区	14.88	0.449	0.147	-83.43	-80.15
永宁县	77.66	2.340	0.566	-36.09	-23.44
贺兰县	23.99	0.723	0.142	-83.96	-80.78
灵武市	1275.14	38.426	2.412	172.42	226.35
大武口区	141.42	4.262	1.273	43.75	72.20
惠农区	416.57	12.553	1.849	108.83	150.16
平罗县	229.77	6.924	0.968	9.39	31.04
利通区	42.41	1.278	0.225	-74.62	-69.60
红寺堡开发区	0.01	0.000	0.001	-99.89	-99.87
盐池县	17.62	0.531	0.376	-57.54	-49.13
同心县	1.24	0.037	0.032	-96.43	-95.73
青铜峡市	467.05	14.075	1.522	71.93	105.96
原州区	10.85	0.327	1.173	32.48	58.70
西吉县	0.60	0.018	0.066	-92.59	-91.12
隆德县	0.53	0.016	0.212	-76.00	-71.26
泾源县	3.61	0.109	1.070	20.83	44.75
彭阳县	0.40	0.012	0.034	-96.21	-95.46
沙坡头区	186.25	5.613	1.076	21.54	45.60
中宁县	186.43	5.618	0.973	9.93	31.69
海原县	0.01	0.0003	0.001	-99.92	-99.90

从空间分布上来看（见图4、图5），宁夏的工业碳排放量从北到南分异明显，北部的沿黄城市带是宁夏工业碳排放的集中地带，处于高排放量的灵武市、惠农区、青铜峡市均是宁夏重要的工业基地，排放量占全区的

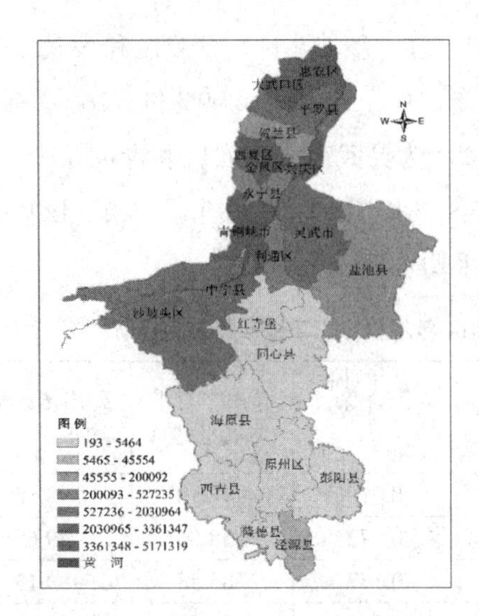

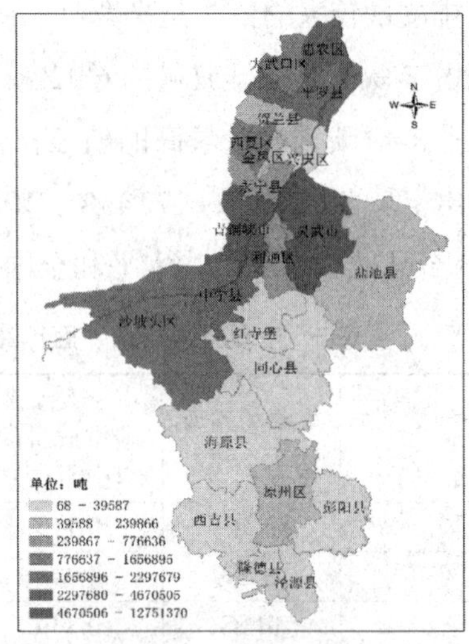

图 4 宁夏各县（市、区）2009 年（左图）、2014 年（右图）工业碳排放量分布

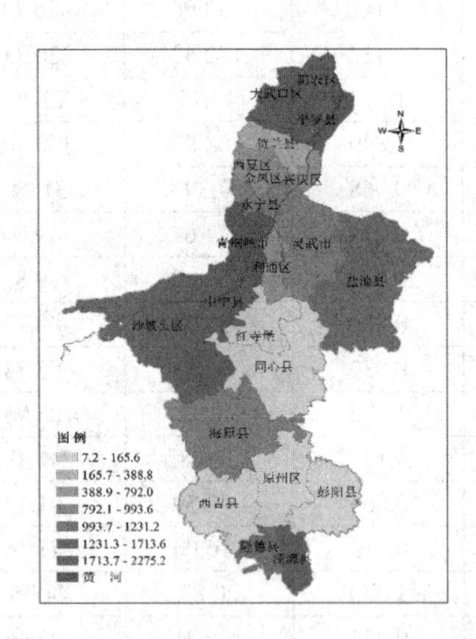

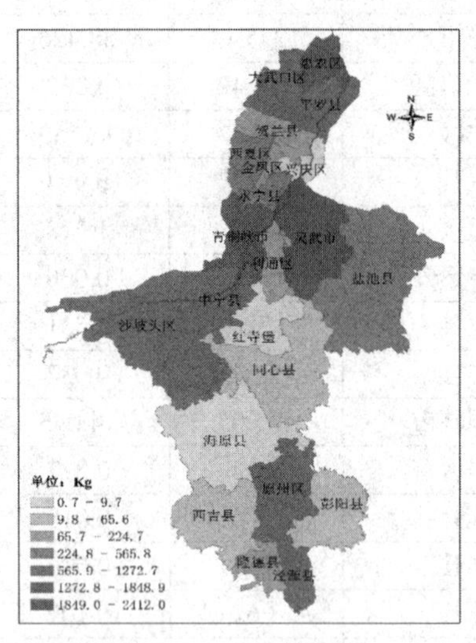

图 5 宁夏各县（市、区）2009 年（左图）、2014 年（右图）万元工业产值碳排量分布

84.86%，中部有排放量处于中等水平的沙坡头区、中宁县和盐池县，也有排放量很少的同心县和红寺堡区，南部主要排放量集中在原州区和泾源县。宁夏各市县的万元工业产值碳排放量与工业碳排放量从南到北总体分布特征较一致，但由于科技水平的差异，导致了局部区域的差异。2009 年，在北部的沿黄城市带青铜峡市和石嘴山市仍处于高值区域，但银川市和灵武

市的值有所下降，主要是由于高新技术产业较多，科技附加值大，导致单位工业产值的碳排放量降低，南部的泾源县和隆德县反而处于了高值区域，主要是由于这两个县的科技水平低，工业产值主要靠大量消耗能源来换取，红寺堡开发区、同心县、原州区和彭阳县在两项指标的分布上均处于低值区域，主要是由于该区域主要是以农牧业生产为主，工业较少且发展缓慢。而 2014 年的状况略有不同，随着工业化进程的不断加快，中南部的部分县（市、区）万元工业产值碳排放量有不同程度的上升，以原州区和盐池县最为明显，同心县、西吉县和彭阳县略有升高。

四、控制碳排放的对策

（一）北部沿黄城市带要优化能源结构，加快新技术引进和调整产业结构

根据上述分析发现，宁夏的碳排放主要集中在沿黄城市带，该区域面对单位产值碳排放量高于全国平均水平的现实，一是要提高能源系统效率，优化调整能源结构，降低对化石能源的依赖，加快清洁能源的开发利用，具体措施是在当前正在大力发展的太阳能、风能等新能源的情况下，如何提高清洁能源的有效性，以满足未来工业化对能源的需求。二是要转变经济增长方式和经济发展理念，进行经济结构的调整，促进低碳第三产业的发展。三是要提升现有的产业技术、能源技术，通过高新技术实现节能减排和低碳经济。宁夏地处西部的东部，接受中部淘汰的产业较多，因此在这些地区坚持有关的技术进步是节能减排的关键。到 2020 年争取按照哥本哈根会议承诺将碳排放强度（单位国内生产总值二氧化碳排放）削减 40% 至 45%，并达到全国平均水平。

（二）中南部地区要提高现有技术水平，降低单位产值碳排放量

宁夏中南部地区的碳排放量占全区的比重较低，但单位产值碳排放量却明显高于北部的沿黄城市带，有较大的减排潜力。第一，要大幅度提高现有产业的技术水平，更新工艺；第二，在产业的引进和新建工业项目过程中，要尽量避免高耗能企业的引入；第三，加强绿色农副产品加工企业的发展，延长现有农牧业产业链，推动绿色 GDP 的增长。

（三）全省加强植被建设，提高碳汇能力

由于绿色植物通过光合作用把大气中的二氧化碳固定在植被和土壤中，因而通过土地利用调整和林业措施将大气温室气体储存于生物碳库中也是一种积极有效的减排途径。研究表明，森林本身维持着大量的碳库（约占全球植被碳库的86%以上），同时森林也维持着巨大的土壤碳库（约占全球土壤碳库的73%）。政府间气候变化专门委员会（IPCC）的评估报告指出：林业具有多种效益，兼具减缓和适应气候变化双重功能，是未来30~50年增加碳汇、减少排放成本相对较低、经济可行的重要措施。因此，宁夏要通过大规模植被建设，生物固碳，增加碳的积蓄量。首先，在原有林地建设的基础上，巩固以宁夏南部地区为主的退耕还林成果，继续利用宜林荒地发展林业，充分发挥和加强林业的强大碳汇功能；其次，继续加大荒漠化治理力度，适度控制中部干旱地区的畜牧业规模，并加大人工种植多年生牧草的面积，维护和增加草地的碳汇功能；最后，调整农作物种植结构，形成碳汇型农业发展模式。

参考文献

[1] UNFCCC. Convention on climate change[R]. UUEP/IUC，Geneva Executive Center，Switzerland，1992.

[2] 国家发展和改革委员会能源研究所. 中国可持续发展能源暨碳排放情景分析[R]. 2003.

[3] 曾贤刚. 我国能源效率、CO_2减排潜力及影响因素分析[J]. 中国环境科学，2010(10).

[4] IPCC，OECD，IEA. Revised 1996 IPCC Guidelines for National Green-house Gas Inventories [R]. IPCC，Bracknell，1996，Volumes 2.

[5] 林而达，李玉娥. 全球气候变化和温室气体清单编制方法(第一版)[M]. 北京:气象出版社，1998.

[6] 吴家兵，张玉书，关德新. 森林生态系统CO_2通量研究方法与进展[J]. 东北林业大学学报，2003(6).

[7] 齐中英.描述CO_2排放量的数学模型与影响因素的分解分析[J]. 技

术经济,1998(3).

[8] 王雪娜,顾凯平. 中国碳源排碳量估算办法研究现状[J]. 环境科学与管理,2006(4).

[9] 冯蕊,朱坦,陈胜男,等. 天津市居民生活消费 CO_2 排放估算分析[J]. 中国环境科学, 2011(1).

[10] 郎一环,王礼茂,等. 能源合理利用与 CO_2 减排的国际经验及其对我国的启示[J]. 地理科学进展,2004(4).

[11] 张雷. 经济发展对碳排放的影响[J]. 地理学报, 2003(4).

[12] 王 铮,朱永彬. 我国各省区碳排放量状况及减排对策研究 [J]. 中国科学院院刊,2008(2).

[13] 庄贵阳. 中国经济低碳发展的途径与潜力分析 [J]. 国际技术经济研究,2005(3).

[14] Woodwell G M, Whitaker R H, Reiners W A, et al. The Biota and the World carbon budget[J]. Science, 1978, 199:141-146.

[15] Olson J S, Watts J A, Allison L J. Carbon in Live Vegetation of Major World Ecosystems (ORNL-5862)[J]. Oak Ridge National Laboratory, Oak Ridge, Tennessee.1983.

[16] Post W M, Emanuel W R, Zinke P J, et al. Soil pools and world life zone[J]. Nature, 1982, 298:156-159.

[17] IPCC. Climate Change 2001: The Scientific Basis. Contribution of Working Group Ⅰ to the Third Assessment Report of IPCC[R]. 2001.

银川及周边地区雾霾治理中清洁煤（焦）开发利用的调研报告

徐建春　姚占河　刘天明　李文庆　季栋梁

近年来，银川及周边地区雾霾出现的连续性和程度呈加重趋势，尽管雾霾的成因复杂，但高载能工业结构和分散的冬季生活采暖用煤对雾霾贡献是第一位的，控煤成为治霾的首要措施。国家和重雾霾地区正在研发和推进清洁煤（焦）生产及利用技术，并取得了显著成效。通过调研，把握国家清洁煤（焦）开发利用政策，借鉴京津冀晋等地区清洁煤（焦）生产和利用成果及实践经验，寻求促进宁夏煤、焦化产业供给侧改革的有效途径，提出治理雾霾精准性的有效对策。

一、雾霾及清洁煤（焦）应用技术

（一）雾霾及其成因

雾霾也称灰霾，是指由于人类活动排放细颗粒物（PM2.5）而使水平能见度明显降低的空气污染现象。随着人类活动加剧，以 PM2.5 为代表的细颗粒物浓度水平快速上升。自 2012 年 2 月国家《环境空气质量标准》修订后，细颗粒物 PM2.5 已经成为我国城市空气质量超标的首要污染物。研究

作者简介　徐建春，自治区政府参事；姚占河，自治区政府参事；刘天明，宁夏社会科学院副院长，研究员；李文庆，宁夏社科院农经所所长，研究员；季栋梁，自治区政府办公厅参事处调研员。

表明，细颗粒物成因复杂，约 50%来自燃煤、机动车、扬尘、生物质燃烧等直接排放的一次细颗粒物；约 50%是空气中二氧化硫、氮氧化物、挥发性有机物、氨等气态污染物，经过复杂化学反应形成的二次细颗粒物。细颗粒物来源十分广泛，既有火电、钢铁、水泥、燃煤锅炉等工业源的排放，又有机动车、飞机、工程机械、农机等移动源的排放，还有餐饮油烟、装修装潢等量大面广的面源排放。

（二）清洁煤（焦）应用技术

清洁煤技术是国际上解决环境问题的主导技术之一，也是高技术国际竞争的重要领域之一。清洁煤技术包括两个方面，一是直接燃煤洁净技术，二是煤转化为洁净燃料技术。直接燃煤洁净技术是在直接燃煤的情况下，需要采用相应的技术措施：一是燃烧前的净化加工技术，主要是洗选、型煤加工和水煤浆技术；二是燃烧中的净化技术，主要是流化床燃烧技术和先进燃烧器技术；三是燃烧后的净化处理技术，主要是消除烟尘和脱硫脱氮技术。煤转化为洁净燃料技术，主要是煤的气化及液化技术、煤气化联合循环发电技术和燃煤磁流体发电技术。近年来，我国围绕提高煤炭开发利用效率、减轻对环境污染进行了大量的研究开发和推广工作，将清洁煤技术作为可持续发展和实现两个根本转变的战略措施之一，得到了国家的大力支持。

清洁焦是类似兰炭的半焦型煤，其作用是通过半焦型煤替换当前民用原煤而降低一次颗粒物排放的方案，以及通过提高炉具燃烧效率降低形成二次颗粒物的氨气的排放，解决当前民用燃煤导致的大气颗粒物污染问题，为清洁煤（焦）的推广提供了理论依据。

（三）京津冀及周边地区清洁煤应用情况

2014 年，我国煤炭消耗总量超过 38 亿吨，有将近一半是在中小锅炉里烧掉的，是没经过脱硫脱酸或脱硫脱硝较低的，这是造成空气污染的重要原因之一。城市及郊区中小锅炉和农村散烧燃煤排放形式多为低空直排，更为严重的是多数使用高硫、高挥发性的劣质煤，是导致冬、春季污染物排放居高不下的主要原因。

2013 年 10 月，京津冀及周边地区大气污染防治协作机制在北京启动。

2014年5月，京津冀及周边地区大气污染防治协作机制会议在北京召开，中共中央政治局常委、国务院副总理张高丽出席会议并讲话，他强调：要抓好清洁煤替代，加强煤炭质量监管，减少高硫、高灰分劣质燃煤散烧。2015年7月，神华集团散煤替代清洁煤供应京津冀及周边地区，神华集团提供的清洁煤硫分0.3%左右，灰分7%左右，发热量5700大卡，是品质优良的自产洁净煤。

2015年山西省结合自身优势，提出了洁净焦替代散烧原煤方案，在焦炭行业遭遇整体亏损的大环境下，开发出洁净焦炭新产品，实现了多赢。

在京津冀和山西省清洁煤（焦）应用试点中，四省市分别出台了支持政策，每吨清洁煤（焦）政府补贴500元，让老百姓在使用中得到实惠，政府在产品研发上加大投入，充分调动相关企业的积极性，实现了共赢驱动。

二、银川及周边地区雾霾现状

银川市位于黄河上游宁夏平原中部，周边分布着毛乌素沙漠、腾格里沙漠和乌兰布和沙漠及黄土丘陵区，处于干旱和半干旱地区，水资源短缺，水土流失严重，地处我国生态脆弱带，容易产生沙尘天气，对雾霾空气污染现象承载能力较弱。

（一）银川及周边地区大气污染源分布

银川及周边地区共有工业园区18个，集中分布在银川、石嘴山、吴忠和宁东基地。据环境统计数据，2014年宁夏煤炭消耗量8990.92万吨，大气污染排放强度由大到小依次为石嘴山市、吴忠市、银川市和宁东地区，其中二氧化硫排放量由大到小依次为石嘴山市、宁东地区、银川市和吴忠市，氮氧化物排放量由大到小依次为吴忠市、石嘴山市、银川市和宁东地区，烟（粉）尘排放量由大到小依次为石嘴山市、银川市、宁东地区和吴忠市。

（二）银川市大气环境质量

2013—2015年的银川市空气质量指数AQI及PM10、PM2.5统计数据表明：银川市空气质量指数AQI变化曲线整体呈现中间（夏季、秋季）低、两边（冬季、春季）高的特点。冬季正处于采暖期，且银川地区静稳天气出现频次高、空气湿度大，易形成逆温等不利于污染物扩散的气象条件，构成雾霾天气形成重要因素，PM2.5 作为首要污染项目在冬、春季出现频次最高。2015 年与 2014 年相比，银川市优良天气天数增加了 15 天，与 2013 年相比增加了 8 天；2015 年与 2014 年相比，银川市重污染天数增加了 9 天，严重污染天气减少了 2 天。

（三）大气颗粒污染物来源分析

据了解，银川市环境空气颗粒物（PM2.5）来源为城市扬尘、煤烟尘、机动车尾气尘及二次无机粒子等，年均贡献率分别为 29%、18%、14%、13%，四者年均贡献率之和超过 74%。PM10 主要来源为城市扬尘，其占比为 42%；其次为煤烟尘，占比为 14%；土壤风沙尘、二次无机粒子、机动车尾气尘占比分别为 4%、10%、9%。城市扬尘在夏、秋、冬三个季节里相对贡献率在 27%~52%，在冬季煤烟尘对 PM10 的贡献率达 24%，为该季除城市扬尘外的第二大贡献源，表明冬季 PM10 受燃煤采暖影响较大。通过分析，银川市雾霾空气污染主要在冬、春季节，燃煤采暖是形成雾霾的重要因素，治霾控煤势在必行。

三、自治区党委、政府治理雾霾的措施要求

自治区党委、政府十分重视生态环境工作，李建华书记 2016 年元月做出批示：治理雾霾，势在必行。以壮士断腕的决心搞好顶层设计、扎实推进。

2016 年 2 月，自治区政府在发布《宁夏大气污染防治行动计划》的基础上，制订了突出重点、加大治理力度的《银川及周边地区大气污染综合治理实施方案（2016—2018 年）》，并经自治区党委研究发布实施。其主要内容是：以创新、协调、绿色、开放、共享的发展理念为指导，以改善银川及周边地区环境空气质量为目标，以治理城市燃煤锅炉、扬尘、机动车、工业废气等污染为重点，通过强化区域环境保护合力，建立统一规划、统一监测、统一监管、统一评估、统一协调的区域大气污染综合治理工作机制，协同推进工业布局、能源结构优化，协同控制大气污染物排放，协同推进大气环境质量改善。其主要目标是：到 2018 年，银川市、石嘴山市、吴忠市、宁东基地优良天数比例分别达到 80%、73%、80%、75%，空气质

量明显好转。银川市基本消除重污染天气，石嘴山市、吴忠市、宁东基地有较大幅度减少。其重点任务是：银川及周边地区大气污染综合治理的重点污染物是二氧化硫、氮氧化物、烟（粉）尘、挥发性有机物。重点工作是：城市燃煤锅炉、扬尘、重点行业污染治理。重点对象是：对空气质量影响较大的企业或燃煤锅炉使用单位，通过三年攻坚，切实控制区域燃煤污染，防治雾霾天气。其首要措施是：加强城市燃煤污染治理。

四、银川及周边地区治霾控煤的建议

煤炭是宁夏工业经济的基础，能源化工是宁夏的主导产业，影响着宁夏经济发展、就业、税收等，在经济发展过程中如何利用好煤是关键，应学习借鉴京津冀晋推广清洁煤（焦）治理雾霾的成功经验，结合宁夏实际，充分利用治霾控煤契机，做好清洁煤（焦）开发利用，促进产业升级发展和治理雾霾共赢，是宁夏创新发展之路。

（一）抓好治霾控煤工作顶层设计

加强顶层设计，由自治区主管领导牵头，理顺部门联动机制，明确发改、环保、经信、农牧、公安、国土、住房城乡建设等部门的环境保护及监管责任，进一步完善空气环境治理齐抓共管工作机制，将各地治霾控煤实施情况纳入大气污染防治目标责任制考核体系。推进环保统一监管、综合执法、联合办案等制度，形成政府主导、部门各负其责、企业主体责任落实、社会参与监督的治霾控煤格局。

（二）源头管控，强化监管

重点从“治、管、控”入手减煤量、控煤质，重点加强冬季煤烟型污染治理。坚持“凡煤必改、应改尽改”的原则，重点开展控煤区燃煤锅炉，下大力气淘汰小型锅炉，严控餐饮燃煤污染，支持城乡居民煤改气、煤改电。对城区燃煤锅炉、餐饮炉灶实施煤改气治理。实施农村炉灶及供暖锅炉改造。对城乡结合部、农村社区，要因地制宜，宜电则电、宜气则气、宜煤则煤，重点推广型煤炉灶改造，并通过太阳灶、煤改电、煤改气等多种途径改变烧烟煤、烧柴草的习惯。规范创新城区煤炭供销体系，减少和杜绝使用劣质煤带来的污染。全面推行区域空气监管网格化管理，畅通公众信息举报渠道，充分动员社会力量支持、参与治霾控煤行动，树立起全社会“同呼吸、共治理”的行为准则。

（三）政策支持，优化保障

制定企业搬迁改造计划与支持政策，逐步将空气污染严重的制药、冶金、轮胎等企业搬出市区并进行环保改造。加大清洁煤（焦）补贴力度，以神华宁煤集团为骨干，鼓励有实力的企业参与清洁煤（焦）供应体系构建，对城乡结合部、乡村社区居民使用清洁煤（焦）给予政策性补贴，对型煤炉具补贴销售或随清洁煤赠送。抓好供给侧改革，积极争取国家资金支持，加强银企对接，拓宽融资渠道，引导金融机构对煤炭清洁高效利用的支持力度，鼓励社会主体以多种形式参与清洁煤（焦）项目建设。

（四）加强供给侧改革，建立清洁煤（焦）推广体系

宁夏优质无烟洗精煤是京津冀地区清洁煤的主要原料，神华集团是清洁煤的主要提供商。要加强供给侧改革，推动宁夏煤炭企业打开京津冀等地清洁煤市场。建立和完善清洁煤（焦）质量标准体系，在区内要以市县为单元建立清洁煤（焦）生产与推广体系，禁止散煤、烟煤在民用市场销售，做到严查严控，确保达到清洁煤（焦）推广的预期效果。

（五）提高涉煤企业环保水平，提高资源综合利用能力

各类涉煤企业是产生雾霾细颗粒物的主要贡献者。要强制性提高各类涉煤企业环保技术水平和装备水平，严查企业环保设施停用和间歇使用。针对工业炉窑和工业锅炉等领域，加强煤炭清洁高效利用技术标准和规范的宣传贯彻，引领各类企业不断提升技术水平。各类煤焦企业加强资源综合利用，生产的副产品和废弃物如煤泥、煤矸石等，通过矸石电厂和企业内部资源综合利用途径加以使用，不得流入民用市场。加强对重点耗煤领域的企业能耗进行监督检查，加大落后设备设施淘汰力度，加快实施煤炭清洁高效技术改造，管控好污染物排放。

关于加快宁夏绿色金融发展，构建绿色金融体系的建议

张 廉 李 霞

绿色金融是指为支持环境改善、应对气候变化和资源节约高效利用的经济活动，即对环保、节能、清洁能源、绿色交通、绿色建筑等领域的项目投融资、项目运营、风险管理等所提供的金融服务。绿色金融是助力地区绿色发展的新动力，是突破绿色发展资金瓶颈的重要手段。长期以来，宁夏经济发展中存在着严重的结构性问题，生态环境恶化已经成为制约经济社会发展的重要因素。构建绿色金融体系，不仅有助于加快宁夏经济向绿色化转型，支持生态文明建设，也有利于促进环保、新能源、节能等领域的技术进步，加快培育新的经济增长点，提升经济增长潜力。

一、宁夏绿色金融发展取得的成效

近年来，宁夏回族自治区党委、政府全面落实创新、协调、绿色、开放、共享发展理念，紧扣“三去一降一补”，力促产业转型升级，加快建立健全绿色金融工作机制，不断加快信贷结构调整，地方金融服务宁夏经济发展和转型升级的水平和质量不断提高，绿色金融发展取得了一定成效。

作者简介 张廉，宁夏社会科学院院长，教授；李霞，宁夏社会科学院农村经济研究所副所长，研究员。

（一）建立绿色信贷工作机制

宁夏银行业以绿色信贷工作为重点，在审查审批、贷后管理等信贷流程高度关注环境要素，未得到环保部门审批的项目一律不予支持，已投放的项目贷款出现环保问题且整改不达标的逐步压缩退出。同时重点完善了银行业绿色信贷数据报送制度，切实加强对绿色信贷、化解过剩产能工作的监测分析。

（二）绿色金融服务不断完善

宁夏银行业综合运用信贷和非信贷两种融资模式，积极创新绿色金融服务方式，提供多元化金融服务，积极开展理财产品、债券发行、第三方融资等业务，全面推动绿色信贷的快速发展。

（三）促进了产业结构调整

区内各银行业机构积极落实“有扶有控”的差别化信贷政策，不断加大对“两高一剩”行业项目退出力度，将腾出的信贷资源优先支持重点领域的发展。截至2016年10月底，宁夏信息传输、保障性住房、交通运输、公共管理、租赁和商务服务业、消费等领域贷款余额增速均超过20%；小微企业贷款余额同比增长16.2%；集中连片特困地区贷款余额同比增长14.7%。

二、宁夏发展绿色金融面临的问题

（一）政策体系不完善，地方金融机构缺乏环保专业领域的技术识别能力

一是绿色金融政策支持体系尚未建立，政策较为零散且滞后于市场的发展。绿色信贷推进尚无切实可行的环境评估标准、信贷披露机制和信息共享机制。二是监管缺位，加剧了绿色金融市场的道德风险，增加了交易成本。三是地方金融机构不仅缺乏环保专业领域的技术识别能力，也面临信息获取的高成本问题。目前，中国人民银行征信系统《企业基本信用报告》所能提供的“环保信息”涉及的企业范围还很窄。金融机构对大多数不属于国家监控范围的企业、项目的环保违规情况，只能通过实地调查或媒体报道获得，有的甚至难以获得，信息极不对称。

（二）绿色项目依然面临融资难问题

一是部分绿色项目虽然有较好的环境效益，但由于回报率不够高，因此难以吸引足够的社会资本。二是银行的平均贷款期限只有两年左右，而许多绿色项目是长期项目，导致绿色项目无法获得银行的信贷支持，因而失去发展机遇。

（三）企业“绿色消费”意愿不够强烈

企业的绿色消费不仅包括生产绿色产品，还包括物资的回收利用，能源的有效使用，对生存环境的保护等。由于缺乏有效的激励机制，企业“绿色消费”意愿不够强烈，有待各级政府及社会各界的共同努力。

三、加快宁夏绿色金融发展，构建绿色金融体系的对策建议

当前，我国正处于经济结构调整和发展方式转变的关键时期。发展绿色金融，构建绿色金融体系，增加绿色金融供给，是贯彻落实“五大发展理念”和发挥金融服务供给侧结构性改革作用的重要举措，也是我国从资源和环境消耗型经济发展转化为以技术创新为引导的绿色经济发展的动力源和催化剂。2016 年 8 月 30 日召开的中央全面深化改革领导小组第 27 次会议审议通过的《关于构建绿色金融体系的指导意见》指出，发展绿色金融，是实现绿色发展的重要措施，也是供给侧结构性改革的重要内容。要通过创新性金融制度安排，引导和激励更多社会资本投入绿色产业，同时有效抑制污染性投资。要利用绿色信贷、绿色债券、绿色股票指数和相关产品、绿色发展基金、绿色保险、碳金融等金融工具和相关政策为绿色发展服务。并明确要求，各地区要从当地实际出发，以解决突出的生态环境问题为重点，积极探索和推动绿色金融发展。地方政府要做好绿色金融发展规划，明确分工，将推动绿色金融发展纳入年度工作责任目标。根据《指导意见》的要求，结合宁夏实际，现就关于加快宁夏绿色金融发展，构建绿色金融体系提出如下建议。

（一）设立绿色产业基金

建立以财政出资发起或参股设立的绿色股权基金，可以吸引大型金融机构和有实力的企业参与出资。投资的模式主要是以股权，也可以是债权投资担保等方式进行。国内外经验表明，政府背景的股权基金投资于绿色项目，可以向社会各界发出政策层面支持绿色投资的积极、重大的政策信

号，有助于提振投资者信心，充分发挥财政资金的引导和放大效应，更好地发挥“四两拨千斤”的撬动作用。

（二）开展绿色银行试点和创新

日前，江西银行在全国银行间市场成功发行“2016年第1期绿色金融债券”，成为继兴业银行、浦发银行、青岛银行之后，全国第四家发行绿色金融债的商业银行，同时是绿色金融债全面推广期间非试点银行发行的全国首单绿色金融债券。借鉴以上四家银行的经验，宁夏应采取以下措施：

1. 大力发展绿色信贷投放

建议自治区政府在宁夏银行和宁夏黄河农村商业银行进行绿色银行试点，大力发展绿色信贷投放。首先，侧重支持宁夏节能环保产业，信贷资源逐步向有品牌、有优势、有市场、主业突出的企业倾斜，支持符合国家产业政策和行业标准的能效项目，促进宁夏节能环保行业的发展。其次，支持“两高一剩”行业的绿色转型，对产能过剩行业的兼并重组、转型转产、技术改造等环节予以信贷支持。第三，支持可再生能源发电、节能减排技术改造、能源清洁化利用、绿色节能建筑等领域的项目。

2. 改进银行征信系统

宁夏银行和宁夏黄河农村商业银行要梳理重点支持行业，把企业的资源消耗、排污、节能环保等绿色信贷核心指标全部纳入信贷政策，作为严格执行的准入条件。同时，银行信贷通过引导资源配置，也可以衍生出更多的社会效益。

3. 建立绿色债券市场

绿色债券可以为绿色企业开辟新的融资渠道，且融资成本合理，比较适合大中型、中长期、有稳定现金流的项目，如污水处理、废料处理、新能源等。而对于宁夏银行和宁夏黄河农村商业来说，发行绿色债券可以作为长期稳定的资金来源，与绿色信贷中长期融资项目类型匹配，能有效解决资产负债期限错配问题，同时还可以成为主动负债工具，改变银行存款占绝对比重的被动负债局面，化解金融风险。

（三）完善绿色信贷贴息机制

实施绿色信贷贴息制度，不仅能限制“两高一剩”行业的扩张，还能减少企业、地方政府与环保政策的博弈，节约行政成本。如果说政府直接对绿色项目进行投资，1元钱只能当1元钱来用。如果贴息3%，可以撬动100%的贷款本金，即用1元钱的政府资金撬动33元的社会资本投资于绿色产业。

（四）建立绿色担保机制

对涉及能效和可再生能源的贷款进行担保，并承担一定比率的贷款违约损失，可以保证在不良率可控的情况下，明显降低绿色贷款的融资成本，解决绿色项目融资难、融资贵的问题。国内外的实践证明，投入数额较少的财政资金担保，就能够撬动大量的信贷资金投入到清洁能源产业，帮助风能、光伏等产业的快速发展。因此，宁夏在发展绿色金融过程中，可以考虑由自治区、市两级政府出资建立绿色项目风险补偿基金，用于并支持绿色担保机构的运作，分担部分绿色项目的风险损失。

（五）发展基于碳排放权、排污权、节能量（用能权）、水权等各类环境权益的融资工具，拓宽企业绿色融资渠道

通过发展环境权益回购、保理、托管等金融产品，推动环境权益及其未来收益权切实成为合格抵质押物，以降低环境权益抵质押物业务办理的合规风险。例如，目前山西省与中国人民银行合作开展了排污权抵押贷款，浙江省创新构建排污权抵押贷款融资机制，建立了排污权基本账户制度。排污权抵押贷款的推出，不但为企业带来了信贷资金，而且还能以此为杠杆推进排污权的推广和交易，成为约束企业减排的紧箍咒。因此，宁夏应积极借鉴其他省区开展环境权益抵质押融资的有益经验，在制度建设、平台搭建、政策创新等方面做好顶层设计，由点到面大胆实践，为金融促进宁夏环境资源优化配置找到有效途径。

（六）创新"互联网+绿色金融"方式

绿色金融项目主要面向大企业、大项目的绿色信贷、绿色债券、绿色发展基金领域。建议采取"互联网+绿色金融"的方式，可以激发每个人的能量，形成科技驱动、人人行动的新态势。

（七）加大对绿色金融的宣传力度

积极宣传绿色金融领域的优秀案例和业绩突出的金融机构和绿色企业，推动形成发展绿色金融的广泛共识。在全社会进一步普及环保意识，倡导绿色消费，形成共建生态文明、支持绿色金融发展的良好氛围。

宁夏节能减排工作研究

李建军

宁夏是西部欠发达少数民族地区，但是宁夏的单位工业增加值消耗、单位 GDP 能耗和单位 GDP 电耗 3 项指标均居全国首位，节能减排是宁夏发展的内在需要。

一、宁夏节能减排形势严峻

为支持宁夏发展，2008 年 9 月，国家将宁东能源化工基地确定为国家级大型煤炭基地、煤化工产业基地、“西电东送”火电基地和循环经济示范区，鼓励大力发展经济，但宁夏在将清洁能源输往东部的同时，也将环境压力留给了自己。随着西部大开发的进程，经济发展迅速，宁夏经济结构不合理、发展方式粗放的状况还没有得到根本转变，产业结构以煤炭、电力、煤化工为主导，倚重倚能的突出特点使宁夏面临着严峻的节能减排形势。

为指导我国各地区做好节能减排工作，增强工作的针对性、有效性，实现节能减排目标，国家发改委定期会公布各地区节能目标完成情况“晴雨表”，要求各省（区、市）节能主管部门参照发布的各地区节能目标完成情况“晴雨表”做好节能形势分析，认真查找存在的问题，对下一阶段工

作者简介 李建军，宁夏清洁发展机制环保服务中心主任助理，助理研究员。

作进行部署。图 1~6 分别为国家发改委公布的各地区 2010—2015 年节能目标完成情况晴雨表。

时间 / 地区	一季度	1-4月	1-5月	上半年	1-7月	1-8月	前三季度
北京	●	●	●	●	●	●	●
天津	●	●	●	●	●	●	●
河北	●	●	●	●	●	●	●
山西	●	●	●	●	●	●	●
内蒙古	●	●	●	●	●	●	●
辽宁	●	●	●	●	●	●	●
吉林	●	●	●	●	●	●	●
黑龙江	●	●	●	●	●	●	●
上海	●	●	●	●	●	●	●
江苏	●	●	●	●	●	●	●
浙江	●	●	●	●	●	●	●
安徽	●	●	●	●	●	●	●
福建	●	●	●	●	●	●	●
江西	●	●	●	●	●	●	●
山东	●	●	●	●	●	●	●
河南	●	●	●	●	●	●	●
湖北	●	●	●	●	●	●	●
湖南	●	●	●	●	●	●	●
广东	●	●	●	●	●	●	●
广西	●	●	●	●	●	●	●
海南	●	●	●	●	●	●	●
重庆	●	●	●	●	●	●	●
四川	●	●	●	●	●	●	●
贵州	●	●	●	●	●	●	●
云南	●	●	●	●	●	●	●
陕西	●	●	●	●	●	●	●
甘肃	●	●	●	●	●	●	●
青海	●	●	●	●	●	●	●
宁夏	●	●	●	●	●	●	●
新疆	●	●	●	●	●	●	●

注：●一级预警，节能形势十分严峻，须及时、有序、有力启动预警调控方案；
●二级预警，节能形势比较严峻，须及时适时启动预警调控方案；
●三级预警，节能进展基本顺利，须密切关注能耗强度变化趋势。

图 1　各地区 2010 年节能目标晴雨表

时间 / 地区	今年一季度预警等级	今年上半年预警等级	"十二五"进度预警等级
北京	●	●	●
天津	●	●	●
河北	●	●	●
山西	●	●	●
内蒙古	●	●	●
辽宁	●	●	●
吉林	●	●	●
黑龙江	●	●	●
上海	●	●	●
江苏	●	●	●
浙江	●	●	●
安徽	●	●	●
福建	●	●	●
江西	●	●	●
山东	●	●	●
河南	●	●	●
湖北	●	●	●
湖南	●	●	●
广东	●	●	●
广西	●	●	●
海南	●	●	●
重庆	●	●	●
四川	●	●	●
贵州	●	●	●
云南	●	●	●
陕西	●	●	●
甘肃	●	●	●
青海	●	●	●
宁夏	●	●	●
新疆	●	●	●

注：●一级预警，节能形势十分严峻；
●二级预警，节能形势比较严峻；
●三级预警，节能进展基本顺利。

图 2　各地区 2011 年节能目标晴雨表

时间 / 地区	一季度预警等级	"十二五"进度预警等级
北京	●	●
天津	●	●
河北	●	●
山西	●	●
内蒙古	●	●
辽宁	●	●
吉林	●	●
黑龙江	●	●
上海	●	●
江苏	●	●
浙江	●	●
安徽	●	●
福建	●	●
江西	●	●
山东	●	●
河南	●	●
湖北	●	●
湖南	●	●
广东	●	●
广西	●	●
海南	●	●
重庆	●	●
四川	●	●
贵州	●	●
云南	●	●
陕西	●	●
甘肃	●	●
青海	●	●
宁夏	●	●
新疆	●	●

图 3　各地区 2012 年节能目标晴雨表

时间 / 地区	一季度预警等级	"十二五"进度预警等级
北京	●	●
天津	●	●
河北	●	●
山西	●	●
内蒙古	●	●
辽宁	●	●
吉林	●	●
黑龙江	●	●
上海	●	●
江苏	●	●
浙江	●	●
安徽	●	●
福建	●	●
江西	●	●
山东	●	●
河南	●	●
湖北	●	●
湖南	●	●
广东	●	●
广西	●	●
海南	●	●
重庆	●	●
四川	●	●
贵州	●	●
云南	●	●
陕西	●	●
甘肃	●	●
青海	●	●
宁夏	●	●
新疆	●	●

图 4　各地区 2013 年节能目标晴雨表

时间 地区	能耗强度降低进度预警等级				
	一季度	1-4月	1-5月	上半年	"十二五"

北京 天津 河北 山西 内蒙古 辽宁 吉林 黑龙江 上海 江苏 浙江 安徽 福建 江西 山东 河南 湖北 湖南 广东 广西 海南 重庆 四川 贵州 云南 陕西 甘肃 青海 宁夏 新疆

注：●一级预警，节能形势十分严峻；
●二级预警，节能形势比较严峻；
■三级预警，节能进展基本顺利。

图5　各地区2014年节能目标晴雨表

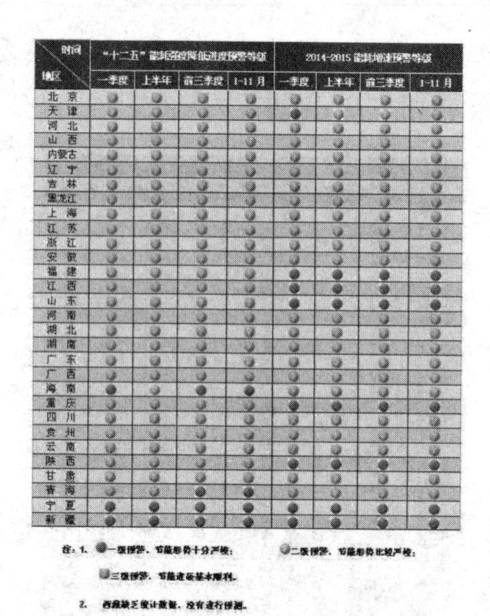

图6　各地区2015年节能目标晴雨表

表1为根据国家发改委公布的各地区节能目标完成情况晴雨表整理形成的宁夏2010—2015年节能目标完成情况晴雨汇总表。

表1　宁夏2010~2015年节能目标完成情况晴雨表汇总表

季度 年份	第一季度	第二季度	第三季度	第四季度	"十二五"进度预警等级
2010	一级预警	一级预警	一级预警	未公布	一级预警
2011	一级预警	一级预警	未公布	未公布	一级预警
2012	一级预警	一级预警	一级预警	一级预警	一级预警
2013	三级预警	未公布	未公布	未公布	一级预警
2014	一级预警	一级预警	未公布	未公布	一级预警
2015	一级预警	一级预警	一级预警	一级预警	一级预警

从表1可看出，宁夏除2014年第一季度顺利完成年度节能目标外，2010、2011、2012、2013、2015年节能目标预警等级均为一级。与"十二五"节能工作进度要求相比较，宁夏2010、2011、2012、2013、2014、2015年预警等级为一级，节能工作形势严峻。2015年5月，国家节能考核组对宁夏2014年度节能目标完成情况和措施落实情况开展现场评价考核，宁夏只有在扣除宁东能源化工基地煤化工项目影响后，能源消耗量为4593.02万吨标准煤，同比增长2.06%，控制在国家下达的能耗增速

目标内。

温室气体清单是应对气候变化的一项基础性工作。通过清单可以了解各地区、部门温室气体排放现状，识别出关键排放源，预测未来减排潜力，从而有助于制订有效的政策措施，对于减少温室气体排放，发展以低能耗、低排放、低污染为标志的低碳经济具有重要意义和作用。

根据国家发改委办公厅下发的《关于启动省级温室气体排放清单编制工作有关事项的通知》《关于开展下一阶段省级温室气体清单编制工作的通知》（发改办气候〔2015〕202号）有关要求，宁夏CDM环保服务中心受宁夏发改委委托，编制完成了宁夏2005、2010、2012、2014年温室气体清单报告。温室气体清单报告详细分析计算了宁夏2005、2010、2012、2014年能源活动、工业生产过程、农业活动、土地利用变化和林业、城市废弃物处理等五个领域的温室气体排放量和排放总量。宁夏2010、2012、2014年温室气体排放情况见表2。

表2　宁夏2010、2012、2014年温室气体排放情况表（万吨二氧化碳当量）

	2010年	2012年	2014年
温室气体排放总量	11782.37	15410.33	16310.41
能源活动	10079.64	13440.86	14217.98
工业生产过程	1019.73	1299.09	1348.56
农业活动	481.46	485.20	525.45
废弃物处理	201.54	185.18	218.43
土地利用变化与林业	–91.24	–92.85	–97.58

根据表2分析，通过横向对比发现，宁夏温室气体排放总量逐年持续上升，尤其2012年比2010年总排放量增加近4000吨二氧化碳当量，且其中能源活动、工业生产领域产生的排放上升幅度最明显。通过纵向对比发现，2010、2012、2014年每年能源活动领域产生的排放量占总排放量的91%左右，工业生产领域产生的排放量占总排放量的8%左右，上述两大领域产生的排放量占宁夏总排放量的99%，导致上述问题的主要原因就是宁夏产业结构单一，主要以高耗能、高排放的产业为主，而且重工业比重还在持续增加，相应能耗强度也将进一步增加，宁夏节能减排压力大、形势严峻。

二、宁夏节能减排存在的问题

（一）倚能倚重的经济结构，传统经济的发展模式对节能减排的约束明显

宁夏处于工业化发展的中期阶段，产业结构表现为第二产业和重工业比重“双高”，偏能、偏重特征明显，经济主要是资源输出型、工业拉动型的发展模式。产业结构在经济保持较快增长的同时，宁夏能源生产能力和能耗增长速度也随之加快。“十二五”期间，宁夏年用能量超过1万吨以上的重点用能企业综合能耗占全社会总能耗的80%以上，工业用电量约占全社会总用电量的91%，宁夏单位GDP能耗为3.308吨标准煤/万元，是全国平均水平的3倍多。随着宁东能源化工基地建设项目逐年投产，工业在三次产业结构中的比重还将持续增加，能源消耗强度还将进一步增加，培育战略新兴产业还需较长时间，传统产业通过淘汰落后设备和技术改造实现节能的空间十分有限，产业结构重型化的格局仍将在较长时期存在，节能压力依然较大。

（二）高耗能产品比重高，单位产品能耗高给节能减排带来严重阻碍

2014年，煤、电、化三大主导产业投资增长31.7%，远高于全社会投资增速。六大高耗能行业（电力、冶金、有色、建材、化工、石油加工及焦炭）产值占宁夏规模以上工业总产值的比重约63%，比2013年增加1.38个百分点。电力、煤化工、电解铝、铁合金、电石等重点耗能行业增加值占规上工业增加值的29.7%，能耗占规上工业能耗的66.2%。近年投产的宁东基地神华宁煤第二套50万吨煤制烯烃、宝丰能源60万吨烯烃项目、中石化120万吨烯基多联产和捷美丰友70万吨尿素等重点煤化工项目，达产后将新增能耗535万标准煤当量，接近宁夏2012年能源消费总量的12%。宁夏主要用能产品单耗普遍高于国家指标，如宁夏电厂火力发电标准煤耗为332克标煤/千瓦时，国家标准为306.3克标煤/千瓦时；宁夏单位烧碱综合能耗（离子膜30%）为358千克标煤/吨，国家标准为336千克标煤/吨；原油加工单位综合能耗为68千克标煤/吨，国家标准为64千克标煤/吨；吨水泥综合能耗91千克标煤/吨，国家标准为83千克标煤/吨。可见，宁夏高耗能产品比重高，单位产品能耗水平高的现状给节能减排带来严重的阻碍。

(三) 煤炭资源过度开发，不利于企业自主开展节能减排

由于近年来宁夏煤炭开发规模过大，大幅拉低了本地煤炭市场价格，2014年宁夏5000千卡动力煤售价不足200元/吨，比全国煤炭价格低50%~80%，由此在全国形成了煤炭的“价格洼地”，导致了宁夏在承接东部产业转移的过程中扮演着高能耗产业接纳者角色。近几年煤电、钢铁、煤化工、有色金属冶炼等高耗能企业纷纷在宁夏开工投产，无一不是看准宁夏煤价低的特点。过度低的煤炭价格还对其他价格相对较高的清洁能源形成挤出效应，使宁夏能源结构进一步恶化。煤炭的低廉价格还将拉低电力、焦炭等下游二次产品的价格，能源整体价格水平过低的直接结果是高耗能企业能源成本比例比同行业明显偏低，难以让企业形成节能减排的内生动力，不利于节能减排工作由政府主导向企业主导转变。

(四) 认识不到位，深入开展节能减排的动力不足

目前，按照自治区的要求，各地加紧落实淘汰落后产能政策，一部分不合发展要求的企业已相继关闭或积极改造提升产能，但仍有相当一部分被勒令关闭的企业仍在苦苦周旋经营。主要原因有五个方面：一是企业关闭后转产困难，短时间内没有合适的出路。二是个别企业刚开始经营就被勒令关停，投资人遭受的经济损失比较大，企业权益无法得到补偿。三是没有健全完善的企业退出救助机制、没有设立救助资金、没有制定救助政策办法和再就业等优惠政策，关闭企业的出路和失业职工的安置非常困难。四是市县当地一时难以舍得和放弃落后工艺、设备、产能所产生的眼前利益，推广和鼓励清洁能源利用、清洁生产力度不大，企业主参与积极性不高。相当一部分人甚至一些领导干部，对淘汰落后产能的必要性、重要性认识很不够，各地区和企业主要从维护自身利益出发，为了自身的生存和发展，在资源综合利用和可持续发展上想得少，做的工作更少。五是一些地方政府、部门和企业预防和应对污染反弹困难局面的准备不足，出现畏难、麻痹思想和厌烦情绪，对一些节能减排项目中长期存在而又难以解决的问题缺乏行之有效的措施和手段，管理有所松懈。一些企业对存在的问题不认真整改，一些地方领导对节能减排工作的力度有所减弱，一定程度上影响了节能减排的深入推进。

（五）科技创新能力不强，对节能减排的支撑不足

近年来，宁夏企业科技创新研发支出已提高到全国平均水平，但仍然跟不上日新月异的经济快速发展形势。大中型工业企业从事科技活动的科学家、工程师占企业职工的比例比全国低5~7个百分点。相当一部分企业过于追求短期效益，对技术创新、工作人员技术培训投入不足，技改相对滞后。受区域环境、工作待遇等方面的影响，一些工程技术人员外流，企业缺乏行业高级技术人才、科技领军人才和管理人才，企业生产技术不能在同行业领先，自主核心知识产权极少，没有支持产业可持续发展的技术成果，最终只能造成产品缺乏差异化，工艺装备相对落后，附加值低，高能耗、高排放的劣势明显，企业竞争力不强。

（六）企业生产规模小、集聚度差，影响节能减排的深度开展

近年来，各地为了自身利益和经济的快速发展，在执行宁夏产业定位战略上往往力度不够，存在各自为政、一拥而上、争先发展增长点高的产业等不良现象，如“三高”产业，机械电器制造、农副产品加工、建材、化工等行业，几乎在每个市县都有，造成宁夏各地各行各业都在发展，但集中度不高、规模做不大，没能形成当地特色突出的优势集聚产业，工业整体实力不强，无法发挥工业集群优势。大多数工业主要属于资源初级开发和粗加工型结构，工业企业经营粗放，产品结构单一、档次低，主要以物耗、能耗高的初级产品为主，终端精细产品不多，产品附加值较低。

三、宁夏“十三五”节能减排建议

（一）加快节能减排政策法规建设

1.逐步健全节能减排法规体系

加快自治区节能减排立法体系建设，加快制定自治区《资源综合利用条例》《循环经济促进条例》《再生资源回收利用管理办法》《机动车尾气控制管理办法》等地方性法规和规章；积极开展环保设施运营监督管理、电网调度管理等立法项目的调研和论证，在条件成熟时列入立法程序。

2.加强节能减排执法监督检查

建议主管部门定期开展节能减排专项检查和监察行动，严肃查处各类违法违规行为。加大对重点耗能企业和污染源的监察力度，对违反节能环保法律法规的单位公开曝光、依法查处，对重点案件挂牌督办。违反节能环保法律法规情节严重的，依法责令限期停产整顿，逾期仍达不到要求的，依法予以关闭。对私设排污口的企业，一经发现立即关停取缔；对造成重大环境污染事故的企业和责任人，移送司法机关追究刑事责任。

（二）加快产业结构调整

1.调整和优化产业结构

进一步落实《国务院关于发布实施促进产业结构调整暂行规定的决定》（国发〔2005〕40号），严格执行《产业结构调整指导目录》。大力发展新能源、新材料、先进装备制造业、生物产业、信息产业、生产性服务业和新型化工产业等战略性新兴产业，把重工业比重调轻，轻工业质量调高。合理规划高耗能产业布局，鼓励现有高耗能企业向工业园区搬迁改造，鼓励发展低能耗、低污染的先进生产能力。新建高耗能项目必须进入工业园区，实行集中布局，为推进循环经济创造条件。

2.严格控制新建高耗能、高污染项目

控制高耗能、高污染行业过快增长，严把土地、信贷两个“闸门”和节能环保准入“门槛”，严格执行国家控制的钢铁、铁合金、焦化等13个行业准入条件。从成本效益、市场容量、能源效率、生态环境影响、配套基础设施建设等多个角度出发，合理规划宁东能源化工基地发电、煤化工等相关产业的发展。建立新开工项目管理部门联动机制和项目审批问责制，项目开工建设必须符合产业政策和市场准入标准、项目审批核准，或备案程序、用地预审、环境影响评价审批、节能评估审查以及信贷、安全和城市规划等规定和要求。

3.加快淘汰落后生产能力

按照《自治区政2010年节能降耗预警调控方案》，将淘汰落后产能的任务，分解到市、县和企业。各市县应建立落后产能退出机制，对属于国家明令淘汰目录的产品产能组织提前淘汰、立即关停。对不按期淘汰的企业，当地政府要依法予以关停，有关部门依法吊销其生产许可证和排污许可证并予以公布。自治区有关部门每年向社会公布淘汰落后产能的企业名单和各市县执行情况，加快建立落后产能退出联动和补偿机制。

4. 积极推进能源结构调整

降低对化石能源的依赖，加快风能、太阳能和煤层气、页岩气、生物质能的开发利用进程，依靠新能源开发来满足宁夏未来的工业化对能源的需求。加强相关资源调查评价、技术研发、设备制造以及开发建设，提高高效清洁能源的生产和消费比重。鼓励企业和个人开发利用可再生能源，鼓励使用太阳能热水系统和光伏发电系统，鼓励发展热力利用、可燃气回收利用，推进能源优化发展，提高新能源和可再生能源在宁夏能源结构中的比重。

5. 加快发展第三产业

宁夏第三产业发展不足，对经济发展的带动能力弱，第三产业增速连续9年低于GDP增速，2013年仅占GDP的42%，比全国平均水平低四个百分点。要抓紧清理一切歧视和不合理限制服务业发展的政策规定，实行公开、公平、公正的市场准入制度，积极发展能源消费强度低的第三产业。

（三）加快节能减排技术支撑体系建设

1. 加快节能减排技术研发

编制《自治区节能减排科技支撑计划》，积极争取国家科技计划支持，攻克一批节能减排关键和共性技术。加快节能减排技术支撑平台建设，以大中专院校、科研院所和行业骨干企业为主体，建设一批国家和自治区级工程技术中心和重点实验室。优化节能减排技术创新与转化的政策环境，加强资源环境领域高层次创新团队和研发基地建设，推动建立以企业为主体、市场为导向、产学研相结合的节能减排技术创新与成果转化体系。

2. 加快节能减排技术产业化示范和推广

实施节能减排重点行业共性、关键技术及重大技术装备产业化示范项目和循环经济高技术产业化重大专项。加快采用节能减排新技术、新工艺、新设备、新材料，提升煤炭、电力、冶金、有色、化工、建材、发酵、造纸等重点行业运行水平，鼓励企业加大节能减排技术改造和技术创新投入，增强自主创新能力。

3. 加快建立节能技术服务体系

制定加快发展节能服务产业的政策措施，推进节能服务产业良性发展。加强节能技术队伍建设，培育社会服务体系，规范节能服务市场。加快推行合同能源管理、节能自愿协议、电力需求侧管理、能效电厂等节能新机制，建立节能投资担保机制。重点支持合同能源管理运营商通过节能效益分享方式为企业以及党政机关办公楼与公共建筑提供诊断、设计、融资、改造、运行管理一条龙服务。

4. 大力开展企业能源审计服务

大力开展能源审计服务，达到节能减排目标，已经成为各国应对全球气候变化的紧迫任务和重要手段。能源审计是一套科学的、系统的和操作性很强的程序。利用能源审计程序，科学规范地对用能单位能源利用状况进行定量分析，对企业能源利用效率、消耗水平、能源经济与环境效果进行审计、监测、诊断和评价。企业通过能源审计可以掌握企业能源管理状况及用能水平，排查节能障碍和浪费环节，寻找节能机会与潜力，以降低生产成本，提高经济效益。

（四）建立绿色 GDP 核算考核体系

1. 建立一套科学、完整的环境资源统计指标体系

我国现行的环境统计指标只限于单纯进行环境现象反映和简单分析。绿色 GDP 核算考核体系则要求将经济增长与环境保护统一起来，综合性地反映国民经济活动的成果与代价，包括生活环境的变化。这一体系既能反映自然资源的统计指标，也能反映生态环境的统计指标和环境污染的统计指标。认真吸收国家统计局在绿色 GDP 核算研究方面的最新成果，从众多指标中提炼出最关键、最核心、最基础、最简易的指标体系，采取“先简后全，先易后难，逐步完善”的方式。可选择几个县区开展试点工作，检验绿色 GDP 核算理论的可行性，从而总结经验，修改和完善。

2. 建立用绿色 GDP 核算体系考核政府政绩的机制

改革现行的政府政绩考核制度，突破过去单纯以 GDP 论英雄的做法，建立一套体现全面、协调和可持续发展的政绩考核制度。绿色 GDP 核算体系的建立将为新政绩考核提供科学依据。要加大力量研究并采用绿色 GDP

的衡量指标，把环境成本从经济增长的数值中扣除，可以作为衡量选拔党政干部的更全面的标准。改变党政领导的政绩观，从根本上扭转主要靠大规模投资拉动经济持续高速增长的态势，推动粗放型经济增长模式向低消耗、低排放、高利用的集约型模式转变，从而真正把科学发展观落实到经济建设的各个层面。

（五）创新模式，加快发展循环经济

1. 建立循环经济发展的政府导向机制

建议自治区政府根据中华人民共和国《循环经济促法》的法律规定，制定必要的政策，充分发挥财政、金融和税收等经济政策对循环经济的推动作用，对企业发展循环经济区别不同情况提出指导性要求和强制性要求。同时，制定奖励、资金补助、优惠贷款、减免税收等鼓励措施，建立表彰机制，使从事循环经济发展的企业生产者可以从多方面获益；对不履行循环经济责任和义务的生产经营者规定相应的法律责任。把基本要求、激励机制、约束机制有机结合起来，共同促进循环经济的发展，从源头减少资源消耗，预防和减少环境污染和破坏，实现经济和社会的可持续发展。

2. 推进资源综合利用

认真落实国家资源综合利用政策，加快推进宁夏清洁生产工作，建立清洁生产先进机制，规范宁夏资源综合利用认定管理工作。推进以“粉煤灰”“煤矸石”以及工业废渣为主的大宗固体废弃物的综合利用，推进再生资源回收体系建设。贯彻执行国家和自治区新型墙体材料目录和管理规定，推动新型墙体材料和利废建材产业化示范，推进“禁实”目标完成。

3. 坚持创新和科技引领

着力提高自主创新能力，促进经济发展由主要依靠增加物质资源消耗向依靠科技进步、劳动者素质、管理创新提高转变。加快实施“科技兴宁”和“人才强宁”两大战略，提升“原始创新，集成创新，引进消化吸收再创新”能力，积极打造科技创新新平台，加快推进科技成果转化应用和产业化。力争在关键领域攻克一批核心技术，集成整合一批成熟技术，建立一批科技示范园区和基地，形成一批高新技术产业带，争取有单项技术或优势产业技术的研发与示范应用在全国产生重大影响。建立政府、用人单位、教育机构和社会共同推动的多元化人才培养机制。坚持本地人才和引进人才相结合，完善留住本地人才的政策机制，营造有利于各类人才成长和发挥作用的环境。

4.发展沙产业改善生态

宁夏东北西三面被毛乌素沙漠、乌兰布沙漠、腾格里沙漠包围。宁夏应大力发展沙产业，沙产业是用系统思想、整体观念、科技成果、产业链条、市场运作、文化对接来经营管理沙漠资源，实现“沙漠增绿，沙产业增收，企业增效”的良性循环的新型产业，具有巨大地社会效益。例如，宁夏常年坚持生态建设及植被固沙工程，现有森林及固沙植被每年可吸收二氧化碳 143.3 万吨，吸收二氧化硫 7.8 万吨，吸收尘埃 498.2 万吨，释放氧气 103.5 万吨，同时减少向黄河输沙 4000 万吨。这些冲抵的二氧化碳减排指标，可分担宁夏重工业减限排压力。

宁夏城市低碳交通发展研究

柳　杨

城市交通作为经济社会发展的重要载体，消耗和排放了全社会能源和温室气体排放的1/3。宁夏城市交通发展持续快速增长，有力地支撑了经济社会发展，但发展形态粗放的模式没有得到根本改变。随着城市化、新型工业化、城乡一体化进程的不断推进，面向未来绿色发展需求，城市交通必须加快转变发展方式，迈向发展低碳交通的新阶段。因此，发展低碳交通是建设美丽宁夏、缓解宁夏资源环境压力的必然选择。

一、宁夏城市交通现状

全国“一带一路”的重要路线通过宁夏向西一路连接欧洲合并到多式联运亚欧高加索交通运输走廊（TRACECA），并进一步连接到欧洲交通运输网络（TENS）。宁夏道路路网密度很高，五市交通道路网运作良好，城市机动车容量对于道路拥塞的影响较小。

宁夏区域道路总长度、日平均交通量（ADT）和重型车辆在交通结构中的百分比如表1所示。高速公路、国道及区域高速公路的年平均日交通量（AADT）和车辆分类见表2和表3，不同类别典型道路交通量数据见表4。

作者简介　柳杨，宁夏清洁发展机制环保服务中心副主任，副研究员。

表 1　宁夏道路长度和日均交通量数据

道路类型	总长度(km)	平均客车当量因子(PCE)	重型车比例(%)	客车比例(%)
高速公路	1357	15881	46	54
国道	1049	3804	37	63
省道	2244	7796	39	61
县道	1615	4564	51	49
农村公路	9234			

表 2　2013 年高速公路交通量

道路编号	道　路	年平均日交通量	卡车比例(%)
国道			
G06	北京—西藏	19503	34
G20	青岛—银川	27718	42
G70	福州—银川	13376	46
G2012	定武高速	9181	66
G0601	银川环城高速	7220	35
区域高速公路			
S-3	银西高速	2368	35
S-12	古庆高速	6484	47
S-27	石忠高速	3501	18
S-5	银巴高速	1592	22

表 3　国道与省道交通量

道路编号	年平均日交通量	小汽车比例(%)	货车比例(%)	其他比例(%)
国道				
G109	9826	58	33	9
G110	9179	50	44	6
G211	7053	74	21	5
G307	8917	76	23	1
G309	3960	65	28	7
G312	7986	58	38	4
省道				
S101	9007	58	35	7
S102	9212	48	46	6

续表

道路编号	年平均日交通量	小汽车比例(%)	货车比例(%)	其他比例(%)
S103	3006	61	36	3
S201	5970	46	40	14
S202	2649	57	28	15
S203	2605	52	35	15
S301	4320	48	40	12
S302	5344	38	53	9
S303	5612	54	39	7
S304	5637	50	47	3
S305	2199	46	35	19
S306	1424	45	30	25

表4　典型道路通行能力

功能分级	当量标准小客车/小时/车道(pcu/h/ln)
区域道路	
高速公路	2000
区域高速公路	2000
国道	1800
省道	1800
农村公路	1200
城市道路	
主干路	700
次干路	600
支路	450

二、宁夏城市低碳交通面临的问题和挑战

（一）宁夏城市公交服务水平不高，公交分担率低

宁夏城市公共交通服务体系的水平较低和问题较多，步行、骑车和使用公共交通出行的比例较低。虽然宁夏在城乡总体规划和综合交通规划中都考虑了自行车专用道、人车共用车道和十字路口等基础设施，但宁夏五市也都缺少非机动车交通的具体统计数据，并普遍存在人行道分散，缺乏连续性的问题。银川市针对行人和自行车的交通管理要素已比较全面，但

整个非机动车交通网络还是存在不协调、不规律、不连续的问题，使其没有发挥最大效益；石嘴山市汽车保有量迅速增加，公共交通服务水平与其他市相比较低；中卫市旅游业发展较好，但城市中心区域街道相对较窄，对于发展非机动车交通有一些挑战，但有足够的行车道宽度来进行改进；固原市由于人口密度低，在非机动交通方面需求较低，目前可以满足需求，需要改进的是公共交通；吴忠市中心区缺少非机动交通专用车道，人行道设施普遍存在停放车辆、摩托车的情况，商铺和街道设施阻碍了行人的通行，造成某些地方难以上下公交车。

（二）私人小汽车保有量急剧增加，交通拥挤日渐严重

2014 年，宁夏每千人约有 110 辆小汽车，远高于我国每千人约 40 辆的平均水平，接近世界平均拥有量每千人 120 辆。发达国家小汽车是每千人 500 辆左右。宁夏私人小汽车拥有率以每年 15%约 8 万量的速度增加。如果宁夏的汽车拥有率达到发达国家的拥有率，那么城市将全面拥堵，不宜居住，对能源的消耗和环境的破坏也将是灾难性的。据统计，排量在 2.0 以下的小汽车经济车速在 45 km/h 至 65 km/h 之间，排量在 2.0 以上的小汽车经济车速在 55 km/h 至 75 km/h 之间。在低速行驶和高速行驶时油耗都急剧增加，特别是低速行驶时油耗甚至是最低油耗的 3 倍。而宁夏银川城市交通高峰时间的平均车速普遍较低，一般只有 20 km/h 左右，造成能源的极大浪费和尾气的大量排放。且宁夏城市交通运输行业中有 90%的能源消耗来自于燃油。而目前主要的内燃机如柴油机和汽油机的燃油能效水平非常低，只能将燃油中 20%的能量转换成动力，是对能源的极大浪费。

（三）宁夏在城市低碳交通的设计、规划不够完善

目前宁夏城市的发展与交通的发展并没有紧密结合起来发展，大量功能单一而且通常相隔距离遥远的社区产生大量的通勤交通出行，工作人群需要花费大量的精力在上下班的路途中，导致不必要的社会总体资源消耗上升。此外，分散式的土地利用方式还限制了公共交通的发展，尤其是在公交车站周围，没有很好的空间布局，很难达到理想的公交出行率。

三、宁夏低碳交通推进措施和建议

无论是交通工具的生产、使用、维护，还是交通基础设施的规划布局、建设、维护和运营管理，乃至出行者的出行行为等，都涉及交通碳排放，都需要用“低碳化”的理念予以改造和优化。因此，城市低碳交通建设是一个复杂的过程，涉及低碳交通的意识、交通网络结构、土地利用、新技术的应用和交通管理等方方面面的内容。

（一）完善节能减排保障和激励政策，培养低碳交通意识

1. 完善交通影响评价制度

完善交通影响评价制度，充分发挥政府和规划部门对城市发展的导向作用，促使城市土地利用科学合理，避免土地开发强度过大、城市机能和交通需求过于集中，从源头上管理好交通需求。要将城市交通与土地利用密切结合起来考虑，制定交通规划的时候要充分考虑两者之间的相关性，促进城市采取集中、紧凑的布局结构，将减轻对机动车的依赖，转向公共交通和步行。在提高现有道路设施的通行能力以及加强交通管理的同时，必须优化中心区的功能，抽疏城市中心区，实现对中心区土地利用的有效控制，节约资源消耗，实现城市的可持续发展。

2. 加强需求管理手段

交通需求的快速增长和有限的交通资源之间的矛盾突出。因此，必须采取需求管理手段，限制小汽车的保有、使用和停车，维持供需平衡，从根本上解决城市交通拥堵问题，提高能源的利用率，降低排放。

3. 低碳交通

引导出行者选择低碳交通出行方式，大力宣传低碳交通对于保护环境以及可持续发展的重要意义，公共交通不再被认为是仅向贫穷人民和没有其他出行方式选择的人们提供社会服务。而是面向所有阶层的人群，尤其是私家车和高收入人群的出行选择。让低碳交通这一理念真正走进普通百姓生活，引导公众采取自行车、电动车、公交车和步行等低碳交通方式出行，降低自身碳排放。

4. 交通意识与交通文化

提高出行者的基本素质，必须重视交通文化的建设，培养市民自觉遵守和维护交通规则的意识。应该把交通作为市民生活规范的组成部分，必须树立文明交通意识，并逐渐形成交通文化。

（二）要编制综合交通的体系规划，处理好可达性与低碳出行的关系

低碳交通应该是一种以低能耗、低污染、低排放为特征的交通发展方式，其核心在于优化交通的发展方式。公共交通的人均碳排放量远低于小汽车，公交交通系统是发展低碳交通的主角。所以首先要建立覆盖面、安全性、准时性、高密度等服务层次较高的公共交通体系，其次采取限制小汽车出行的政策措施，减少交通能效较低的小汽车出行。在低碳交通宏观框架下，应按照轨道交通、自行车道、步行、私车机动车道为次序安排交通空间资源。宁夏需要改变城市交通规划建设中以道路为依托、以小汽车交通为主体的发展模式，转变到以轨道交通为代表的公共交通去组织城市，将城市重要功能区、人口居住就业密集区集中到轨道及站点等公共交通走廊上来。低碳交通具体的实施路径在于最大限度地发挥公共交通的力量，即通过构建高效快捷的城市公共交通运输体系，实现对大量私车消费的替代。

（三）完善公交网络，提高公交服务水平

1. 健全大公交体系建设

大力发展包括地铁、快速交通、公交专用道、普通公交等，抢在大多数市民私家车出行习惯形成之前，以“快、准、廉、优”为目标来优化公交出行方式，努力实现地铁、公交车、出租车、“免费单车”等公共交通工具的零换乘，减少交通的碳排放和城市空气污染。从基础设施投资和建设、环境污染、公众身体健康影响、交通拥堵和石油消费来讲，小汽车出行方式太昂贵，又是问题丛生之源。城市的交通发展战略上，应采用经济和行政手段相结合，限制和减少小汽车的使用率。

2. 大力发展轨道交通

与常规地面公共交通相比，城市轨道交通体现了明显的低碳交通特征：低能耗、低污染、低排放，并且具有用地省、噪音低、优化城市布局、带动产业发展等特点，在我国大城市大力发展城市轨道交通将有效地满足低碳交通建设的要求。构建以轨道交通为骨干的城市交通体系，将是我国低碳交通的发展方向，是我国低碳交通建设的重要组成部分和必由之路。

3. 推进慢行交通环境改善，保留和扩展自行车道和步行道

完善行人网络设施，营造舒适步行环境，强化连通商业大厦及区域地带、CBD 地区行人系统的网络化建设，培育和发展良好的步行交通环境，构建“人车分离、连续便捷、美观舒适”的步行交通体系，提高交通安全性和舒适性。构筑连续、便捷、易达、安全、可靠的非机动车通道网络，引导自行车合理使用，发展绿色、休闲的非机动车网络通道，以适应多元化交通出行、构建满足可持续发展要求的一体化的接驳交通出行结构方式的需要。

4. 步行和自行车出行，既无污染排放、保护环境，又能锻炼身体

在主要公交站点设有自行车免费停放站点，其站点设计和功能应该比汽车停放站点更适宜人们的寄存。

（四）优化车辆运力结构

1. 加快调整、优化公路运输运力结构

加速淘汰高耗能的老旧车辆，引导营运车辆向大型化、专业化方向发展。加快发展适合高速公路、干线公路的大吨位多轴重型车辆、汽车列车以及短途集散用的轻型低耗货车，推广厢式货车，发展集装箱等专业运输车辆，加快形成以小型车和大型车为主体、中型车为补充的车辆运力结构。

2. 优化交通网络，提高网络运行效率

社会经济快速发展产生的巨大交通需求与交通供给能力不足是宁夏未来交通发展的主要矛盾。交通基础设施建设与城市交通结构优化调整滞后于城市发展，难以满足城市空间结构和功能布局优化调整的需要，在客观上又助长了中心城超强度开发和无序蔓延扩展的趋势，进一步加剧了中心城的交通拥堵。要缓解并最终解决这一问题，既要扩充网络的规模，更要提高网络的利用效率。因此，必须根据整个城市的交通量及其出行分布来合理设计路网结构和确定路段参数，充分挖掘现有道路网络潜能，最大程度提高利用效率，增进道路网络的可靠性，使城市道路网络变成一个高效

的城市交通网络，保障交通运输供给，实现交通质量型、效益型的新的跨越式发展。

3. 推广智力交通技术

大力发展智能交通技术，大力推进交通运输行业的信息化和智能化进程，加快现代信息技术在交通运输领域的研发应用，逐步实现智能化、数字化管理。实现客货信息共享，优化交通流的时空分布，减少无效运输、不合理运输和交通拥堵等带来的能源浪费。

宁夏绿色能源产业发展研究

杨桂琴　马术梅

宁夏是资源型省区，经济发展倚重倚能的特征明显，大力发展新能源和可再生能源产业，走绿色发展之路，是贯彻创新协调绿色开放共享发展理念，提高资源利用率，减缓温室气体排放，建设美丽宁夏，打造国家级新能源综合示范区和应对气候变化试验示范区的迫切需要，也是与全国同步建成全面小康社会的重要举措。

一、绿色能源产业发展现状

（一）绿色能源资源多元丰富

宁夏有较丰富的太阳能、风能等新能源资源和具备良好开发条件的水能等可再生资源。因地处甘肃、内蒙古、辽宁大风带，地势海拔高、日照时间长、辐射强度高，属于太阳辐射高能区，风能、太阳能资源条件好，适宜大规模开发风电、太阳能发电等新能源和沼气等可再生能源，风能资源总储量为4100万千瓦，风电技术可开发量超过2700万千瓦，光伏可开发规模超过2000万千瓦；因地处黄河上游最后一处可建高坝大库的黑山峡段，有着巨大的水资源利用潜力和开发前景。

作者简介　杨桂琴，宁夏发改委经济研究中心副主任，副研究员；马术梅，宁夏发改委经济研究中心专家服务部部长，助理研究员。

（二）绿色能源产业规模化、产业化发展步伐加快

经过近 10 年的大力发展，宁夏新能源产业已形成规模化、产业化发展态势，成为全国新能源发展最快的省区。截止 2015 年，宁夏风光电装机量分别居全国第 5 位和第 6 位，“十二五”时期水电、风电和光伏发电年均增长 34.6%，新能源发电总装机规模突破 1100 万千瓦。“十二五”末，新增农村沼气用户 20 万户，普及太阳灶 20 万台、太阳能热水器 30 万台，宁夏规模化养殖场建设大型沼气池比例达到 50%，农户沼气入户率达到 40%，农村清洁能源普及率达到 65%以上。截至 2016 年 9 月底，宁夏风电装机规模 832.13 万千瓦，比 2010 年增长了 9.8 倍；太阳能发电装机规模 513.84 万千瓦，比 2010 年增长了 33 倍；水电装机规模 42.59 万千瓦，生物质发电并网容量 7.4 万千瓦。

（三）绿色能源比重不断提高

近年来，宁夏能源结构不断优化，新能源生产、消费比重进一步提高。2015 年，在能源生产中，新能源占一次能源生产比重 7.45%，比 2010 年提高 5.3 个百分点；在能源消费中，新能源占比 7.7%，比 2010 年提高 5 个百分点。2015 年，宁夏新能源和可再生能源发电装机占电力装机的 37%（其中，光伏发电占 10%，风电占 26%，水电占 1%），高于全国 2.6 个百分点；截止 2016 年 9 月，宁夏新能源和可再生能源装机占全部电力装机比重已达到 41%，在全国处于较高水平，新能源已经成为宁夏电网第二大电源。

（四）新能源示范区顺利推进

2015 年，国家能源局批复了宁夏新能源综合示范区实施方案，使宁夏成为全国首个新能源综合示范区，同时，银川被列为新能源示范城市，青铜峡市被列为全国绿色能源示范县。目前，宁夏已建成贺兰山、太阳山、麻黄山等大型新能源集中区及永宁农光互补、贺兰渔光互补等示范项目区。

（五）绿色能源发展政策支持力度加大

从国内外促进绿色能源产业发展的经验看，加大税收、生产消费补贴等政策支持和引导是调动全社会力量推动绿色能源产业发展的重要举措。宁夏先后出台《宁夏新能源产业发展规划》《宁夏回族自治区关于加快发展新能源产业的若干意见》《宁夏回族自治区促进新能源产业发展的若干政策规定》等政策，支持绿色能源发展。正在制定的《宁夏能源发展“十三五”规划》《宁夏电动汽车充电基础设施建设专项规划》等，也将进一步促进宁夏绿色能源的应用。

二、绿色能源产业发展面临的机遇挑战

（一）面临的重大机遇

1.“一带一路”战略的实施为绿色能源产业发展拓展合作空间

“一带一路”战略是我国构建全方位对外开放战略格局的重要举措，特别是丝绸之路经济带建设，将全面提高我国与中亚、西亚和中东欧国家的交流合作。宁夏是国家确定的向西开放战略高地，与中亚、西亚等国家特别是阿拉伯国家和穆斯林地区在农业、能源领域的交流合作日益加深，国家“一带一路”战略的实施，必将进一步拓展包括绿色能源在内的产业合作空间。

2. 应对气候变化带来的影响为绿色能源产业发展带来机遇

气温上升、气候变化已经成为全球关注的问题，气候变化对人类生产生活的影响也日益凸显，严重威胁人类的生存，因此，大力发展可再生能源、清洁能源等绿色能源产业和环保产业，减少温室气体的排放，提高资源利用效率，是世界各国通用的策略，是积极应对全球气候变化的不二选择，也为绿色能源产业发展带来巨大的发展机遇。

3. 国家新能源发展政策为绿色能源发展提供重要的政策支撑

2015年以来，国家相继出台的《加快推进生态文明的意见》《国务院办公厅关于加快电动汽车充电基础设施建设的指导意见》《关于实施光伏发电扶贫工作的意见》《“十三五”控制温室气体排放工作方案》等政策文件，明确了促进新能源发展的宏观指导政策，提出能耗强度和二氧化碳排放强度下降的约束性指标，把发展核电、风电、太阳能光伏发电、生物质发电、新能源汽车等可再生能源产业，作为推动技术创新和结构调整，提高发展质量和效益的重要任务，同时作为脱贫攻坚的重要举措，“十三五”时期，国家将大幅度提高非化石能源比例，提高光伏、风电、生物质发电的投资力度，实施跨区域输电通道建设等，这将为宁夏发展绿色能源产业

提供新的动力和机遇。

4. 制造业转型升级带来了低成本发展机遇

新能源产业发展中，材料价格在总成本中占比较高，直接影响企业的利润和产业发展。随着我国制造业技术的不断创新和转型升级，以及新能源产业的快速发展，带动了新能源行业的技术进步、重要设备效率的提升和材料价格下降，给整个新能源产业带来了低成本发展机遇。如光伏发电核心的太阳能电池，每年绝对效率平均提升 0.3%，同时，我国电池组件价格由 2007 年的每瓦约 4.8 美元（36 元）下降到 2014 年底每瓦降至 0.62 美元（3.8 元）以下，7 年时间成本下降到了原来的 1/10，低于同期美国每瓦组件的制造成本，预计未来 3~5 年将下降到 0.4 美元左右（2.5 元）。

（二）面临的挑战

1.现有电力运行管理制度和利益调节机制制约绿色能源产业发展

目前，我国电力运行体系是以管理常规能源为主要目的而建立起来，主要着眼于大电源和大电网特性，还没有建立适应可再生能源特点的电力运行机制和管理体系；而价格等市场调节手段，也沿袭了以常规电力为对象的管理方式，没有针对可再生能源的波动性、间歇性等特点建立适应可再生能源特点的利益调节机制，节能发电调度难以通过市场的方式得到落实，风电、太阳能发电与火电之间的冲突无法得到有效疏导。

2. 光伏电站年度开发规模与市场开发需求矛盾突出

根据《国家能源局关于下达 2016 年光伏发电建设实施方案的通知》（国能新能〔2016〕166 号）的有关内容，2016 年国家下达宁夏的光伏电站建设规模为 80 万千瓦。受当前光伏项目总体回报率较为稳定、光伏电价补贴高于市场预期等有利因素的推动，截至目前，宁夏上报申请开发建设 2016 年光伏电站的规模已超过 600 万千瓦，市场开发需求旺盛与年度开发规模额度少的矛盾十分突出。

3. 电力消纳困难影响绿色能源发电产业

截至目前，宁夏电力装机规模已达到 3383 万千瓦，其中，新能源装机规模已经突破 1346 万千瓦，占宁夏电力装机的比重超过 40%，在全国处于较高水平，对电网安全运行构成巨大压力。今年以来，受经济下行压力的影响，全社会用电负荷近期已跌至平均930万千瓦左右（个别天数已跌至900万千瓦以下）；加上宁夏正在积极推进大用户直供电等因素，截至2016年8月底，宁夏新能源限电量为20.95亿千瓦时，弃电率达15.78%，其中，风电限电量17.61亿千瓦时，弃风率18.09%；光伏限电量3.34亿千瓦时，弃光率9.42%。待宁夏宁东—浙江±800特高压直流输电工程完成后，弃电现象会有所缓解。

4. 现有新能源政策体制不完善及附加补贴资金不到位影响绿色能源产业的健康发展

目前，新能源产业项目规划、资金安排等缺乏统一的协调机制，新能源发展缺乏与经济社会发展规划、土地利用规划、移民和扶贫工程及环境保护政策之间的有效衔接。附加补贴资金不能及时足额到位影响产业发展。自从2013年第四批可再生附加补贴资金拨付以来，到目前近3年时间，宁夏尚有64.47亿元可再生附加补贴资金尚未拨付到位，对新能源运行企业的现金流构成极大影响，不利于新能源产业的持续健康发展，已成为当前新能源企业反映最为强烈的问题之一，需要引起足够重视。

三、国内外绿色能源产业发展的经验

（一）发达国家绿色能源产业发展的主要经验

加快绿色低碳能源推广应用和产业化、规模化发展已成为世界各国经济发展坚定不移的目标。在全球金融危机爆发后，美国、德国、英国等各大经济体均将绿色低碳能源产业放在了本国经济刺激计划的重要位置，促进绿色能源产业快速发展，使能源结构得到大幅优化。

1. 美国——多措并举推进绿色能源产业发展

美国政府加大资助，用于可再生能源的研发。在运作方式上，美国实行私有化管理模式，管理公司负责项目经费的管理和控制，并吸引社会资金加入，加快研究开发周期。提供产出补贴。美国通过国会年度拨款为免税公共事业单位、地方政府和农村经营的可再生能源发电企业，每生产1千瓦时的电能补助1.5美分。实施政府采购。美国联邦政府有关法律要求政府必须购买国产高能效产品和“绿色”产品，如要求联邦政府在2005年购买10万辆洁净汽车，其中就包括生物质燃料汽车。对绿色能源产品减税。2005年8月8日通过的新《国家能源政策法》明确规定，美国将在未来10年内，向全美能源企业提供146亿美元的减税额度，鼓励能源行业开发利用太阳能、风能、地热和潮汐的发电技术，规定投资总额的25%可以从当年的联邦所得税中抵扣，同时其形成的固定资产免交财产税。

2. 德国——通过法制化促进绿色能源产业发展

德国2000年出台了《可再生能源促进法》，且被实践证明是有效的，促进了该国可再生能源的发展。该法律规定，电力运营商有义务以一定价格向用户提供可再生能源发电，政府根据运营成本的不同对运营商提供金额不等的补助，该政策是全球首创，现已被各国竞相效仿。

3. 英国——多管齐下促进绿色能源产业发展

制定绿色能源产业发展战略。面对新时期能源供应与结构安全的挑战，英国政府制定了一个可再生能源计划，旨在通过对可再生能源的开发利用，解决污染问题，摆脱对矿物燃料的过分依赖，建立一个多样化、安全和可持续供应的新能源产业。加大创新研发投入。英国政府加大了可再生能源的研发投入。企业和研究机构开发新产品或从事创新技术的开发与研究，政府将提供其费用总额的70%进行资助。2000—2001年，英国贸工部用于可再生能源的研发经费从1998—1999年的970万英镑增加到1400万英镑。工程与物理学研究理事会每年也增加350万英镑，用于可再生能源的研究。加大政策支持。英国政府向供电公司征收矿物燃料发电税，用于补贴包括生物质能在内的可再生能源发电。像美国一样，英国政府也提供销售补贴、强制性罚款，实施政府采购。英国还通过对小企业实行研发税减免政策鼓励企业特别是新兴中小企业的研究与开发。英国的政策有特别之处，就是对违反可再生能源政策措施的企业实行罚款措施，对非可再生能源通过征收矿物燃料发电税来补贴可再生能源的发展。

（二）国内发达省区绿色能源产业发展的主要经验

1. 上海市

“十二五”期间，上海市紧紧围绕安全、清洁、高效的总体目标，通过绿色能源基地建设、新能源技术创新、加大绿色能源投入力度等，率先探索大型海上风电、光伏建筑一体化、生物质发电示范工程、新一代安全核能、浅层地热能等绿色能源开发利用模式，使绿色能源产业成为促进经济发展的新引擎。

2. 江苏省

把发展绿色能源作为优化能源结构的重要抓手，通过新能源基地建设、技术创新等途径，促进核电、风电、太阳能和生物质能等绿色能源快速发展，同时配套开发抽水蓄能，示范建设风光储能，为2020年建成千万千瓦核电基地和千万千瓦风电基地奠定基础。

3. 福建省

“十二五”期间，福建省通过“规划引领、政策支持、科技支撑、制度保障”等多种方式，重点推进生物质能源林基地、海上风电基地、金太阳示范工程等一批特色鲜明的绿色能源项目建设，大力推进水电、风电、生物质能、太阳能等可再生能源产业发展，大幅提高绿色能源比重。

四、发展绿色能源产业的对策建议

根据专业机构计算的碳排放系数，消费单位煤炭、石油、天然气导致的碳排放分别为0.7476tc、0.5825tc、0.4435tc，而太阳能、风电、生物质能、水电等新能源和可再生能源为零碳能源，不会产生碳污染。宁夏应按照“集约化、多元化、基地化、低碳化”的思路，以技术创新为支撑，有序开发风电，大力发展太阳能，积极发展生物质能、地热能和水电，推进国家新能源综合示范区建设，不断提高绿色低碳能源比重，打造生态文明示范区。

（一）有序发展风电

风电作为新兴科技能源产业，是未来的主流绿色能源之一，也是我国能源战略的主要趋势。宁夏风能资源丰富，应依托风能资源优势及已有风能产业发展基础，根据市场消纳潜力，按照集中开发与分散开发相结合的思路，有序开发贺兰山、麻黄山、香山、西华山、南华山等区域风能资源，积极建设大型风电场。鼓励企业引进推广微风发电技术，因地制宜开发小型风电场。同时，加强电网建设，加快提升区内大型风电机组整机生产能力及重点核心部件的配套生产能力，构建风电上下游产业链。

（二）大力发展太阳能

太阳能是大自然取之不尽的绿色能源，有关业务部门预测，太阳能将成为日趋枯竭的传统化石类能源的有效替代能源。宁夏光照时间长，太阳能资源丰富，应依托资源优势及已有光伏产业基础，根据市场消纳潜力，统一资源配置和准入标准，统筹考虑土地资源承载力和经济效益，在中卫、吴忠、石嘴山等地区，结合能源结构优化推进太阳能电站建设，积极发展分布式太阳能工程，通过光伏产业带动区内光伏组件装备制造业发展，开展光伏示范。鼓励在通信、交通、照明等领域采用分散式光伏电源，鼓励光伏发电和光伏产业一体化开发，拓展和延伸产业链。

（三）积极发展生物质能、地热能、水电

生物质能作为CO_2零排放能源，是可再生的清洁能源，必将成为21世纪的主要能源之一。宁夏应鼓励在生物质资源丰富的地区发展生物质能成型燃料，有序促进秸秆发电，加快建设生物质能源林基地，支持大型畜禽养殖场发展沼气发电；加快宁夏地热资源勘查力度，积极利用干热岩、地热泵等技术，推进地热资源的利用；积极推进大柳树水利枢纽工程建设，适时开展大柳树水电站前期工作。

（四）倾力推进绿色能源技术创新与国际合作

技术创新为绿色能源产业健康快速发展提供动力支撑，宁夏应明确绿色能源技术创新的战略方向和重点，运用税收优惠、补贴等手段，通过重大能源技术研发、装备研制、示范工程的实施，以及搭建企业、高校、科研院所联合研发的绿色能源技术创新平台，大力推进可再生能源开发技术、新能源开发技术、生物质能技术等研发和产业化应用。抓好绿色能源科技重大专项，依托重大工程带动自主创新。加强技术外交，加快绿色能源技术“引进来”步伐，通过与丝绸之路经济带沿线国家及发达国家的新能源技术交流合作，打造能源技术转移平台，畅通技术引进渠道，降低技术转移成本，加快绿色能源技术的引进、吸收和再创新。

（五）深化绿色能源体制机制改革创新

体制机制改革创新是绿色能源产业快速健康发展的重要保障。宁夏应完善绿色能源产业发展的相关法律法规和扶持政策，推进绿色能源产业发展的体制机制改革创新。完善绿色能源并网运行服务机制，健全风电、太阳能发电出力预测和优先发电权机制，探索微电网电能市场交易及运行机制，建立新能源辅助服务交易机制，建立健全可再生能源发电企业参与直接交易、跨省跨区消纳机制。加快落实、健全宁夏绿色能源产业的相关法律法规和扶持政策，通过法制化及税收抵扣、费用返还、金融扶持、财政补贴等政策工具支持绿色能源技术研发、生产和消费。

参考文献

[1] 自治区人民政府.宁夏回族自治区“十二五”规划《纲要》[R].2011.

[2] 穆献中、刘炳义.新能源和可再生能源发展与产业化研究[M].北京:石油工业出版社,2009:4~5.

[3] 关逸民.发展绿色产业是21世纪经济大势[J].中国信息报,2003(9).

案例篇

ANLIPIAN

关于宁夏生态环境保护立法问题研究

张　芳　张海立　王　晟　杨文智　戴建中

宁夏作为西北地区重要的生态安全屏障，在近年的改革发展中牢固树立“绿色”发展理念，通过积极健全环境保护法制体系，建设天蓝、地绿、水美的“美丽宁夏”，使宁夏的生态制度体系不断健全，自然生态持续恢复，环境质量稳步改善。

一、宁夏生态环境保护立法现状

（一）广义的立法现状

广义而言，作为五个少数民族自治区之一，宁夏的生态环境法制相当一部分源于对国家相关立法的直接适用，是中央立法和地方立法共同作用的结果。从我国的《宪法》第九条第二款到第二十六条，从统筹性法律《环境保护法》到专门性法律《环境影响评价法》《水污染防治法》《固体废物污染环境防治法》《水法》《防沙治沙法》等，再到《环境保护行政处罚办法》《环境保护许可听证暂行办法》《环境保护法规制定程序办法》等行政法规和规章，都属于广义上的宁夏生态环境法制资源的重要组

作者简介　张芳，宁夏回族自治区政府研究室副处长；张海立，宁夏回族自治区政府办公厅主任科员；王晟，宁夏回族自治区政府法制办主任科员；杨文智，宁夏国资委主任科员；戴建中，中卫市人民检察院检察官。

成部分。

（二）狭义的立法现状

狭义而言，宁夏依照自身生态环境建设实践汇聚了更具针对性的地方生态环境法制资源，呈现出“一核多极”的特征。“一核”是指2010年1月1日正式施行的《宁夏回族自治区环境保护条例》（以下简称《环保条例》）。对国家而言，《环保条例》是《环保法》的丰富、细化以及在宁夏的地方性表达；对地方而言，《环保条例》是宁夏生态环境立法的核心规范。“多极”是指以《环保条例》为中心，对若干重要生态环境领域进行专门性规制的地方立法，如2006年的《宁夏回族自治区草原管理条例》及2010年的《宁夏回族自治区防沙治沙条例》等。此外，宁夏生态环境立法不仅局限在自治区一级，随着立法工作的不断细化已逐步深入到较大的市一级——作为宁夏唯一较大的市，银川市充分利用《立法法》第六十三条、第七十三条赋予的立法权限在促进生态环境法制建设方面进行了诸多尝试。如1990年的《银川市市容环境卫生管理规定》、2007年的《银川市饮食娱乐业环境污染防治条例》、2012年的《银川市农村环境保护条例》等。上述法律规范共同构成了宁夏地方生态环境立法的框架体系。

（三）主要措施

1.全力加强生态环境保护顶层设计

2013年，自治区党委十一届三次全会把建设“美丽宁夏”确定为经济社会发展的奋斗目标，确立了生态优先发展战略，明确了“优美环境是宁夏最大优势”的重要理念，坚决要求“不要发臭的GDP”。率先颁布《宁夏空间发展战略规划条例》，划定土地、环境、资源三条红线。制定了《自治区环境保护条例》《自治区环境保护教育条例》《自治区污染物排放管理条例》等地方法规，出台了《自治区党委政府及有关部门环境保护责任》《全区环境保护行动计划》《碧水蓝天·洁净城乡专项行动》等重大政策措施，为改善宁夏环境质量确定了时间表、路线图、任务书。宁夏逐年提高生态环境保护在效能目标考核的占比，2016年明确把未完成入黄排水沟治理任务和发生重大环境事件作为扣分项目，强化工作导向和支撑保障。

2. 重点推进主要污染物总量减排

结合区情不断完善体制机制，出台节能减排“十大铁律”，强化资金投入和责任落实。加强宁夏环保系统机构队伍建设，组建环境保护监察执法局，成立环境信息与应急中心，新设贺兰、永宁、中宁、隆德、同心县环保局。强化大气、水、土壤、核与辐射监测体系建设，设立宁夏空气环境和水环境质量监测点位 107 个，基本覆盖 5 个地级市城区、大部分县城、部分重点工业园区和黄河干支流、主要湖泊、重点入黄排水沟及城市集中式饮用水源地。布设土壤环境质量监测风险点位 340 个，土壤环境质量监测能力显着增强。环境监察、监测、辐射等标准化建设稳步推进，设施设备和监管手段大幅改善，形成区、市、县三级预警应急处置体系。

二、宁夏生态环境保护立法存在的问题

（一）缺乏系统性的立法顶层设计

1. 缺少公众参与环境保护的具体化规定

中共中央、国务院《关于加快推进生态文明建设的意见》提出“鼓励公众积极参与。完善公众参与制度，及时准确披露各类环境信息，扩大公开范围，保障公众知情权，维护公众环境权益。”我国的新《环境保护法》在总则中确立“公众参与”原则，并对“信息公开和公众参与”进行专章规定。但新《宁夏回族自治区环境保护条例》只在总则里对公众参与环境保护作了原则性规定，在其他章节对公众参与环境保护的途径、方式没有具体规定，公众参与的具体操作方式模糊不清，公众参与制度形同虚设。

2. 缺少公众参与环境保护的激励和救济机制

新《宁夏回族自治区环境保护条例》第七条第二款规定：“县级以上人民政府对在环境保护中做出突出贡献的单位和个人，应当给予表彰和奖励。”但由于各级政府落实激励机制的实体性和程序性规定不足，没有表彰奖励的专项资金，经费要单独申请列支，难以保障，实际工作中难以激发公众参与污染环境和破坏生态行为治理的积极性。同时，新《宁夏回族自治区环境保护条例》未对社会组织和检察机关如何提起公益诉讼进行细化

规定，导致宁夏公益诉讼仍然只停留在纸面，也未与检察院、法院联合建立相关制度。

（二）地方立法程序设置不合理

1. 立法未能避免部门利益化

由于地方政府、人大的法制机构不落实、人员不专职、队伍不稳定，由政府、人大主导提出的立法项目较少，立法项目主要由相关部门提出，政府、人大审议后列出年度立法计划，并按照计划列目标、分阶段完成，部门作为相关管理领域的专家，立法草案主要由其负责起草，条文也主要反映部门及其相关行业、企业的诉求。即使《宁夏回族自治区人民代表大会及其常务委员会立法程序规定》第三十五条规定："有关委员会应当提前参与法规草案起草工作；综合性、全局性、基础性的重要法规草案，可以由有关委员会组织起草。专业性较强的法规草案，可以吸收相关领域的专家参与起草工作，或者委托有关专家、教学科研单位、社会组织起草。"但受制于相关领域的专业性、统计信息的不透明、专项经费的难申请、立法建议的不成熟、草案质量的不确定，专家学者和社会组织很容易丧失"棱角"，削弱了从立法源头对部门及利益相关企业的不合理诉求进行规范的效果。

2. 立法缺少地方特色

我国地方环境立法长期以来存在一种作法，即中央有立法，地方需要制定相应条例、实施办法，实践中往往重复、"抄袭"上位法或其他省的相关条文，缺少"本土"特色。如国务院1994年出台了《中华人民共和国自然保护区条例》，宁夏按照要求于2006年制定出台了《宁夏回族自治区六盘山、贺兰山、罗山国家级自然保护区条例》，但在内容上没有太多创新。《宁夏回族自治区六盘山、贺兰山、罗山国家级自然保护区条例》共32条不分章节，除总则类5条、罚则类9条、附则类1条外，只有17条关于具体保护措施的规定，没有按照三大自然保护区的各自特点细化保护性措施，仅对自然保护区的重要区域进行罗列、对罚则进行细化规定。如《宁夏回族自治区六盘山、贺兰山、罗山国家级自然保护区条例》第二十三条规定："违反本条例规定，在自然保护区封育和禁牧期放牧的，由自治

区人民政府林业行政主管部门或者受委托的自然保护区管理机构责令改正，处以每个羊单位五元以上三十元以下罚款；无法确定羊单位的，处以一百元以上二千元以下的罚款。”

（三）环保行政管理体制设置不合理

1. 政绩考核方式不合理

虽然GDP不再是政绩考核唯一标准，但仍然是最重要标准，是政绩加分项。而环境保护目标责任制完成情况是次要标准，是政绩减分项，且自然资源的成本消耗与付出环境代价的大小不能量化在政绩考核范围内。当前，经济下行压力较大，保住GDP才能完成稳增长、调结构、保民生、促稳定的各项任务，一些地区不惜以牺牲当地环境为代价换取经济增长。化工、冶金、造纸、制药等“高污染”“高能耗”行业对增加地方财政收入，减轻就业压力具有重要意义，往往受到当地政府保护。特别是近年来东部地区产业转型升级，一些不符合环境标准的污染企业向西部地区转移，加剧了环境污染的变相转嫁。

2. 环保体制设计不合理

环保部门作为各级政府组成部门，直接受各级政府领导，经费和人事都受制于地方政府，上级环保部门对下级环保部门只有业务指导关系。当地方政府做出决策时，环保部门的合理意见往往不被采纳，甚至在考核环境保护目标责任制完成情况时要帮助地方政府掩盖问题，在一些领导眼中因为环保问题被扣分就应当追究环保部门的责任。由于缺乏地方环保部门这一最有力的制约力量，地方政府不履行环境责任或履行环境责任不到位，已经成为制约宁夏环境保护事业发展的严重障碍。

3. 政府环境问责制度不合理

问责对象是负有环境保护职责而不履行或不当履行职责的政府及其公务人员，但具体向谁问责、如何问责没有相关规定，实践中存在很大的主观性和随意性。目前，基层环保部门权力小、责任大，又承受着巨大压力，是政府环境问责制度最突出的问题。主要表现在：（1）基层环保部门作为政府组成部门之一，财政权和人事权直接受当地政府控制，当地政府的决策直接决定了其工作范围；（2）基层环保部门人员编制少、队伍力量薄弱，频发的环境污染问题已超出其承受范围；（3）解决环境问题是一项系统性工程，需要政府协调各个部门协作配合，单靠环保部门一家无法解决问题。由于问责内容模糊，往往归责于环保部门不作为，政府及其他相关部门不积极履行环保义务、疏于监督管理、没有协调配合等问题难以追究责任。同时，上级领导的批示意见和社会公众的舆论导向很容易对问责造成外在影响，最终产生问责畸轻或畸重等不公平问题。

三、加强宁夏生态环境立法的建议与思考

（一）立法应当注重社会公众参与

1. 保障社会公众参与地方立法

环保部2015年制定了《环境保护公众参与办法》，就如何畅通参与渠道，保障公民、法人和其他组织获取环境信息、参与和监督环境保护进行了详细规定。宁夏可以借鉴经验，制定《宁夏回族自治区环境保护公众参与办法》，就如何保障公民依法参与环境保护制定程序性规定和保障性措施；在制定环境保护方面的法规、规章、规范性文件时，因其涉及社会公众切身利益，必须进行信访评估和风险评估，并依法组织听证；立法主体必须尊重公众意见，无论是否合理都应当给予回复。通过严谨、透明的立法程序，完善、规范的立法规划和听证制度，切实保障公众的知情权、参与权和监督权，实现环境保护的社会共治。

2. 完善公众参与环境保护的激励和救济机制

宁夏环境保护立法应当为积极参与环境保护的公众建立完善的激励机制。可以通过设立奖励基金或以行政罚款的一定比例奖励有关公众，也可以扶持民间环保组织的发展，调动公众参与的积极性。同时，专家学者参与立法能够对保障立法的地方特色和可操作性、超越部门利益与狭隘地方利益发挥不可替代的作用，而宁夏主要采取邀请专家学者参加座谈会、论证会的形式，委托专家学者开展立法调研评估、起草法规规章草案、全程参与立法、开展立法研究、担任立法助理等方面仍是空白，建议建立专家学者全程参与地方立法的体制机制，并提供财政经费予以保障。同时，建议在立法中增加支持检察机关、公益组织提起公益诉讼的相关规定。鼓励

依法成立的环保组织提起公益诉讼，主管行政机关应当为其提供支持和帮助，解决取证难、立案难、赔偿难、能力与资金有限等困难。

（二）立法应当避免部门利益化

1. 加强地方立法机构的队伍建设

建议明确各级政府法制机构的人员编制，让队伍建设与承担的工作任务相适应，使其行有余力，能够推动公众参与、专家论证、风险评估、合法性审查、集体讨论决定等重大行政决策的法定程序得到有效执行。

2. 加强地方立法机构的能力建设

立法的过程存在着部门利益和公众利益的博弈，要摆脱“权力部门化，部门利益化，利益行政化”的怪圈，就必须切实提高政府、人大立法工作人员的能力和素质，让其成为相关领域的行家里手，有能力主导地方立法的立项、起草、审查、公布等环节，才能真正摆脱部门的影响。

3. 健全政府购买法律服务机制

建议宁夏着手建立健全相关机制，明确政府采购法律服务的程序，合理确定政府购买法律服务的付费标准和付费方式，解决购买法律服务随意化、服务费支付不合理、评估奖惩机制缺失等问题，确保采购程序公开、公平、公正。同时，建立政府购买法律服务资金监管制度，保证资金管理的公开透明，随时接受社会公众监督。

（三）立法应当体现自治地方特色

1. 立足区情实际制定立法规划

“十三五”时期，重点是要做好生态移民规范化管理、沿黄经济区生态环境建设、宁东能源化工基地生态环境建设及节水型社会建设等方面的立法工作，以立法推动“十三五”规划的实现。同时，要充分考虑宁夏的经济结构，制定适合可持续发展战略的法规、规章，制止高污染、高耗能、低产出的项目西移。按照《空间发展战略规划》的要求，把生态环境建设规划的内容和措施融入经济发展规划中，使之成为制定各项政策的约束、限定条件和依据，保障和促进宁夏经济社会科学、协调发展。

2. 加强各地生态环境立法的差异化

目前，宁夏五个较大的市都具有地方立法权，可以在生态环境保护的基础上，牢牢把握自身区域特性，进一步强化自主性、差异性立法，为区域经济和生态环境的协调发展发挥保障、促进作用。如固原、石嘴山等市县可以立足南部山区、中部干旱带生态环境脆弱、贫困人口集中、人地矛盾突出的特点，研究制定契合区域实际的生态移民模式，妥善解决贫困人口生计问题，促进地区生态恢复和重建，实现经济、社会和环境统筹发展。吴忠、中卫等市县应当坚持“先保护后开发”的原则，充分考虑地方的资源承载力，建立健全旅游景区的环境管理体系，将旅游行为对当地环境的影响降到最小，提高可持续发展能力。

3. 运用自治优势，加强创制性立法

除国家专属立法权的范围外，“其他事项国家尚未制定法律或者行政法规的”“根据本地方的具体情况和实际需要，可以先制定地方性法规”。按照我国《立法法》的规定，宁夏在生态环境建设和保护过程中，可以立足民族地区实际，充分运用《宪法》赋予民族地区的权力，制定自治条例、单行条例，对法律、法规变通规定、补充规定，进行相应的制度创新，以符合宁夏生态环境建设的实际需要，并可以通过“先行先试”的立法探索，为国家生态环境立法提供有益经验。

（四）完善环保行政管理体制

1. 完善政府政绩考核方式

《中共中央关于全面深化改革若干重大问题的决定》提出：“对限制开发区域和生态脆弱的国家扶贫开发工作重点县取消地区生产总值考核。”一方面，建议宁夏将节能减排纳入政绩考核体系，把强化政府环境责任作为完成节能减排任务的关键环节，对超额完成考核任务的地区和企业加大扶持力度，对考核任务未完成的地区或企业减少资金支持、取消有关荣誉称号、禁止新增主要污染物排放项目等。另一方面，建议由政府主导，环保部门联合发改、财政、监察等部门对节能减排工作进行综合考核，将环境监管指标纳入政府政绩考核体系。

2. 注重各部门之间协作配合

《关于省以下环保机构监测监察执法垂直管理制度改革试点工作的指导意见》实施后，环保部门不再由地方政府管理，地位更为超脱，但也容易

出现与其他部门沟通减少、各部门各自为政的问题。建议宁夏立法时，提高环保部门进行环境保护协调时的权威性和有效性，由环保部门实施统一监督管理，发改、商务、国土等部门各负其责，建立齐抓共管的协调监管体制，消除立法中部门权力割据主义。

3. 激活政府环境问责机制

建议在立法时明确政府环境问责的主体及事项。各级政府的职责在于加强环境立法、制定环保产业发展政策、加强环境法律法规的监督执行。如果履行环保职责时有违反政府环境责任的决议和行为，应当追究相应责任。环保部门作为实施统一监督管理的部门，是环境保护工作的直接执行者，肩负的责任最为重大。如果没有履行或不当履行统一监督管理职责，应当承担相应法律责任。发改、国土、住建等负有特定环境保护职责的行政主管部门，如果没有切实履行特定的环保职责时，也应当被问责。

宁夏生态文化建设研究

杨　芳

生态文化建设是实现人类可持续发展目标的主流话语。近年来，宁夏以生态保护为前提，着力发挥具有地域风格和民族特色的生态文化优势，不断丰富生态文化发展活力，拓宽生态文化建设的思路，生态文化建设取得了一定成效。

一、生态文化的概念

生态文化的概念来源于罗马俱乐部创始人奥雷利奥·佩奇。早在20世纪60年代，奥雷利奥·佩奇就曾这样论述："人类增长的极限与其说是物质的，还不如说是生态的、生物的甚至是文化的"。"人类增长与人类发展限制的问题总的来说根本上是文化的问题"。"为了使我们能在变化的激流中生存下去，我们应当在文化上有一个超时代的转变，这种文化上超时代的转变的结果，必然形成一种新形式的文化，即生态文化"。

1962年，美国海洋生物学家雷切尔·卡逊出版科普著作《寂静的春天》，反思人类"反自然"的实践活动给自然环境和人类自身造成的严重伤害，使西方社会爆发了持续的环境保护运动，生态文化开始形成。20世纪中叶后，随着经济与技术发展所引发的环境污染和生态破坏的日益严重，西方

作者简介　杨芳，宁夏社会科学院机关党委专职副书记，副编审。

国家开始反思对待生态环境的态度，并注重通过建设生态文化来保护生态环境。后现代思想家大卫·雷·格里芬指出，“我们今天所有的灾难都直接与我们忽视宇宙，把其排斥在人类活动之外的文化有关”。他强调要在对现代性的反思中，重新思考人与自然的关系，并坚定地认为现代性所带来的生态危机实质是生态文化危机。

20世纪80年代，国内学者从西方引进了“生态文化”概念，如今已经赋予了时代发展的现代意义。综上所述，本文认为，生态文化本质上是一种以生态文明理念为核心、以追求人与自然协同发展为目标的文化，是区别于现代工业文明的新型文化，是中国先进文化的重要组成部分。

二、宁夏生态文化建设现状分析

（一）乡村生态旅游文化发展获得了品牌效应

生态旅游活动与生态文化建设密切相关，是展示和传播生态文化的平台。发展生态旅游文化，农村是重要领域。2009年以来，宁夏先后有中宁县高山寺村、青铜峡市沙湖村、银川市魏家桥村、泾源县周沟村4个村镇被中国生态文化协会授予“全国生态文化村”荣誉称号。近年来，隆德县“生态文化民俗游”知名度也不断提升。2016年国庆长假期间，隆德县16家农家乐共接待游客13128人次，较去年同期增长17.8%；各项收入85.04万元，较去年同期增长14.3%。彭阳县将富有民俗特色的生态文化旅游主动融入“大六盘”红色旅游和生态旅游圈，坚持顶层设计和规划引领，突出了文化旅游资源的挖掘利用，提升乡村旅游层次，扩大了旅游产业规模。

（二）森林生态文化建设成为重要组成部分

森林生态系统服务功能主要体现为涵养水源、保育土壤、固碳制氧、净化大气环境、保护生物多样性和森林景观。近年来，宁夏不断丰富生态文化的建设内涵，在培育森林生态、发展绿色生态科技、转变生产生活方式等方面做出了积极实践与探索。银川市大力发展森林生态文化，金凤区魏家桥村截至2016年10月，种植各种经果林600余亩、花卉苗木近1000亩，全村生态经济创收6000万元。泾源县周沟村退耕还林（草）2000多亩，种植特色苗木600亩，荒山造林近千亩，全村造林面积达8.4平方公里，全村绿化面积达52%，生态经济年收入达250多万元。

（三）生态文化产业基地建设取得了长足进步

中卫市沙坡头自然保护区通过防沙治沙成为生态环境治理典范。近年来，宁东能源化工基地以生态环境保护为第一要务，节能降耗，实现了废气、废水、废渣的回收和再利用，把对环境的破坏降到最低，成为宁夏生态产业园绿色低碳、循环发展的新探索。伴随着宁夏特色枸杞产业、葡萄酒产业、丝路文化、会展文化产业的发展，生态文化创意企业蓬勃发展。宁夏故事生态文化产业有限公司、宁夏黄河金岸文化发展有限公司、宁夏吉业生态文化旅游有限公司等，传播生态文化理念，倡导绿色健康生产生活方式，共建人与自然和谐生态环境，成为推动宁夏生态文化建设的生力军。宁夏宁东水务有限责任公司被命名为“全国生态文化示范企业”。

三、宁夏生态文化建设存在的问题

宁夏的生态文化发展还存在诸多问题和制约因素。一是传统的尊重自然、保护环境的思想观念、物质技术手段、生产方式、生活方式等因素，制约着宁夏生态文化的发展。二是生态文化远未成为主流文化，更没有内化为全民的共识，无论是在物质生态文化层面，还是在精神生态层面、制度生态层面以及行为生态层面，尤其是在生态意识、生态理念层面，都还面临一系列亟待解决的问题。

四、对宁夏生态文化发展的思考与建议

生态文化建设代表着文化发展的新趋势。培育生态文化要以生态理念为指导，实现文化生态化发展。

（一）树立生态文化理念

从思想上认识生态环境是生态文化培育成长的前提条件。宁夏在现代工业化发展过程中，政府依然是以经济效益为中心，忽视生态环境保护。发展生态文化，首先要从思想认识上找到突破口，只有深刻认识到了生态文化建设对于宁夏可持续发展的重大现实意义，才可能有生态文化发展的一席之地。

自2010年以来，宁夏连续出现中卫腾格里沙漠污染、渝河和葫芦河跨界水污染，永宁县制药企业异味扰民等问题；银川、石嘴山、吴忠、中卫等地市饮用水水源一级保护区内仍有养殖、制药、建材以及加油站等企业或设施，给供水安全带来隐患。2016年11月中央第八环境保护督察组在向宁夏回族自治区党委、政府反馈环境督察情况时指出，“宁夏回族自治区党委、政府对推进绿色发展的艰巨性、紧迫性和复杂性认识不足，存在重开发、轻保护问题”。唯有深入思想文化层面剖析生态环境问题，通过发展生态文化，牢固树立生态文化理念，增强绿水青山就是金山银山的强烈意识，坚定不移走生产发展、生态良好之路，才能从根本上解决生态环境问题，才能保住长远发展的生态条件和发展空间，在更高层次、更大范围、更广视野，推动形成人与自然和谐发展的生态文明新格局。

（二）科学规划宁夏生态文化产业

科学规划事关发展全局。制定宁夏生态文化产业规划，一要拓展区域发展空间和市场，把文化资源开发与空间开拓结合起来，建立“区域生态文化产业圈”，提高生态文化产业在第三产业中的战略地位，二要以全球视野、战略思维来谋划宁夏生态文化建设规划。从微观上，要加强宁夏生态文化基础设施建设，提升文化资源利用率。加快实施文化惠民工程，加快构建覆盖城乡、实用高效的现代公共文化服务体系，推进公共文化资源向基层特别是向社区和乡村倾斜。从体制机制上，要继续深化重点文化领域和关键环节的改革，在用足用活用好国家赋予宁夏内陆开放特殊政策的同时，根据生态文化建设发展的新趋势，制定出台符合宁夏生态文化发展实际的政策措施，努力实现政策效益最大化。同时要加大立法支撑，积极探索政府、民间、企业多层次交流合作，推进形成宁夏生态文化建设的工作机制。

（三）加强生态文化建设，要融入宁夏“全域旅游”发展思路

旅游业是“一业兴、百业旺”的绿色产业、朝阳产业。2016年，宁夏获批创建“国家全域旅游示范区”，成为继海南省之后第二个从省级层面提出发展全域旅游的省区，将享受国家在旅游基础设施和公共服务建设、旅游项目建设、重点旅游品牌创建、宣传推广、人才培训等方面给予的重点支持。为宁夏融入全球经济一体化、利用国内国际两个市场、两种资源提供了有力的发展平台。要根据国家批准的《宁夏全域旅游总体规划》要求，倾力打造宁夏旅游业全域共建、全域共融、全域共享的全域旅游发展新格局。宁夏生态文化建设要以已有的旅游生态文化实践为基础，主动融入宁夏“全域旅游”和国家89个扶贫村旅游发展全局，以超前的思路、超常的举措来打造“塞上江南·神奇宁夏”的大旅游文化生态圈。要切实加强对生态文化建设重大问题的深入研究，制定《宁夏生态文化专项规划》，要将内陆开放型经济区建设、百万贫困人口扶贫攻坚与“一带一路”建设统筹起来，整合资源，充分考虑生态基础设施建设、生态市场培育发展、生态环境保护、生态产业布局等实际，高层次、高水平、高起点地制定好《宁夏生态文化专项规划》。二要重点做好生态文化建设核心区具体规划。宁夏旅游“十三五”规划中构筑出了“一核两带三廊七板块”的全域旅游空间布局。“一核”是将银川建设成为宁夏全域旅游核心区；“两带”是黄河金岸旅游带和古城历史文化带；“三廊”包括贺兰山东麓葡萄文化旅游廊道、清水河流域丝路文化旅游廊道、古军事文化旅游廊道；“七板块”包括大沙湖度假休闲板块、西夏文化旅游板块、塞上回乡文化体验板块、边塞文化旅游板块、大沙坡头度假休闲板块、韦州历史文化旅游板块、大六盘红色生态度假板块。“一核两带三廊七板块”集中了“黄河金岸”黄河古渡、腾格里沙漠湿地、水洞沟、古长城遗址、国际著名葡萄酒基地、六盘山国家森林公园、古军事文化等富集的生态文化优势资源，生态文化建设必须要成为十三五旅游规划中的应有之义。三要切实加强对宁夏生态文化建设的组织领导和统筹协调，成立相应的领导小组和组织机构，建立相应的实施和推进机制。要聘请国内外知名专家学者，成立生态文化建设决策咨询委员会，专门负责生态文化功能定位、产业布局、管理机制、经贸文化交流合作等重大问题研究，为生态文化建设进行顶层设计提供咨询服务。

（四）保护和利用好民族传统生态文化资源

文化生态是生态文化健康发展成长的基础，是物质文化、精神文化和制度文化的有机组合，是人类社会生存和发展的重要条件，是实现经济社会持续发展的重要环境。生态文化就是一个民族对生活于其中的自然环境的适应性体系，任何文化传承与发展，都不可忽视其文化本体，即地域文

化、民族文化。宁夏地处北方草原与黄土高原、游牧文化与农耕文化的过渡地带，自古就是东部华夏民族与西部少数民族的接壤地区，具有独特的生态环境和鲜明的文化特点。根植于悠久历史的多民族文化资源是宁夏发展生态文化的历史根脉和底蕴。宁夏是古丝绸之路的重要节点，历史上曾是欧亚之间交通贸易文化交流的重要通道。古波斯文化、古罗马文化、阿拉伯文化、中原文化、西夏文化交融于此，形成了丰富的丝路文化资源，留下了众多珍贵文化遗产。宁夏丝绸之路上的古城、古镇、古村落、驿站和古文化街区等遗产100余处，其中重点遗产42处。抢救保护和合理利用历史文化资源和民族民间文化资源，建立良好的民族民间文化生态环境，是开发高文化含量生态文化产业和人文经济的必要条件之一，也是宁夏依靠生态文化发展全域旅游的新路径。另外，宁夏目前有100多种葡萄酒品牌都被冠以“贺兰山东麓”的名号，宁夏的黄河文化、回族文化、西夏历史文化、地方历史文化都有原生态的文化生态和鲜明特征，要从历史文化层面的深度，探讨宁夏原生态文化在现代社会中常态化的发展方式、传播方式。

（五）加强生态文化建设，要善于借助良好的文化生态平台

要充分利用中阿经贸论坛作为宁夏生态文化建设的重要平台，进一步完善宁夏生态信息发布机制、生态贸易配对机制、生态项目合作机制等“共办共赢”机制。要借助面向阿拉伯国家的开放，加快面向阿拉伯国家及世界穆斯林地区开放和服务的能源金三角资源富集区生态发展步伐，加大生态资源富集区的交通、水利、物流等信息化建设力度，完善一体化的快速信息通道，构建快捷、安全、高效的现代化综合交通运输体系，提升生态文化建设的基础设施保障能力，总体上提升宁夏生态文化产业发展水平。

总之，生态文化已经成为我国发展战略布局的新型文化生态，生态文化建设必须建立一个符合社会主义和谐社会要求的文化体系，这种文化体系其实就是以保护生态环境、改善与优化人与自然关系为主要内容的生态文化有机体。

参考文献

[1] 奥雷利奥·佩西. 人的素质[M]. 邵晓光等,译. 沈阳:辽宁大学出版社,1988.

[2] 奥尔利欧·佩奇. 世界的未来——关于未来问题一百页[M]. 王肖萍,蔡荣生,译.北京:中国对外翻译出版公司,1985.

[3] 余谋昌. 应重视生态文化的建设[J]. 中国环境管理,1991.

[4] 大卫·雷·格里芬. 后现代科学——科学魅力的再现[M]. 马季方,译. 北京:中央编译出版社,1988.

[5] 中共中央马克思恩格斯列宁斯大林著作编译局. 马克思恩格斯选集(第2卷)[M]. 北京:人民出版社,1972.

[6] 郭家骥. 生态环境与云南藏族的文化适应[J]. 民族研究,2003(1).

[7] 大卫·雷·格里芬. 后现代精神[M]. 王成兵,译. 北京:中央编译出版社,2011.

[8] 彼得·科斯洛夫斯基. 后现代文化——技术发展的社会文化后果[M]. 毛怡红,译. 北京:中央编译出版社,1999.

宁夏湿地恢复与保护研究

徐 宏 张治东

湿地与人类生存、繁衍、发展息息相关，与森林、海洋并称为全球三大生态系统，是自然界最富生物多样性的生态系统和人类最重要的生存环境之一。湿地在保护环境、维护生态平衡、涵养水源、控制土壤侵蚀、调节气候、净化空气等方面起着极为重要的作用，而且在调蓄洪涝、控制污染、消除毒害、净化水质、美化环境和维护区域生态平衡等方面具有其他系统不可替代的作用。

一、湿地概况

宁夏有 2000 多年的引黄灌溉历史，优越的地理环境和水利条件使宁夏成为全国四大自流灌溉区之一，同时也造就了宁夏数量众多、分布广泛的湿地资源。

（一）湿地面积

宁夏湿地总面积 25.6 万公顷，占宁夏土地总面积的 4.9%，较全国湿地平均水平高出 1.2 个百分点。宁夏湿地主要分布在平原区黄河两岸和山丘区主要河流、库塘、水坝等地，具有数量多、面积小、集中连片等特点，

作者简介 徐宏，宁夏科技咨询服务中心农业经济师；张治东，宁夏社会科学院文化研究所助理研究员。

在构筑区域生态安全体系、改善区域生态环境、促进地方经济与社会和谐发展等方面发挥着重要作用。

（二）湿地类型

宁夏湿地可分为河流湿地、湖泊湿地和人工湿地三大类。其中河流湿地和湖泊湿地包括 7 种类型，主要分布在引黄灌区与南部山区各河流及湖泊之中，并有少量沼泽分布；人工湿地包括库塘、沟渠、水坝等。

1. 河流湿地

宁夏河流湿地包括永久性河流湿地、季节性或间歇性河流湿地和洪泛平原湿地 3 个类型，总面积 10.42 万公顷，占宁夏湿地总面积的 40.7%。黄河斜贯中北部，穿过宁夏平原流程 397 公里，主要支流有清水河、苦水河、葫芦河等，在黄河两岸和清水河流域形成了丰富多样的湿地资源。

2. 湖泊湿地

宁夏湖泊湿地包括永久性淡水湖、季节性淡水湖、永久性咸水湖和季节性咸水湖湿地 4 种类型，总面积 15.21 万公顷，占宁夏湿地总面积的 59.3%。湖泊湿地主要集中在引黄灌区，具有代表性的是阅海、沙湖、西湖、宝湖、鸣翠湖、星海湖等。

3. 人工湿地

宁夏人工湿地主要包括灌区的引黄灌渠、沟渠和山区的库塘、水坝等，灌溉渠系大多分布在宁夏平原，主要有惠农渠、汉延渠、唐徕渠、西干渠四大渠系，总流量约 270 立方米/秒。库塘、水坝大多分布在流经宁夏南部山区各河流的中上游地区，构建库塘、水坝主要是为了防止水土流失、增加农田灌溉面积、防洪蓄水以及涵养水源等。

（三）湿地资源

宁夏湿地类型、气候条件和自然环境的多样性，形成了宁夏湿地动植物资源、水禽种类丰富多样的生态特点。据统计，宁夏共有湿地维管植物 268 种，鸟类 283 种，哺乳动物 74 种，两栖动物 6 种，鱼虾类 31 种，湿地野生动物种类既有沙蜥、沙鼠等典型的荒漠动物，又有各种各样的水禽并伴有野兔等草原动物。

1. 植被资源

宁夏共有湿地维管植物 62 科 161 属 268 种，浮游植物 8 门 29 科 67 属。湿地植被包括 9 种类型，30 个亚型，132 个群系，有国家级重点保护植物麻黄、甘草、沙冬青、沙棘、沙芦草等 9 种。湿地植物以温带植物为主，草本植物占优势，其中禾本科植物种数居第一位，菊科植物种数次之，豆科植物占第三位，同时还出现沙蓬属、蒺藜属的旱生植物的种群。在条件较好的地方还有人工栽植的侧柏、云杉、油松、刺槐、国槐、杨树、柳树等乔灌木。

2. 动物资源

动物种群共计有脊椎动物 413 种及亚种，国家Ⅰ级重点保护动物有 6 种，国家Ⅱ级重点保护动物有 17 种，自治区级重点保护动物有 30 种。其中：

(1) 鸟禽类，有 283 种及亚种，占自治区脊椎动物总数的 68.8%。列入国家Ⅰ级重点保护动物的有黑鹳、中华秋沙鸭、白尾海雕、金雕、小鸨、大鸨 6 种；列入国家Ⅱ级重点保护动物的有斑嘴鹈鹕、白琵鹭、白额雁、大天鹅、小天鹅、鸳鸯、鸢、苍鹰、大鵟、猎隼、红脚隼、红隼、灰鹤、蓑羽鹤、纵纹腹小鸮等 17 种；属《中日候鸟保护协定》规定保护的有 64 种；属《中澳候鸟保护协定》规定保护的有 16 种。

(2) 鱼虾类，有 31 种，包括鲤科、鲇科、鲶科、圹鳢科、鳅科、攀鲈科等，主要以鲤形目为主，占宁夏脊椎动物总数的 7.6%。

(3) 哺乳动物，有 74 种，包括啮齿目、兔形目、食肉目、偶蹄目、食虫目、翼手目等 6 目 19 科 52 属，占自治区脊椎动物总数的 17.6%。

(4) 两栖动物，有 6 种，包括高原蝮、六盘齿突蟾、黑框蟾蜍、花背蟾蜍、岷山蟾蜍、中国林蛙、黑斑侧褶蛙、腾格里蛙等，占自治区脊椎动物总数的 4.6%。

3. 湿地景观

宁夏湿地景观是黄河中上游一块弥足珍贵的生态资源，不管是“朔方八景”中的“河带晴光、长渠流润、西桥柳色、连湖渔歌”，还是“宁夏新十景”中的“艾依春晓、贺兰晴雪、黄河金岸、六盘烟雨、沙湖苇舟、沙坡鸣钟、水洞兵沟”等景观，无不与湿地密切相连。

宁夏湿地景观不仅孕育了“贺兰山下果园成，塞北江南旧有名”的塞上美景，而且呈现出“大漠孤烟直，黄河落日圆”的粗犷风格。不仅有波光荡漾、芦苇丛生的美丽湖泊，又有调洪防涝、人工建造的塘库、水坝，还有蓝天白云、沙漠绿洲水上漂的沙、湖共存的塞外奇特景观。

湿地景观是自然界最富生物多样性的生态景观，具有重要的生态功能。据统计，宁夏湿地面积在1公顷以上的湿地有400多处，月牙湖、宝湖、海子湖、北塔湖、鸣翠湖、鹤泉湖、卧龙湖等湿地星罗棋布，争相衬托着宁夏“塞上江南新天府”的俊美秀丽和婀娜旖旎。

二、湿地的开发、恢复与保护

近年来，自治区党委、政府在加快经济发展的同时，高度重视湿地恢复与保护工作，先后制定并颁布实施了一系列法律法规，为湿地生态恢复与保护做了大量卓有成效的工作。

（一）成立专门的湿地管理机构

湿地是人类赖以生存和发展的珍贵资源，自治区党委、政府高度重视湿地的保护和管理工作，成立宁夏湿地保护领导小组，主管副主席亲自任组长，协调各部门共同做好湿地保护管理工作。2008年1月，宁夏湿地保护管理中心成立。此后，银川市、吴忠市相继成立了湿地保护管理中心，石嘴山市、固原市和中卫市也有专人负责湿地保护管理工作。宁夏基本形成了湿地保护管理的三级架构。

（二）出台《宁夏回族自治区湿地保护条例》

2008年11月，自治区颁布实施《宁夏回族自治区湿地保护条例》，为湿地保护提供了法律依据。这是宁夏一部具有创造性的地方法规，从法律的高度赋予湿地新的概念、价值和作用，以法规的形式规定了人们的行为准则和规范，是一部保护湿地的专项法规依据。

（三）申请项目，建立湿地保护区

实践证明，申请湿地恢复与保护项目，建立湿地保护区是湿地开发、恢复和保护的最有效举措。

1. 积极建立湿地保护区

为了有效开发、恢复和保护湿地，宁夏在自然湿地重点分布区，先后实施了“退耕还湖、退耕还林、补植补造”等工程，建立了湿地自然保护区、湿地公园和城市湿地公园，有效保护了湿地及湿地生态的生物多样性。

(1) 湿地自然保护区。建成国家级湿地自然保护区1个，即盐池哈巴湖国家级自然保护区；自治区级湿地自然保护区3个，即沙湖（湿地）自然保护区、青铜峡水库湿地自然保护区、西吉震湖湿地自然保护区。

(2) 湿地公园。建成国家级湿地公园12个，即银川湿地公园（鸣翠湖、阅海园区）、黄沙古渡、鹤泉湖，石嘴山星海湖、镇朔湖、简泉湖，吴忠黄河、太阳山、青铜峡库区，固原清水河，中卫天湖，平罗天河湾国家湿地公园（试点）；建成自治区级湿地公园10个，即银川黄河、宝湖、海宝湖、月牙湖、贺兰金马河、灵武市梧桐湖、惠农区滨河湿地、泾源县卧龙湖等。

(3) 城市湿地公园。建成国家城市湿地公园1个，即宝湖国家城市湿地公园。

2. 努力申报湿地恢复与保护项目

“十二五”期间，国家用于支持宁夏湿地保护管理方面的投资项目、财政补助资金共计2.54亿元，获得批复并实施宁夏银川湿地保护和栖息地恢复、宁夏天河湾湿地保护与恢复、中卫滨河沙漠湿地保护建设示范工程等7个项目，中央拨付财政湿地保护补助资金13300万元，使宁夏12个国家级湿地公园受益受惠。同时，争取自治区安排财政湿地补助资金1500万元，支持宁夏10个自治区级湿地公园实施了湿地生态效益补偿试点和保护恢复工作。[1]

3. 科学划定并严守宁夏湿地保护红线

委托国家林业局西北林业调查规划院制定宁夏湿地保护红线大纲，确定了宁夏湿地保护数量红线、湿地分级分类管控空间、政策措施，科学划定并严守湿地保护红线，划定宁夏湿地保护红线20.68万公顷，并逐级落

[1] 宁夏“十二五”期间国家支持湿地保护资金2.54亿元[N]. 宁夏林业网,2015-09-08.

实湿地保护红线区域。

（四）加大科研开发投入，积极建设湿地监测信息系统

科学保护，技术为先。宁夏在湿地恢复与保护过程中，十分注意科研开发在生态保护建设中的作用，先后与宁夏大学、宁夏农林科学院等科研机构合作，积极开发有利于生态恢复与发展的科研项目，建立湿地生态系统定位研究站，为湿地生态的健康发展进行了积极尝试。

1. 加大湿地科研、监测力度，运行湿地监测信息系统

宁夏湿地管理机构与宁夏大学等科研机构联合开展“湿地恢复技术”“芦苇与湖泊湿地关系”“芦苇退化研究及措施”等科研、监测项目，为恢复湿地生态、保护鸟类栖息地提供了有力的科技支撑。

2. 购置监测设备，积极筹建宁夏黄河湿地生态系统定位研究站

积极争取自治区财政厅等外援项目，开展湿地保护与可持续利用项目等科研工作。购置监测设备，筹建湿地生态监测信息系统。目前，银川湿地管理办与阅海、鸣翠湖园区湿地监测信息系统已开始运行。

三、开发、恢复与保护过程中存在的问题分析

多年来，由于湿地围垦、流域水利工程建设、湿地环境污染、湿地水资源过度利用、城市建设与旅游业的盲目发展等不合理利用造成湿地面积减小、水质下降、水资源减少甚至枯竭、生物多样性降低、湿地生态功能降低甚至丧失等状况。[1]

（一）湿地萎缩和减少现象严重

长期以来，由于自然原因和人类活动的影响，严重威胁到湿地的生态保护系统。河流中的泥沙含量增大，造成河床变浅，湖底淤积，以及人类生产生活产生的污染和湿地自身的盐咸化、荒漠化等原因，致使湿地面积不断萎缩和减少。

1. 湿地面临水质、面源污染的威胁，生物多样性遭到破坏

宁夏湿地的水源补给主要是地下水位提高和灌溉退水，随着工农业的

---

[1] 靳淑，宋智．宁夏吴忠市湖泊湿地现状、保护与利用[J]．资源环境，2009(2).

发展，工业污水和农业生产所用的农药、化肥的残留物等随水补给进入湿地，造成湿地土壤污染严重。

(1) 工业污水排放。工业污水和企业生产用水的不达标排放，严重污染了湿地水源，给湿地环境带来了严重威胁。

(2) 农田退水。农田退水是湿地的重要水源之一，湿地附近的农民为了追求高产量种植而在农田里大量施肥和喷散农药，给湿地环境带来了一定程度的污染，这是湿地水质恶化的重要威胁之一。

(3) 土地的盐碱化和荒漠化加剧。湿地周边流动沙丘的扩张和土地盐碱化是湿地面积减缩或退化的重要因素。例如，在中卫沙坡头自然湿地保护区，由于沙漠前缘缺少足够数量的防风固沙林，造成腾格里沙漠的前移，风沙的沉积加速了湖泊湿地湖底抬升，湖面相对缩小。

(4) 鱼池养殖和旅游业的不规范作业。鱼池养殖使湿地条块分割，以及旅游业的盲目开发，在一定程度上也加大了湿地的污染程度，作业区周围油污、固体废弃物等污染的不断扩散和加大，使部分湖区水质恶化、富营养化加重。

2. 盲目开垦和改造，湿地生态功能有所退化

对湿地的盲目开垦和改造，以及黄河溃决时泛滥或山洪暴发时，挟带的大量泥沙淤积在湖泊、河滩中，造成湖盆变浅、部分湿地消失。表现在对湿地生态功能的破坏上，除了自然环境因素外，主要是由于多年来人为的严重干扰和破坏，围垦种地和渔业养殖使湿地条块分割，分布零散，湿地水体互不交换，水质富营养化严重，植被稀少，食物链短缺，不利于鸟类觅食、不利于野生动植物种群的交流和水体污染的防治，造成部分湖泊湿地候鸟逐年减少、野生动植物栖息和生物多样性受到严重威胁。

(二) 缺乏有效的保护措施，使湿地生态恢复与治理成效不够明显

在恢复与保护过程中，由于存在理念偏差，缺乏科学有效的保护措施，致使湿地生态功能治理成效不够明显。在湿地恢复与保护过程中所实施的一些“扩湖整治、水系连通”工程，由于只注重湿地水域面积扩大和景观效果，忽视了对湿地生物多样性和生态功能的保护与恢复，造成“有水域没有水生动植物”的场景，湿地保护与恢复的成效有待提高。在开展湿地

保护与恢复工作过程中，应因地制宜，科学规划，将“生态修复”的理念贯穿始终，采取工程措施和自然修复相结合的综合手段，提高湿地的生态修复水平。

（三）湿地保护存在法律欠缺和管理漏洞，致使保护和利用矛盾日益突出

《宁夏回族自治区湿地保护条例》共六章四十六条，从科学发展的长远利益出发，明确了湿地在宁夏的概念、范围和法律责任，从一定程度上规范了人们的行为，为湿地恢复与保护提供了法律依据。但从目前实践效果来看，还存在一些亟待完善的地方，需要及时修改和补充。

四、加强宁夏湿地恢复与保护的对策与建议

（一）政策法律层面

1. 完善《宁夏回族自治区湿地保护条例》

一是明确湿地行政主管部门，明确责任，统一管理，实现湿地资源的全面保护。虽然湿地的保护与管理工作，与发展与改革、林业、农牧、水利、环境与保护、国土资源和旅游、农垦等单位和部门有着各种交集，但是自治区能够专门为湿地出台保护《条例》，说明湿地恢复与保护对于自治区经济、社会全面发展有着至关重要的作用。因此，建议适当提高湿地保护管理中心的规格和级别，并赋予湿地管理中心一定的主体执法资格，加大湿地保护力度，实现湿地资源的全面保护和专管专责。二是提高湿地保护规划的行政规格和级别。湿地规划的重要性和其在湿地保护管理中的重要地位，在《条例》中表现得非常突出。《条例》第二十九条规定：“利用湿地资源应当符合湿地保护规划。”而《条例》第十一条又规定：“县级以上人民政府应当将湿地保护纳入国民经济和社会发展规划，并安排资金用于湿地保护工作。”鉴于湿地保护规划的重要性以及湿地规划部门级别较低的现实弊端，建议将湿地保护规划的权力授予自治区人民政府，实现宁夏统一规划、统筹布局，也便于与邻省区就湿地的确权、规划等问题统筹协商、协调解决。三是体现民族区域自治地区的立法特色。在国家尚未出台全国性的湿地保护立法和在相关法律中没有明确规定湿地保护的相关内容之前，自治区可以通过制定单行条例加以规定，行使创制权和对行政法

规的变通权，从法律的角度实现湿地资源的全面保护。

2. 出台《宁夏回族自治区湿地保护条例实施细则》

从2008年自治区出台《宁夏回族自治区湿地保护条例》以来，在近十年的实践和执行过程中缺乏有效的行政执法力度和实践操作性。为了使《条例》能够真正成为宁夏湿地保护的纲领性文件，将《条例》的具体措施落到实处，应组织有关部门起草《宁夏回族自治区湿地保护条例实施细则》，对湿地资源监测、状况评价、档案管理、开发利用审批、湿地保护规划、湿地资源保护和利用研究、湿地自然保护区的建立、管理以及违法处罚等湿地保护具体工作和配套措施的实施，做出明确具体的规定，形成各相关部门分工负责、配合发展、相互支持的执法环境和管理体制，将《条例》规定的湿地恢复与保护工作落到实处。

（二）行政管理层面

1. 在行政管理上，行政执法部门要依法严厉打击各类破坏湿地资源的违法行为

针对宁夏湿地自然保护区和湿地公园范围内存在的偷捕、偷猎、偷牧等违法行为，加大惩罚力度，通过法律和经济双重手段，严厉打击肆意侵占和非法破坏湿地的违法犯罪活动。鉴于自治区及各地市湿地管理中心均属事业单位，不具备执法主体资格的实际情况，建议赋予湿地管理中心适当的行政执法权力和主体责任，成立湿地公安派出所，对湿地自然保护区和湿地公园实施统一有效的行政执法管理。

2. 成立自治区湿地产权确权湿地工作领导小组，认真制定《全区湿地产权确权试点工作实施方案》

继续实施湿地综合治理，对黄河沿线2公里范围内的湿地进行全面封育保护，持续打造青铜峡库区、平罗天河湾、惠农滨河、吴忠滨河，打造沿黄湿地保护示范点。

（三）规划建设层面

1. 立足宁夏实际，在科学评估的基础上，建立完善的湿地自然保护区、湿地保护小区、湿地公园和湿地城市公园的规划建设体系

一是适度节约，统筹考虑黄河流域水资源的支撑能力。黄河流域大部

分地区属于半干旱区，水资源条件先天不足，在用水过程中，必须充分考虑黄河流域区域水资源的支撑能力，在流域层面和河流生态系统的尺度上统筹考虑，构建科学合理的流域湿地保护框架体系。二是疏通河道，连通湖泊，防止和减少湿地条块分割现象。对“退养还湖、退耕还湖”的湖泊湿地进行地形地貌、海拔、植被类型、水质等问题的全面调查取样，对地形海拔相差较小的区域实施连通成片，形成一个完整的湿地系统，使湿地系统能够进行具有自然的水循环与水交流过程，提高水体自净能力。若湿地为阶地分布，高差较大，则保持原貌，防止因连通水系造成上方台地湖泊严重失水，从而导致湿地湖面干涸或土壤盐咸化甚至沙化等无法挽救的后果。

2. 在项目建设上，要逐步推进湿地恢复项目和综合治理项目建设

湿地项目工程是保护和管理湿地的有效举措，在全面规划湿地保护、恢复、合理利用、生态旅游建设以及湿地公园建设项目的基础上，对一些重要湿地恢复和保护项目进行重点投入建设。采取恢复植被、控制水土流失、优化湿地植被组成、清淤扩湖、改造栖息地、防治污染等措施，逐步推进湿地恢复与治理工程；重点实施湿地自然保护区的巡护道路工程、保护站点建设、水通道疏浚、鸟类栖息地生境改善等重点工程；采用系统工程和综合治理的方法，确保湿地保护目标任务的落实和如期完成；通过湿地恢复和保护项目的实施，使湿地生态系统的功能和效益得到充分发挥，实现湿地资源的可持续利用。

3. 从源头上治理湿地水质污染，提高城市生活污水处理率和工业废水排放达标率

湿地生态用水主要来自黄河、地下水渗透、农田退水、工农业废水和山洪降水补给等，要净化湿地水质，杜绝湿地水质富营养问题，就要依靠科学制度和法律手段，控制废水排放量。同时，加快企业排污行为奖惩机制的建立，制定合理的排污费用收取标准。[1]同时，积极推广污水治理净化的科学技术和先进设备，结合当地实际，因地制宜建立污水处理设施。强

[1] 胡震云，陈晨，王慧敏，等. 水污染治理的微分博弈及策略研究[J]. 中国人口资源与环境，2014(5).

化对于工业企业排污的执法检查与处置，坚决关停、取缔违法排污的工业企业，严格限制工业企业的排污标准，积极引导、扶持工业企业做好工业废水的治理以及回收利用，并采取无害化处理后排放。

4. 在编制规划上，要体现科学统筹、协调指导的原则，实现湿地资源可持续发展和有效利用

宁夏现有湿地资源分属多个部门管理，因各部门的职能职责、业务范围、工作重点、目标取向不同，导致湿地保护和利用呈现单一性和盲目性。可通过编制和实施宁夏统一的具有可操作性的湿地保护与利用规划，明确责任目标、总体布局、建设任务、重点项目和具体措施，并将目标、任务、项目分解落实到各地区、各有关部门和单位，落实到具体湿地保护范围，统筹安排、全面指导湿地的保护和利用。各地市、各地区和各部门则在规划指导下，按照规划具体组织实施，使宁夏湿地保护和利用走上科学化、规范化的轨道。

(四) 生态建设层面

湿地生态系统是重要的动植物资源生长繁育场所，是天然的生物基因库，对维持野生物种种群有着极为重要的作用。由于人们对湿地的大量无序开发，降低了湿地生态系统的有序性和稳定性。因此，在湿地生态的恢复、保护与开发利用方面，要从以下几个方面着手：

1. 建立湖滨缓冲带，种植水生植物

在开展水生植物污水净化过程中，对水生植物的选择十分有必要，研究发现茭白对 COD、BOD、氨氮的处理效果较好，菖蒲对富营养化水体具有较强的净化能力，芦苇对污水有比较理想的过滤性质。[1] 对此建议，在湖边水位较浅的区域，可采取无性繁殖的方法种植茭白、菖蒲、芦苇等净水植物，在湖泊湿地周围建立湖滨植被带，不仅有利于除解污染物、保护湖泊水质、发挥湿地功能，而且还可以形成湿地景观带，给人们提供良好的休闲、旅游场所。同时，做好水质监测工作，禁止向湿地周围弃置废物、

---

[1] 吕金虎，钟艳霞，高鹏. 银川平原人工湿地水生植物去污能力研究[J]. 水土保持通报，2013(1).

垃圾，积极推行“清洁生产”，保证湿地水质无污染、少污染。

2. 发展绿色生态产业链，从源头降低污染

湿地产业是绿色的、有机的生态产业，既能体现湿地的经济效益、社会效益和生态功能，又能为人们提供健康有益的物质产品和精神享受。从湿地生态系统生产力高的特点考虑，以传统渔业为基础的适水产业应做大做强，未来还可以发展有机水稻、精品林果、水上垂钓、野禽饲养、水上植物种植等湿地产业，同时，湿地旅游景点和湿地公园还可以推出水上娱乐、水上极限挑战等新兴项目，这些湿地产业具有强大的发展潜力，具备绿色生态及现代林业特色，兼有投入少、收益大、周期短、见效快的生产特点。

3. 积极发展生态农业，大力推广和实施科学施肥、科学灌溉

根据不同区带、不同自然条件，优化农业产业结构模式，推进农业产业化进程，优化农业生态结构模式，引进先进科研技术，构建全方位、多层次的生产结构。在保证农民稳定增长的基础上，推广多样化的生态农业建设，减少传统农业种植对环境造成的压力，最大限度地降低水肥随径流的流失和大水漫灌造成的水源损失。大力推广高新节水灌溉技术，如微灌、喷滴灌、低压灌溉和渠道防渗等。[1]引进培肥技术以提高地墒，如作物秸秆覆盖技术、绿肥还田技术、生物养地技术、免耕少耕农艺技术等。[2]

---

[1] 吴春燕，何彤慧，于骥，等. 宁夏湿地水环境研究进展[J]. 宁夏农林科技，2015(9).

[2] 刘娟，谢谦，倪九派，等. 基于农业面源污染分区的三峡库区生态农业园建设研究[J]. 生态学报，2014(9).

宁夏中南部干旱区农业适应气候变化对策研究

单臣玉

新常态下，在我国农业发展不断取得新成就、新突破的同时，农业资源消耗加大、生态环境压力加剧、农民种粮效益较低等问题日益凸显，农业农村经济发展面临的外部环境发生深刻变化，迫切需要实现农业现代化与工业化、信息化、城镇化同步发展，推进农业农村经济转型升级、持续健康发展。

一、农业适应气候变化面临的形势与任务

根据研究，近五十年来宁夏的年平均气温上升了2.9℃，尤其中部干旱带升高了3.1℃，仅近十年平均气温升高2.1℃，达到了有历史记录以来的温升最快阶段。气候变化引起降水量减少，降雨量呈现出逐渐减少的趋势，20世纪90年代是降水量减少幅度最大的时期，1982年是宁夏近百年来降水量最少的一年。随着气候的变化，宁夏中南部干旱区轻、中干旱频次增加且干旱发生面积不断增大。据宁夏1949年至2015年60多年的统计资料，发生干旱的机会为71.9%，其中特大旱14.0%、重旱15.8%、轻旱42.1%，特别是1991年至今的20多年期间，干旱发生的频率增高，重旱以上（含特大旱）发生的时间间隔缩短，出现次数频繁。历史上素有“十年

作者简介　单臣玉，宁夏清洁发展机制环保服务中心项目经理，助理研究员。

九旱”之说的中部干旱带，现在变成了“十年十旱”。

世界银行《冲击波：管理气候变化对贫困的影响》报告提出，如果不迅速采取应对气候变化的发展模式，到2030年气候变化将导致全球1亿人陷入极端贫困。目前，贫困人口已处于气候相关的高风险中，比如降雨减少导致农作物歉收、极端天气事件导致食品价格猛涨、热浪与洪涝灾害导致疾病增多。多个研究模型表明，到2030年，气候变化可能会导致全球作物产量损失达5%，到2080年损失多达30%。

针对农业适应气候变化工作的新形势、新任务和新要求，宁夏中南部干旱区迫切需要准确把握中央关于农业农村发展的部署和要求，结合各地农业产业发展实际，找准突破口和着力点，重点聚焦、重点谋划、重点推进。要紧紧围绕区域特色优势，突出农业高新技术的集成运用，加快转变农业发展方式，发展多种形式，适度规模经营，努力发展集约化、市场化、社会化农业，推进传统农业向现代农业的换挡升级，走产出高效、产品安全、资源节约、环境友好的农业现代化道路。

二、大力发展与推广农业适应气候变化技术

(一) 发展农业高效节水技术

宁夏中南部地区属雨养农业区，农业种植主要依靠降水，部分地区依靠小流域引水，水资源短缺是制约宁夏经济发展最重要的瓶颈之一。随着气候变化，天然降水减少，水资源总量将更加匮乏。宁夏中南部地区水资源的减少最为明显，供需矛盾将进一步加剧。水资源对经济社会发展的长期瓶颈制约将进一步增强。

1. 发展节水型灌溉农业高效节水技术

根据宁夏中南部各地区不同的自然地理特征、水源条件，以提高灌溉水的利用率、单方灌溉水的产粮数和单位降水量的生产力为中心，大力开展节水机理、节水关键配套技术、各种节水技术的组装集成。研究多种农业节水技术包括渠系和田间工程的综合配套与完善、土地平整与标准田块建设、田间灌水技术改进、节水灌溉制度、田间保水技术、水肥耦合技术、农作物种植结构调整、节水抗旱品种选育、雨水利用、节水耕作及栽培技

术等的最优配置，形成一套综合的由节水栽培、节水灌溉、节水管理有机结合的农业高效节水技术体系。

2. 发展集水型旱作农业高效节水技术

宁夏中南部干旱区可灌溉农田面积仅15%，其余是靠天吃饭，即所谓雨养农业，利用和提高有限雨水资源是发展旱作农业的关键。为适应气候变化引起秋季降雨相对集中的情况，按照旱作节水农业的理念，应大力发展以雨水集蓄与高效利用为主要内容的集水型旱作农业高效节水技术。大力推广秋季覆膜保墒、坐水点种、积雨窖灌、膜下滴灌、膜侧栽培、垄沟栽培等旱作节水农业技术。

3. 加强水资源的利用与转化

农业生产需要用水，水的形式多样，包括大气水、地表水、地下水。这些水之间的相互转化，既是自然过程，同时可进行人工调控，通过人工控制可实现将大气水转化为地表水。宁夏中南部干旱区在加强水资源的利用与转化方面已有很多成熟经验，在新时期农业生产发展中应作为适应气候变化的重要举措加强推广应用，同时大力推行地表水和地下水的统一管理，逐步实现两水同价。

4. 建立完善的水资源一体化管理

水资源可持续管理的目的是为了规范在水资源短缺和水环境恶化情况下人们的生产和生活方式。宁夏中南部干旱区要实现水资源的可持续发展，必须首先通过人们生活习惯和方式的改变、产业结构的调整，充分利用当地水资源，在区域社会经济发展、水资源安全和生态环境安全等方面进行区域水资源分配，构筑水资源安全战略体系，实现区域水资源化管理一体化。

（二）发展农业种植提质增效技术

根据当地的气候变化特征，进一步了解摸清作物生长发育、产量形成和气候条件的关系，及时调整种植结构，优化种植模式，大力推进农业产业化，注重一、二、三产业融合发展，要通过调整结构、规模经营、绿色发展提质增效。

1. 选育和推广适应气候变化的作物新品种

选育优良品种是农业应对气候变化最根本的适应性对策之一。在气候变化的压力下，育种机构应着重选育抗逆性强的新品种，以增强农作物适应气候变化和抵御自然灾害的能力。要因地制宜，引进、培育并大力推广良种和配套高新栽培技术，建立及强化农技推广体系，提高良种良法的推广转化率，加速农作物品种更新换代。以培育具有自主知识产权的农作物新品种为重点，加快粮食及特色优势作物的新品种选育、引进和地方优势品种的提纯复壮，优化优势作物品种品质结构，实现主要作物新一轮品种更新换代。

2. 发展主要粮食作物高产优质种植技术

着眼于大宗农作物大面积平衡增产，围绕不同作物的区域目标产量要求，组装集成高产生产技术模式，创建示范基地并逐步推进，促进宁夏中南部干旱区农作物高产稳产和平衡增产。按照区域优势和生态条件，开展优质高产品种引育，实施高标准农田建设、土地整理、中低产田改造、沃土工程、测土配方工程；推进耕作制度改革，优化栽培技术模式，加强优质高效栽培、全程机械化种植、工厂化育苗、覆膜保墒旱作节水、病虫害统防统治等技术的集成配套和推广。以提升粮食综合生产能力为核心，以粮食高产创建为抓手，调整结构，优化品质，主攻单产，建设现代优质粮产业体系。

3. 发展设施光伏农业一体化技术

立足区域资源禀赋，积极推进设施农业标准化基地建设，完善基础配套，强化科技支撑。加大空棚整治、旧棚改造力度，机械化应用、绿色有机蔬菜综合栽培等技术，支持设施农业扩大规模。充分利用宁夏中南部干旱区光照资源丰富的优势，推广农业光伏一体化技术，将太阳能发电、现代农业种植、高效设施农业相结合，创造全新的农业生产经营模式。

4. 加速推进农业生产全程机械化

加快主要农作物生产关键环节的机械装备研发，通过良种良法配套、农机农艺融合，实现关键生产环节机械化、加速推进全程机械化。加强健康养殖、设施农业、果实采摘、农产品精深加工技术装备等设施设备研发，提升农业生产现代化装备水平，加快农产品加工与资源综合利用技术的产业集成、示范和应用，促进现代农产品加工、物流和消费体系的有效衔接和可持续发展。

5. 发展农业绿色防控技术

开展土壤重金属与农作物生长关联性研究，研制环境友好新型肥料、生物农药、高效安全饲料添加剂、高效生物疫苗、高光效可降解型农膜等绿色新型农业投入品，为绿色、有机农产品安全提供物质保障。开展农业病虫草鼠害资源及农情、灾情综合调查，研究病虫草鼠害及自然灾害发生发展规律，开展风险及损失评估，为灾害防控提供准确依据。申请认定无公害农产品产地、农产品地理标志产地、绿色食品产地、有机食品产地，提升农业品牌效应。

（三）大力发展生态农业技术

党的十八届五中全会提出创新、协调、绿色、开放、共享的发展新理念。要把建设生态农业放在大力推进农业现代化、加快转变农业发展方式的突出位置，着力推进农业资源利用节约化、生产过程清洁化、产业链条生态化、废弃物利用资源化，趋利避害、充分挖掘气候资源潜力。从而合理利用农业气候资源，防御农业气候灾害，提高农业适应气候变化的能力，促进农业绿色发展，推动现代农业走上可持续发展之路。

1. 发展农业环境保护与退化环境修复技术

开展农业面源污染防控、水污染综合治理等研究，保障水资源与水环境安全。开展退化农田生态重建、污染农田修复与污染物超标农田安全利用、重金属和持久性有机物活性的原位调控和生物高效萃取、污染物低吸收作物利用、农田污染物溯源等技术研究，促进农田生态系统的改善。开展生物养殖环境的保护与合理开发利用，以及国土资源综合开发利用技术研究。攻克戈壁滩地、沙漠荒地、宜林山地的少用土、节约水、多产出、高效益关键技术，降低复垦和新垦成本。开展耕地质量保育与地力提升技术研究，提高土壤持续生产力。

2. 发展农业清洁生产技术

坚持减量优先，推进农业清洁生产。改进施肥方式，鼓励使用有机肥、生物肥料和种植绿肥。推广高效低毒低残留农药、生物农药和先进施药机械，推进病虫害统防统治和绿色防控。开展畜禽规模养殖场改造，推进畜禽清洁养殖。推广节油、节电等机械技术，降低农业装备耗能，因地制宜发展沼气工程，大力推广清洁能源。坚持用养结合，推进耕地质量保护与提升。因地制宜开展生态型复合种植，采用间套轮作、保护性耕作、粮草轮作、增施有机肥等方式，促进种地养地结合。建立耕地质量调查监测体系，健全耕地质量调查、监测、评价、信息发布制度。

3. 发展农业气象灾害防御与应急技术

研究气候变化背景下主要农作物的生物学机制及主要动物疫病、农作物病虫害的变化规律及其响应对策。研究气象灾害和自然灾害区划、风险评估及管理技术，提出农业气象灾害防御与灾害应急对策，针对气候变化对农业旱涝及病虫害等气候灾害的影响，开展农业气候灾害预测，建立农业灾害监测与预警系统，特别是建立干旱、洪涝、低温灾害、重大植物病虫害等防控减灾体系，并建立农业灾害保险机制等，同时开展研发生物农药有效靶标技术、物理与生态调控技术以及化学防治技术等，有效规避农业气候灾害风险。

4. 发展生态有机的绿色农业技术

开展耕作、栽培、施肥等绿色、有机农业种植技术，绿色、有机种植土壤培肥和改良技术研究，发展生态有机绿色农业技术，构筑生态有机的绿色农业体系，是推进宁夏中南部干旱区绿色崛起的基础和动力。推进绿色农业的标准化生产技术，建立既具有宁夏特点又与国内外先进标准接轨的绿色农业标准化体系和绿色农业生产体系。

5. 发展资源节约型循环农业技术

要按照建设资源节约型社会、环境友好型社会要求，大力发展资源节约型循环农业技术，使有限的农业自然资源能够永续利用。围绕资源节约集约利用，切实加强农业资源保护和合理开发。大力推广集约化农业生产，改变传统的耕作方法，改善农业生态系统，降低农业生产过程中的碳排放量。大力发展节地、节水、节肥、节药、节种、节电、节油、节柴、节粮资源节约型循环农业，减少对高碳型生产资料的依赖。建立生产、管理和服务有机结合的生态循环农业技术支撑体系。

(四) 发展现代农业信息技术

加强农业信息技术研究，按照信息化促动农业现代化的发展思路，大力发展以大数据、云计算、移动互联网和物联网为核心以及“3G”技术为表现的“智慧农业”，为改造传统农业提供技术支撑。

1. 加快发展农业电子商务

加快发展农业电子商务，着力解决宁夏中南部地区信息不对称、农产品流通成本高、盈利模式不清晰等问题，加强农业生产经营主体与电子商务平台对接，扩大鲜活农产品直配、农资下乡和休闲观光农业电子商务试点。大力实施农业物联网试验示范工程，加快科技攻关，加大节本增效农业物联网模式应用力度。加快推进信息进村入户，集聚服务资源、强化风险防控、健全市场化运营机制，确保公益服务、便民服务。

2. 推动信息技术与农业生产各环节融合

借力“互联网+”，开发农业多种功能，促进一、二、三产业融合发展。研究动植物生长发育、病虫草鼠害发生、土壤养分与墒情变化、耕地质量动态监测、气候变化等信息快速获取与智能处理技术，研究农田精准作业导航与变量控制技术，开展精准农业技术示范。加强农业科技情报与信息、农业标准、农业遗产收集与保护等工作，强化农业信息的服务功能，充分发挥其在现代农业建设中的作用。

三、提高农业适应气候变化的组织与管理能力

(一) 加快科技创新及成果推广应用

1. 提升农业科技创新能力

根据宁夏中南部干旱区农业适应气候变化的技术需求，以自治区现有农、科、教机构和队伍为主体，推行院地合作、所县合作、农企联合等产学研结合模式，加强同国内外农业科研院校的科技合作与交流。在加强县、乡农业技术推广服务体系建设的基础上，组建跨区域、跨部门、跨所有制的科技创新团队和示范推广团队，打造创业、创新、创优平台。推进农业科技创新，加快新技术、新品种、新模式、新设施的研发、引进和示范推广，切实提高农业科技集成创新和引进、消化、吸收再创新能力，推动特

色优势产业提质增效。

2. 加大农业领域适应技术转移能力建设

科技进步是应对气候变化的重要手段，以加快农业应对气候变化能力建设为总目标，重点开展技术需求评估能力建设、气候技术转移融资能力建设、气候技术转移与融资人员能力建设，解决技术转移和融资过程中的障碍，提高宁夏气候脆弱区农业应对气候变化的能力和水平，建立健全多元化社会化服务组织。

3. 加快培养新型农民和农业人才队伍

以提高科技素质、职业技能和经营能力为核心，以新型农民培训工程为抓手，对农民进行科技强化培训，建立科技示范户。坚持“服务发展、人才优先，使用为本、创新机制，高端引领、整体开发”的方针，重点培养行政管理人才、农业科研领军人才和农业技术推广骨干人才，切实把人才资源转化为经济资源，为农业农村经济发展提供强有力的人才支撑。

4. 利用清洁发展机制促进农业经济发展

林业碳汇成为应对气候变化的重要战略选择。目前我国森林年均净增长活立木蓄积量5亿立方米，年均净吸收二氧化碳约9亿吨，为我国每年排放二氧化碳增量的3倍左右。自治区多年来在大力植树造林的同时，先后启动实施了退耕还林还草、封山禁牧及自然保护区建设等生态建设工程。与此同时，城市绿化工作也得到了较快发展。林草资源成为了宝贵的碳汇资源。为使资源优势转变成经济优势，应采取积极的政策措施，在进一步利用清洁发展机制促进太阳能、风能、生物质能等新能源开发利用速度的同时，利用清洁发展机制，通过发展碳汇林草业，促进碳汇贸易，促进农业经济发展。

（二）建立健全农业安全防御体系

1. 建立健全农产品质量安全保障体系

建立以国家农业标准及其相配套的生产技术规程为主体，以地方农业标准为基础，以农业企业、农民专业合作社和农产品行业协会制定的生产技术和经营管理规范为补充的农产品质量标准体系。建立健全自治区、市、县三级配套、互为补充，常规检测与快速检测相结合的农产品检验检测体系。强化优质农产品认证和监管，完善农产品市场准入和投入品监管制度。

2. 建立健全农牧业有害生物防控体系

按照气候分区或流域面积，建立健全市、县级农作物病虫害预测预报防控中心，加快完善农作物病虫害统防统治社会化服务体系；加快建立促进生物农药、天敌防治和低毒低残留化学农药等“绿色”植保技术推广的利益驱动机制，不断提高农产品的“绿色”品质和竞争力。加强动物防疫体系建设，完善动物及其产品检疫检验基础设施，健全动物免疫标识及疫病可追溯体系；加强病害动物及其产品无害化处理设施建设；建立健全兽药饲料监察体系。

3. 建立健全农业避灾减灾抗灾体系

适应气候变化带来的极端气候灾害频发重发的趋势，大力发展“避灾农业”，变传统的被动抗灾救灾为主动避灾减灾，完善相应的避灾防灾设施措施；建立健全农业应对各种气候灾害应急预案和各类抗灾救灾物资储备体系，特别是建立健全救灾化肥、农膜、种子、种苗储备体系和保障机制；建立健全农作物病虫害、重大动物疫病防控物资储备体系和保障机制；建立健全防洪抗洪和森林、草原防火物资储备体系和保障机制，进一步提高农业抗御自然灾害和风险的能力。

（三）建立健全农业市场管理体系

加强农产品产地批发市场建设，完善基础设施，提高检测手段，健全信息发布系统，加强“农超对接”，发展农资连锁经营。以宁夏农业信息网为核心，加快建立宁夏数字“三农”信息库，形成纵横相连、上下贯通的“三农”信息交流平台。抓住国家启动基层农业科技服务体系建设项目的历史机遇，加快县、乡农业科技推广机构标准化建设，提升服务能力，完善服务功能，创新服务机制，改革服务方式，建立示范基地，延伸村级服务。通过财政、税收、利率等方面的优惠政策，鼓励金融机构增加县、乡两级金融网点配置，扩大信贷资金和金融产品投入，着力解决农村金融有效供给不足的问题。

参考文献

[1] 高军侠，党宏斌. 河南省农业综合开发适应气候变化的政策调整建议[J]. 河南水利与南水北调,2012(2).

[2] 刘彦随,刘玉,郭丽英. 气候变化对中国农业生产的影响及应对策略[J]. 中国生态农业学报,2010(4).

[3] 钱凤魁,王文涛,刘燕华.农业领域应对气候变化的适应措施与对策[J]. 中国人口·资源与环境,2014(5).

[4] 闫晓红,段汉明,吴斐. 宁夏水资源现状、问题及对策[J]. 地下水,2011(1).

银川平原不同类型湿地碳汇能力研究

卜晓燕

一、银川平原湿地概况

（一）湿地类型、特点

银川平原是典型的冲积湖积平原，黄河从东到西流经 193 km，形成了银川平原湿地广布、数量众多、类型丰富、沟渠纵横的自然景观，成为全国湿地中独具特色的重点湿地景观。湿地类型多样，有河流湿地、湖泊湿地、沼泽湿地、人工湿地四大类别。河流湿地面积占银川平原湿地面积的 34.43%，湖泊湿地、沼泽湿地、人工湿地各占 30.30%、19.46%和 15.82%，面积占比较为均衡。

银川平原湿地与其他地区湿地相比，其演变特点与生态效应均具有自己的独特性质。平原湿地具有干旱区水面蒸发量大，容易造成湖水咸化和湖周土壤盐渍化，湖盆地面沉降与黄河水沙淤积相互抵消效应、依托黄河及其灌溉排水体系而形成和消长的独特性质。其最大的特点是与人类的水利活动相辅相成，密不可分。由于受到灌溉农田退水等因素的影响，平原湿地富营养化问题较为突出。

银川平原湿地分布具有明显的地域性。银川平原湿地分布较广，从南

作者简介　卜晓燕，宁夏职业技术学院讲师，博士。

到北均有分布，主要分布在中部地区，贺兰县、平罗县、兴庆区湿地资源最为丰富，贺兰县和平罗县沼泽湿地广布。

（二）湿地斑块数量和面积变化

2002年以来，为保护湿地和湿地生物多样性，宁夏自治区政府先后实施了退田（塘）还湖蓄水、退耕还湖、疏浚清淤等一系列湿地生态恢复与保护工程，湿地面积不断增加，平原湿地景观发生了巨大变化。

2000—2014年，银川平原湿地总面积增加了3197.93 hm^2，其中2000—2005年增加了293.70 hm^2，增幅达28.28%；2005—2010年增加了1064.9 hm^2，2010—2014年增加了1839.06 hm^2，增幅达28.01%。2000—2014年，湖泊、沼泽、人工湿地面积呈增加趋势，河流湿地面积呈减少趋势。2000—2014年，银川平原湿地景观斑块数呈现增加的趋势，斑块数量增加了237个，增加幅度为16.76%。其中2010—2014年斑块数量增加显著。结果表明，银川平原的湖泊、沼泽、人工湿地呈现恢复趋势，恢复效果明显；河流湿地资源呈现衰减趋势，目前湿地衰减幅度在降低。

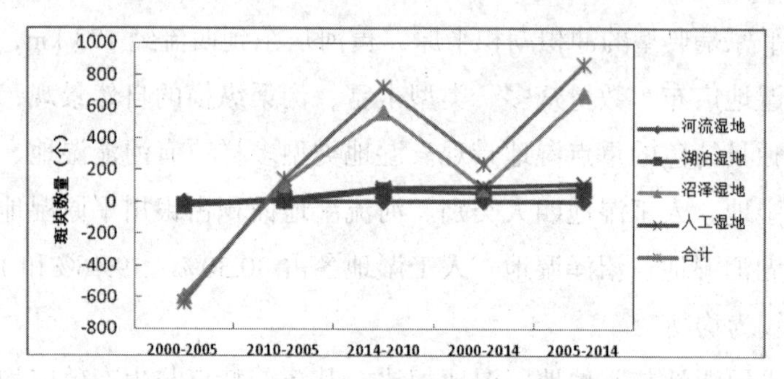

图1　2000—2014年银川平原湿地斑块数量变化

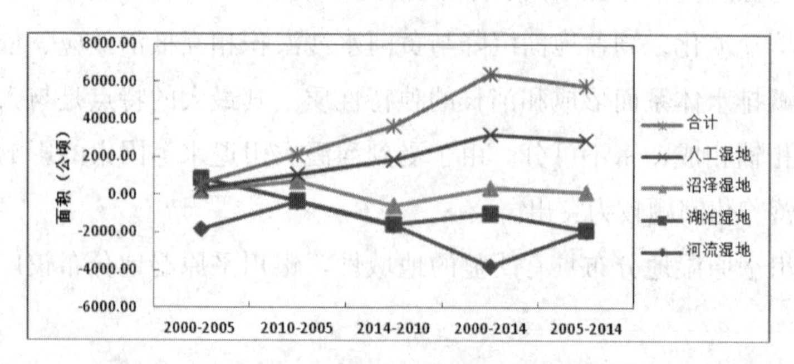

图2　2000—2014年银川平原湿地面积数量变化

二、研究方法

本研究在广泛收集资料，典型样区采样，实验室测定样方数据基础上，选择研究区湿地恢复与保护措施实施先期（2000 年）、中期（2005 年，2010 年）和近期（2014 年）四期 TM 影像进行人工目视解译，应用 TM 影像波段信息、纹理特征、主成分等遥感信息参数与相关关系模型，构建湿地植被、土壤碳含量遥感估测模型，并应用碳遥感估测模型估测了 2000—2014 年 14 年间湿地植被生物量、土壤有机碳含量，在此基础上评估 2000—2014 年 14 年间湿地碳汇能力。

三、不同类型湿地植被生物量

银川平原湿地的多年平均生物量的波动范围为 2283.17~4058.07 g/m^2，均值为 3017.88 g/m^2（14 年均值，下同），CV（变异系数，下同）为 39.55%。河流湿地的生物量的波动范围为 1640.49~3650.87 g/m2，均值为 2511.30 g/m^2，CV 为 33.05%；湖泊湿地的生物量波动范围为 3154.41~3650.87 g/m^2，均值为 3400.97 g/m^2，CV 为 33.19%；沼泽湿地的生物量的波动范围为 2488.78~4912.32 g/m^2，均值为 3620.66 g/m^2，CV 为 30.42%；人工湿地生物量的波动范围为 2088.53~4472.69 g/m^2，均值为 3078.75 g/m^2，CV 值为 28.64%，年际变化较小。多年平均生物量沼泽湿地>湖泊湿地>人工湿地>河流湿地。结果表明，不同类型湿地的生物量年际波动存在较大差异，不同类型湿地的 CV 值排序为：湖泊湿地>河流湿地>沼泽湿地>人工湿地。

四、不同类型湿地碳含量和碳密度研究

（一）植被有机碳含量特征分析

银川平原湿地植被碳含量的波动范围 912.65~1629.49 gC/m^2，均值为 1254.89 gC/m^2（14 年均值，下同），CV（变异系数，下同）为 27.52%。河流湿地的植被碳含量的波动范围为 653.09~1497.10 gC/m^2，均值为 1020.88 gC/m^2，CV 为 20.96%；湖泊湿地的植被碳含量波动范围为 1264.53~1465.04 gC/m^2，均值为 1366.57gC/m^2，CV 为 23.54%，年际变化较小；沼泽湿地的

植被碳含量的波动范围为 995.70~1974.50 gC/m^2，均值为 1452.85 gC/m^2，CV 为 23.19%；人工湿地植被碳含量的波动范围为 834.05~1837.27 gC/m^2，均值为 1254.89 gC/m^2，显现出最大的年际波动，CV 为 18.69%。结果表明，不同类型湿地的年际波动存在较大差异，不同类型湿地的 CV 值变化为：湖泊湿地>沼泽湿地>河流湿地>人工湿地。

（二）土壤有机碳密度特征分析

银川平原湿地土壤碳密度的波动范围为 1954.45~3342.29 gC/m^2，均值为 2668.72 gC/m^2（基于 2000—2014 年的计算结果，下同），CV 为 27.39%；河流湿地波动范围为 1451.39~3081.49 gC/m^2，均值为 2215.79 gC/m^2，CV 为 33.41%；湖泊湿地的波动范围为 2635.70~3023.61 gC/m^2，均值为 2738.59 gC/m^2，CV 为 33.41%；沼泽湿地波动范围为 2115.22~4010.25 gC/m^2，均值为 3048.78 gC/m^2，CV 为 30.70%；人工湿地波动范围为 1802.26~3666.49 gC/m^2，均值为 2642.97 gC/m^2，CV 为 25.50%。4 种类型湿地中，有机碳密度排序为：沼泽湿地>湖泊湿地>人工湿地>河流湿地。不同类型湿地间的差异与有机碳含量的差异基本一致，年际变化比有机碳含量的变化小。研究表明，银川平原沼泽湿地、河流湿地、湖泊湿地、人工湿地 4 类湿地土壤有机碳密度先减少后增加，呈现出碳汇集现象。

五、不同类型湿地碳储量研究

（一）植被碳储量特征分析

银川平原湿地植被总碳储量波动范围为 31.88×10^4~59.44×10^4 tC，均值为 41.59×10^4 tC（14 年均值，下同）。从 4 类湿地碳储量分布情况来看，河流湿地波动范围为 9.25×10^4~18.86×10^4 tC，均值为 13.86×10^4 tC，占银川平原湿地植被总碳储量的 33.33%；湖泊湿地波动范围为 12.62×10^4~16.26×10^4 tC，均值为 14.27×10^4 tC，占银川平原湿地植被的 34.30%；沼泽湿地波动范围为 5.44×10^4~13.92×10^4 tC，均值为 $8.40.\times10^4$ tC，占银川平原湿地植被总碳储量的 20.18%；人工湿地波动范围为 2.90×10^4~10.55×10^4 tC，均值为 5.37×10^4 tC，占银川平原湿地植被碳储量的 12.90%（见表 1）。

表 1　银川平原不同类型湿地植被碳储量

单位：$\times10^4$ t

湿地类型	2000 年	2005 年	2010 年	2014 年
河流湿地	17.51	9.83	12.27	18.86
湖泊湿地	12.62	14.03	14.15	16.26
沼泽湿地	8.14	5.44	9.24	13.92
人工湿地	4.88	2.90	3.20	10.55
银川平原湿地	43.16	32.20	38.87	59.60

（二）土壤碳储量分析

银川平原湿地土壤碳储量为 106.41×10^4 t（14 年均值，下同），波动范围为 75.65×10^4~139.07×10^4 t；河流湿地为 35.41×10^4 t，波动范围为 23.62×10^4~44.14×10^4 t；湖泊湿地为 34.13×10^4 t，波动范围为 29.62×10^4~38.07×10^4 t；沼泽湿地为 21.87×10^4 t，波动范围为 12.87×10^4~32.47×10^4 t；人工湿地为 12.76×10^4 t，波动范围为 6.91×10^4~24.13×10^4 t（见表 2）。

表 2　2000—2014 年银川平原不同类型湿地（0~40cm）土壤碳储量

单位：$\times10^4$ t

类型	2000 年	2005 年	2010 年	2014 年	14 年平均值
河流湿地	41.15	23.62	32.74	44.14	35.41
湖泊湿地	29.62	33.00	35.84	38.07	34.13
沼泽湿地	19.11	12.87	23.03	32.47	21.87
人工湿地	11.46	6.91	8.56	24.13	12.76
银川平原湿地	101.17	75.65	109.12	139.07	106.41

（三）湿地总碳储量分析

将银川平原湿地及 4 种类型湿地的植被碳储量和土壤碳储量分别叠加得到各类型湿地的总碳储量（见表 3）。银川平原湿地总碳储量为 150.37×10^4 t（14 年平均值，下同），4 种湿地的生态系统碳储量存在较大的差异性。河流、湖泊、沼泽、人工湿地多年平均碳储量依次为 50.03×10^4 t、48.40×10^4 t、28.41×10^4 t、18.15×10^4 t，碳储量大小排序为河流湿地>湖泊湿地>沼泽湿地>人工湿地；沼泽湿地与河流湿地和湖泊湿地之间存在着显著的差异性（$p<0.05$），河流湿地和湖泊湿地之间并未表现出显著的差异性。河流湿地碳储量最高，占银川平原湿地总碳储量的 34.43%，主要原因是河流湿地的面积大，占到整个湿地面积的 40.76%，人工湿地面积最少，占整个湿地面积的 11.58%。其单位面积总碳储量多年平均值分别为：河流

31.93 t/hm^2，湖泊 42.49 t/hm^2，沼泽 45.02 t/hm^2，人工湿地 38.92 t/hm^2。四种类型湿地的单位面积碳储量顺序为：沼泽湿地>湖泊湿地>人工湿地>河流湿地，主要原因是沼泽湿地植被覆盖度高，其有机碳储量密度最大；而河流湿地为流态湿地，以水面为主，其植物量相对较少，所以河流湿地有机碳储量最少。

表 3　2000—2014 年银川平原不同类型湿地碳储量

单位：×10^4 t

类　型	碳储量组成	2000 年	2005 年	2010 年	2014 年
河流湿地	植被碳储量	17.51	9.83	12.27	18.86
	土壤碳储量	41.15	23.62	32.74	44.14
	总碳储量	58.66	33.45	45.01	63.00
湖泊湿地	植被碳储量	12.62	14.03	14.15	16.26
	土壤碳储量	29.62	33.45	35.84	38.07
	总碳储量	42.24	47.03	49.99	54.33
沼泽湿地	植被碳储量	8.14	5.44	9.24	13.92
	土壤碳储量	19.11	12.87	23.03	32.47
	总碳储量	27.25	18.31	32.27	46.39
人工湿地	植被碳储量	4.88	2.9	3.20	10.55
	土壤碳储量	11.46	6.91	8.56	24.13
	总碳储量	16.34	9.81	11.76	34.68
银川平原湿地	植被碳储量	43.01	31.88	42.12	59.44
	土壤碳储量	101.17	75.65	109.12	139.07
	总碳储量	144.18	107.53	151.24	198.51

（四）不同类型湿地碳储量空间分布特征

2000—2014 年，银川平原不同县（市、区）湿地碳储量差异很大，其空间分布趋势整体上中部地区和西南部地区较高，东北部地区较低。平罗县湿地碳储量最高，其次是贺兰县，最低的是西夏区。河流湿地碳储量最高的是平罗县，其次是青铜峡市，最低的是金凤区。这主要是因为平罗县的河流湿地面积大，金凤区河流湿地面积小；湖泊湿地碳储量最高的是平罗县，其次是贺兰县，最低的是西夏区；沼泽湿地碳储量最高的是平罗县，最低的是利通区；人工湿地碳储量（包括库塘和水产养殖场）最高的是贺兰县，其次是永宁县，最低的是利通区。银川平原湿地碳储量分布与植被生物量密切相关，植被生物量高的区域总碳储量也较高，与植被生物量分布呈现相似的分布特征。

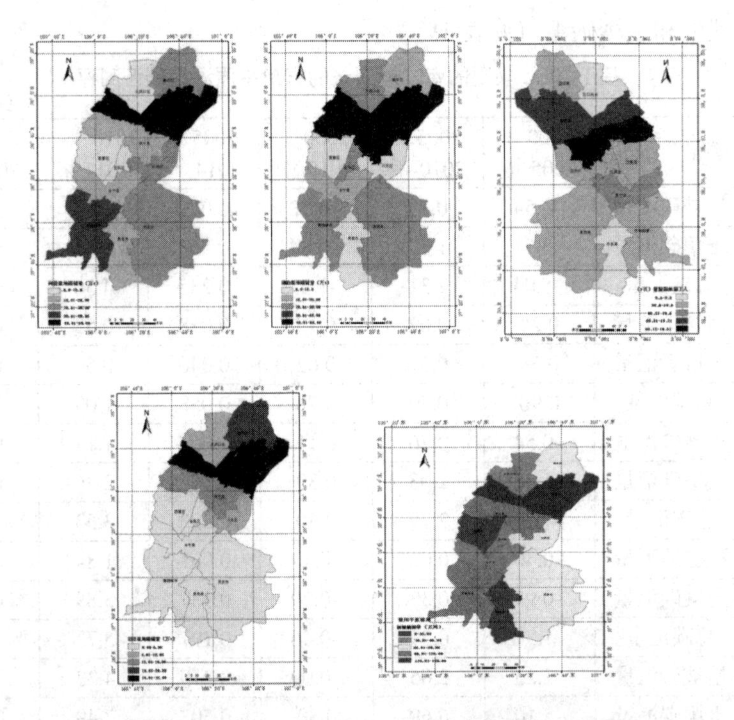

图 3　2000—2014 年各市县湿地年平均碳储量空间分布图

六、基于 IPCC 规则的库—差别法的碳汇量测评

（一）基于 IPCC 规则的库—差别法的碳汇量测评

采用 IPCC（2006）国家温室气体清单中的碳汇计量方法。IPCC 认证的陆地生态系统碳汇是指通过人为活动在管理土地内的温室气体排放或清除的过程及其数量，其计量学基础是各种碳库变化过程中的质量守恒原理。对于指定的碳库的年度变化量的评价，优先推荐精度更高的碳储存量法，即采用两个时间点间年均变化量表示一个给定碳库的变化，称为库—差别方法。

$$C=\frac{(C_{t2}-C_{t1})}{t_2-t_1} \tag{1}$$

式中，C 为年度碳储量变化（tCa−1），C_{t2} 为时间 t_2 的碳库量（tC），C_{t1} 为时间 t_1 的碳库量（tC）。

采用IPCC规则的库—差别碳汇计量方法计算了银川平原不同类型湿地的植被碳汇和土壤碳汇（见表4）。

表4 基于IPCC规则的库—差别法的银川平原湿地碳汇测评

单位：t/a

类型	碳汇量组成	2000—2005年	2005—2010年	2000—2010年	2005—2014年	2010——2014年	2000—2014年
河流湿地	植被碳汇量	−1.54	0.49	−0.52	0.072	1.65	0.10
	土壤碳汇量	−3.51	1.82	−0.84	0.163	2.85	0.21
	总碳汇量	−5.04	2.31	−1.37	0.235	4.50	0.31
湖泊湿地	植被碳汇量	0.28	0.02	0.15	0.018	0.53	0.26
	土壤碳汇量	0.68	0.57	0.62	0.040	0.56	0.60
	总碳汇量	0.96	0.59	0.78	0.058	1.09	0.86
沼泽湿地	植被碳汇量	−0.54	0.76	0.11	0.067	1.17	0.41
	土壤碳汇量	−1.25	2.03	0.39	0.156	2.36	0.95
	总碳汇量	−1.79	2.79	0.50	0.223	3.53	1.37
人工湿地	植被碳汇量	−0.40	0.06	−0.17	0.061	1.84	0.41
	土壤碳汇量	−0.91	0.33	−0.29	0.137	3.89	0.91
	总碳汇量	−1.31	0.39	−0.46	0.197	5.73	1.31
银川平原湿地	植被碳汇量	−2.23	2.05	−0.09	0.219	4.33	1.17
	土壤碳汇量	−5.10	6.69	0.80	0.503	7.49	2.71
	总碳汇量	−7.33	8.74	0.71	0.722	11.82	3.88

从表4看出，2000—2014年银川平原湿地的碳汇量为3.88 t/a，经历了先下降后上升的过程。2000—2005年碳汇量呈下降趋势；2005—2014年呈上升趋势，其中2010—2014年上升幅度较大。2000—2014年湿地土壤的碳汇量是植被碳汇量的2倍左右。不同类型湿地的碳汇量贡献量排序为沼泽湿地>湖泊湿地>人工湿地>河流湿地，与绝对碳汇能力的变化一致。

（二）不同类型湿地固碳释氧能力测评

生态系统的固碳释氧功能指绿色植物通过光合作用将CO_2转化为有机物并释放O_2的功能，这种功能对于调节气候、平衡空气中CO_2/O_2浓度具有重要意义，特别是随着大气中CO_2浓度升高，全球气候变化的异常，对于生态系统固碳释氧功能价值的测评显得尤为重要。土壤也具有强大的吸收CO_2的能力，对缓减CO_2浓度升高起着不可忽视的作用，能吸收大气中13%的CO_2。

根据文献，湿地生态系统固碳释氧量计算方法如下：

$$吸收\ CO_2\ 量=总碳储量\times (44/12) \quad (2)$$

$$释放\ O_2\ 量=植被碳储量\times (32/12) \quad (3)$$

根据公式（2）和（3），计算出银川平原湿地生态系统吸收 CO_2 和释放 O_2 的物质量。近 14 年来银川平原不同类型湿地生态系统的固碳释氧量见表 5、表 6。由表可见，2000 年、2005 年、2010 年和 2014 年吸收 CO_2 量分别为 528.66×10^4 t、394.28×10^4 t、554.55×10^4 t、727.87×10^4 t；释放氧气的量分别为 114.69×10^4 t、85.01×10^4 t、112.32×10^4 t、158.51×10^4 t；2000—2014 年银川平原湿地生态系统的固碳量增加了 199.21×10^4 t，年平均增加 14.23×10^4 t；释氧量增加了 43.82×10^4 t，年平均增加 3.13×10^4 t。2000—2005 年固碳释氧量分别减少 25.42%和 25.88%，2005—2014 年固碳释氧量分别增加 84.60%和 86.46%。从整体来看，2000—2014 年固碳释氧量分别增加 37.68%和 38.21%。

在不同类型湿地中，2014 年河流湿地的固碳释氧量最多，分别为 230.00×10^4 t、50.29×10^4 t，分别占总固碳释氧量的 31.60%、31.72%；湖泊湿地次之，固碳释氧量分别为 199.21×10^4 t、43.36×10^4 t，占总固碳释氧量的 27.37%、27.35%；沼泽湿地较低，固碳释氧量分别为 170.10×10^4 t、37.12×10^4 t，占总固碳释氧量的 23.37%、23.41%；人工湿地固碳释氧量最少，分别为 127.16×10^4 t、28.13×10^4 t，占总固碳释氧量的 17.74%、17.47%。不同类型湿地固碳释氧量排序为：河流湿地>湖泊湿地>沼泽湿地>人工湿地。

从时间上来看，2000—2014 年银川平原湿地固碳释氧量呈现先减少后增加的趋势，2000—2005 年呈减少趋势，2005—2014 年间湿地固碳释氧量呈现增加趋势，2010—2014 年增加幅度较大。从不同类型湿地固碳释氧量来看，2000—2014 年河流湿地、沼泽湿地、人工湿地 3 类湿地固碳释氧量均出现了先减少后增加的趋势，湖泊湿地一直呈增加趋势。2000—2005 年，河流湿地、沼泽湿地、人工湿地 3 类湿地固碳释氧量呈减少趋势，湖泊湿地固碳释氧量在增加；在 2005—2014 年间，河流湿地、沼泽湿地、人工湿地 3 类湿地固碳释氧量均呈现增加趋势。

表 5　2000—2014 年银川平原不同类型湿地吸收 CO_2 量

单位：$\times 10^4$ t

类型	组成	2000 年	2005 年	2010 年	2014 年
河流湿地	植被吸收 CO_2	64.20	36.04	44.99	69.15
	土壤吸收 CO_2	150.88	86.61	120.05	161.85
	吸收 CO_2 总量	215.09	122.65	165.04	231.00
湖泊湿地	植被吸收 CO_2	46.27	51.44	51.88	59.62
	土壤吸收 CO_2	108.61	121.00	131.41	139.59
	吸收 CO_2 总量	154.88	172.44	183.30	199.21
沼泽湿地	植被吸收 CO_2	29.85	19.95	33.88	51.04
	土壤吸收 CO_2	70.07	47.19	84.44	80.19
	吸收 CO_2 总量	99.92	67.14	118.32	131.23
人工湿地	植被吸收 CO_2	17.89	10.63	11.73	38.68
	土壤吸收 CO_2	42.02	25.34	31.39	88.48
	吸收 CO_2 总量	59.91	35.97	43.12	127.16
银川平原湿地	植被吸收 CO_2	157.70	116.89	154.44	217.95
	土壤吸收 CO_2	370.96	277.38	400.11	509.92
	吸收 CO_2 总量	528.66	394.28	554.55	727.87

表 6　2000—2014 年银川平原不同类型湿地释氧量

单位：$\times 10^4$ t

类型	2000 年	2005 年	2010 年	2014 年
河流湿地	46.69	26.21	32.72	50.29
湖泊湿地	33.65	37.41	37.73	43.36
沼泽湿地	21.71	14.51	24.64	37.12
人工湿地	13.01	7.73	8.53	28.13
银川平原湿地	114.69	85.01	112.32	158.51

（三）不同类型湿地固碳释氧量空间分布

通过 ArcGIS10.0 软件的可视化表达，得到银川平原湿地固碳释氧量的空间分布（见图 4）。从空间上来看，银川平原湿地固碳释氧量空间差异很大，其空间分布趋势整体上中部和西南地区较高，西部和东南部地区较低。固碳释氧量低值区主要分布在湿地植被覆盖率较低的东南部和西部。高值区主要在银川平原的中部，这里湿地广布，湿地植被覆盖率较高，固碳释氧量较高。2000—2014 年固碳释氧价值高值区增加比较明显的区域分布在中部。

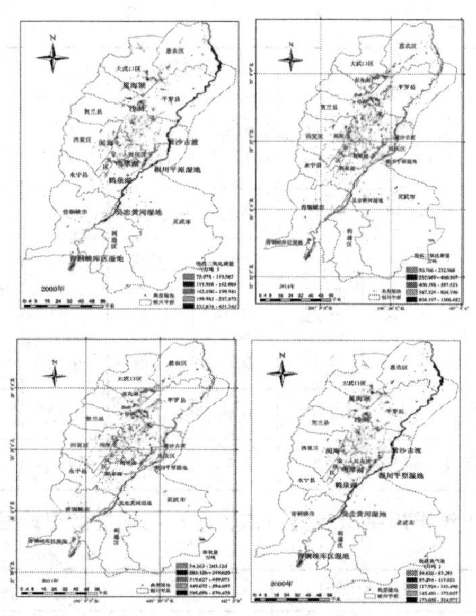

图 4　银川平原不同类型湿地固碳释氧量空间分布图

从表 7、表 8、表 9 中可以看出：银川平原不同县（市、区）湿地的固碳释氧量差异也很大。平罗县湿地固碳释氧量最高，其次是青铜峡市和贺兰县，西夏区和金凤区较低；从类型湿地来看，河流、湖泊、沼泽湿地固碳释氧量均是平罗县最高，人工湿地固碳释氧量最高的是贺兰县，银川市西夏区和金凤区 4 类湿地的固碳释氧量均较低。存在以上差异的主要原因是不同县（市、区）湿地面积和植被覆盖度的差异。

表 7　2000 年银川平原各县（市、区）不同类型湿地固碳释氧量

单位：$\times10^4$ t

县(市、区)	河流湿地		湖泊湿地		沼泽湿地		人工湿地		4 类湿地总量	
	吸收 CO_2 量	释放 O_2 量	吸收 CO_2 量	释放 O_2 量	吸收 CO_2 量	释放 O_2 量	吸收 CO_2 量	释放 O_2 量	吸收 CO_2 量	释放 O_2 量
惠农区	24.63	5.35	7.13	1.55	13.11	2.85	4.26	0.92	49.13	10.67
大武口区	1.18	0.26	19.28	4.19	7.45	1.62	1.76	0.38	29.67	6.45
平罗县	57.13	12.40	33.54	7.29	56.51	12.28	8.58	1.86	155.75	33.83
贺兰县	15.96	3.47	27.45	5.96	8.16	1.77	12.47	2.71	64.04	13.91
西夏区	0.30	0.07	2.21	0.48	0.79	0.17	5.28	1.15	8.59	1.87
兴庆区	26.94	5.85	5.08	1.10	5.52	1.20	4.68	1.02	42.22	9.17

续表

县(市、区)	河流湿地		湖泊湿地		沼泽湿地		人工湿地		4类湿地总量	
	吸收CO_2量	释放O_2量	吸收CO_2量	释放O_2量	吸收CO_2量	释放O_2量	吸收CO_2量	释放O_2量	吸收CO_2量	释放O_2量
金凤区	0.00	0.00	17.33	3.76	2.47	0.54	3.89	0.84	23.68	5.14
永宁县	8.71	1.89	7.83	1.70	2.68	0.58	7.73	1.68	26.95	5.85
灵武市	23.94	5.20	14.84	3.22	0.00	0.00	4.35	0.95	43.13	9.37
青铜峡市	42.14	9.15	15.30	3.33	2.75	0.60	5.20	1.13	65.39	14.20
利通区	14.14	3.07	4.90	1.07	0.48	0.10	1.72	0.37	21.24	4.61
银川平原	215.09	46.69	154.88	33.65	99.92	21.71	59.91	13.01	528.66	114.69

表8　2014年银川平原各县（市、区）不同类型湿地固碳释氧量

单位：$\times 10^4$ t

县(市、区)	河流湿地		湖泊湿地		沼泽湿地		人工湿地		4类湿地总量	
	吸收CO_2量	释放O_2量	吸收CO_2量	释放O_2量	吸收CO_2量	释放O_2量	吸收CO_2量	释放O_2量	吸收CO_2量	释放O_2量
惠农区	26.46	5.76	9.17	2.00	22.32	4.87	9.03	2.00	68.17	14.62
大武口区	1.27	0.28	24.80	5.40	12.68	2.77	3.73	0.83	42.54	9.27
平罗县	61.35	13.36	43.13	9.39	96.20	20.99	18.21	4.03	221.69	47.77
贺兰县	17.15	3.73	35.30	7.68	13.89	3.03	26.47	5.86	93.57	20.30
西夏区	0.33	0.07	2.85	0.62	1.35	0.29	11.21	2.48	15.77	3.47
兴庆区	28.93	6.30	6.54	1.42	9.39	2.05	9.93	2.20	45.60	11.97
金凤区	0.00	0.00	22.28	4.85	4.20	0.92	8.25	1.82	34.72	7.59
永宁县	9.35	2.04	10.07	2.19	4.57	1.00	16.41	3.63	40.83	8.86
灵武市	25.71	5.60	19.08	4.15	0.00	0.00	9.23	2.04	55.20	11.79
青铜峡市	45.26	9.85	19.68	4.28	4.67	1.02	11.03	2.44	82.70	17.60
利通区	15.19	3.31	6.30	1.37	0.82	0.18	3.64	0.81	26.67	5.66
银川平原	231.00	50.29	199.21	43.36	170.10	37.12	127.16	28.13	727.87	158.51

表9　2000—2014年银川平原各县（市、区）不同类型湿地固碳释氧量变化量

单位：$\times 10^4$ t

县(市、区)	河流湿地		湖泊湿地		沼泽湿地		人工湿地		4类湿地总量	
	吸收CO_2量	释放O_2量	吸收CO_2量	释放O_2量	吸收CO_2量	释放O_2量	吸收CO_2量	释放O_2量	吸收CO_2量	释放O_2量
惠农区	1.83	0.41	2.04	0.45	9.21	2.02	4.77	1.08	19.04	3.95
大武口区	0.09	0.02	5.52	1.21	5.23	1.15	1.97	0.45	12.87	2.82
平罗县	4.22	0.96	9.59	2.1	39.69	8.71	9.63	2.17	65.94	13.94

续表

县(市、区)	河流湿地		湖泊湿地		沼泽湿地		人工湿地		4类湿地总量	
	吸收 CO_2 量	释放 O_2 量	吸收 CO_2 量	释放 O_2 量	吸收 CO_2 量	释放 O_2 量	吸收 CO_2 量	释放 O_2 量	吸收 CO_2 量	释放 O_2 量
贺兰县	1.19	0.26	7.85	1.72	5.73	1.26	14	3.15	29.53	6.39
西夏区	0.03	0	0.64	0.14	0.56	0.12	5.93	1.33	7.18	1.6
兴庆区	1.99	0.45	1.46	0.32	3.87	0.85	5.25	1.18	3.38	2.8
金凤区	0	0	4.95	1.09	1.73	0.38	4.36	0.98	11.04	2.45
永宁县	0.64	0.15	2.24	0.49	1.89	0.42	8.68	1.95	13.88	3.01
灵武市	1.77	0.4	4.24	0.93	0	0	4.88	1.09	12.07	2.42
青铜峡市	3.12	0.7	4.38	0.95	1.92	0.42	5.83	1.31	17.31	3.4
利通区	1.05	0.24	1.4	0.3	0.34	0.08	1.92	0.44	5.43	1.05
银川平原	15.91	3.60	44.33	9.71	70.18	15.41	67.25	15.12	197.67	43.84

七、基于评估结果的湿地增汇途径与对策建议

银川平原湿地生态系统碳汇能力评估的结果表明，银川平原湿地生态系统在不同的阶段，其植被生产力和碳积累的动态过程不同。因此，以生态系统演替理论、碳汇理论、生态发展理论、生态系统管理理论等相关理论为基础，提出银川平原湿地生态系统的两种增汇途径，即基于生态过程的碳增汇途径和基于人为活动的碳增汇途径。

（一）基于生态过程的增汇途径

应对气候变化的碳管理的主要思路是通过人为调控增强生态系统碳汇功能、吸收 CO_2，以减缓气候变化进程。于贵瑞等研究认为，通过改善自然和人为措施的生态调控、增强人为的生态过程管理可能增加碳汇。湿地生态系统的碳汇能力与生态系统结构及其稳定性密切相关。若湿地生态系统受到胁迫或发生退化，则湿地生态系统的固碳能力会降低；湿地生态恢复与保护工程能使湿地生态系统具有长期的、稳定的碳汇效应。

1. 改善湿地生态环境，提升湿地植物种群的光合能力

合理控制湿地植物种群的组成、结构和演化动态，改善湿地植物的生存和生产环境，增强湿地植物种群光合能力。通过合理的措施，改良湿地物种、改善湿地植物生境，对湿地植物群落组成和结构进行优化配置，同

时利用生态位分化原理和互补效应等提高湿地生态系统生产力，提高湿地生态系统光合能力，增加湿地生态系统碳输入水平；针对湿地生态系统的限制因子，调控氮、磷含量，改善生态系统养分状况，提高生态系统生态生产力，增加有机质输入。此外，增加有机质的输入与归还，提高生态系统有机碳储量。

2. 优化湿地管理模式，提高湿地生态系统的固碳能力

生态系统生产力水平往往比气候和土壤限制下的生产力水平低很多，主要原因是生态系统管理水平的差距，这会限制生态系统自然固碳潜力的发挥，通过生态系统管理水平的提高增加生态系统固碳潜力必将成为应对气候变化的重要途径，是必须给予高度重视的碳汇。根据湿地生态系统独有的特性，通过合理建设、利用和保护湿地，优化区域湿地生态管理模式，提高区域湿地生态系统的碳固持总量、持续性和稳定性。根据景观生态学原理，遵循可持续性原则、景观多样性原则和资源有效利用原则等，合理配置各类湿地利用的规模和强度，加强湿地和生物多样性的保护，减少人类活动对湿地碳蓄积的干扰，如减少植被采集、采伐，减少工农业污水排放，适度放牧等，从而提升湿地生态系统的碳汇能力。

（二）基于人为活动的增汇途径

人为活动的增汇主要是指人为活动影响下的土地利用/覆被状态的变化而增加的碳汇，即通过人为活动采取一些措施来减小各种限制因子对生态系统固碳潜力的制约，以提高生态系统固碳速率和潜力水平。

1. 以保护境内黄河河流水体为主，保证湿地用水安全

以黄河河流水体为主体的河流湿地分布区是该区水资源供给的重要组成部分。保护以黄河为主体的河流水体，严格按照国家制定的水资源分配量，合理调配水资源，积极推行节约用水，大力发展集水、节水农业，增加境内湿地水量，保证湿地保护区用水安全。

2. 以保护湿地及珍稀鸟类为主，发挥湿地自我修复能力

湿地开垦、过度利用等一系列人为活动是湿地生态系统退化的重要原因，同时也会造成大量的碳损失。通过退田还湖、控制放牧强度、实施湿地恢复与保护工程等措施，合理保护湿地生态系统，恢复退化的湿地，是

增加区域湿地生态系统碳汇功能的重要途径。银川平原境内湿地分布较广，且植物丛生，水质较好，气候适宜，是众多鸟禽的良好栖息地。因此，在生态演替理论的基础上，依靠湿地的自我修复能力，辅以适当的人为管理措施，如种植湿地植被、建立合理利用和抚育制度，恢复和保护湿地生态系统的内部结构和生态功能，提高湿地生态系统的生物多样性，提高湿地生态系统生产力，增加生态系统碳储量。

3. 以合理利用湿地资源为主，建立人工湿地

湿地是一个巨大的碳库和碳汇，但不合理的利用方式使湿地由碳汇转变为碳源。湿地开垦、围湖造田等措施，增加了湿地生态系统的碳损失。银川平原境内类型湿地多样，水域面积较大，水质较好，野生动植物资源丰富。因此，在保护野生动植物的前提下，有计划地开发利用湿地资源，建立人工湿地是实现湿地增汇的重要途径。对于水质较差，污染比较严重的湿地，考虑建立人工湿地，即人为设计的用于处理污水，具有低投入、高效率的脱氮除磷纳污工艺，确保湿地水质质量。对于湖泊和沼泽湿地，可建立塘—人工湿地、河道二级人工湿地—净化湖净化系统以及渗滤沟等工程设施；对于河流湿地，可建立集中污染河水处理厂，采用生物膜等工艺，达到水体自身净化的目的，以提高湿地生态系统生产能力，实现湿地生态系统增汇的目的。

参考文献

[1] 卜晓燕,米文宝,许浩,等. 宁夏平原不同类型湿地土壤碳氮磷含量及其生态化学计量学特征[J]. 浙江大学学报,2016(2).

[2] 董恒宇. 携手拯救地球家园——碳汇理论研究及其意义[J]. 群言,2011(5).

[3] 贾卫国,聂影,薛建辉. 碳循环理论对生态调节税费政策实施的作用[J]. 林业经济问题,2004(1).

[4] 吕宪国,等. 湿地生态系统观测方法[M]. 北京:中国环境科学出版社,2005.

[5] 吕铭志,盛连喜,张立.中国重点湿地生态系统碳汇功能比较[J]. 湿

地科学,2013,11(1).

[6] 米楠,卜晓燕,米文宝. 宁夏旱区湿地生态系统碳汇功能研究[J]. 干旱区资源与环境,2013(7).

[7] 乔婷. 东洞庭湖湿地碳含量遥感反演研究[D]. 北京:中国林业科学研究院,2013.

[8] 于贵瑞, 孙晓敏. 陆地生态系碳通量观测技术及时空变化特征[M]. 北京:科学出版社,2008.

[9] 闫明,潘根兴,李恋卿,等.中国芦苇湿地生态系统固碳潜力探讨[J]. 中国农学通报,2010(18).

[10] 于贵瑞,何念鹏,王秋凤. 中国生态系统碳收支及碳汇功能——理论基础与综合评估[M].北京:科学出版社,2013.

[11] 周涛,史培军,罗巾英,等. 基于遥感与碳循环过程模型估算土壤有机碳储量[J]. 遥感学报,2007(1).

[12] 政府间气候变化专门委员会(IPCC)2006年国家温室气体清单指南[M]. 叶山:IPCC/OECD/IEA/IGES,2006.

[13] 宁夏回族自治区林业局. 宁夏回族自治区湿地资源调查报告[R]. 2010.

宁夏发展有机枸杞的调研报告

宁夏民盟区情研究中心

枸杞是宁夏的优势特色产品，是宁夏的名片。也是带动农村经济发展，增加农民收入的主导产业。深受自治区党委、政府重视，宁夏枸杞产业得到了快速发展。2016 年，宁夏回族自治区研究并通过了《再造宁夏枸杞产业发展新优势规划（2016—2020 年）》。确定了今后五年宁夏枸杞产业发展目标：到 2020 年，枸杞种植面积稳定在 100 万亩左右，产量达到 25 万吨以上，产值达到 300 亿元，加工转户率达 30%以上，产品出口率达到 20%以上。基本形成以中宁产区为核心，以清水河河流和银川北部为轴线，以中宁、同心、海原、平罗、惠农、盐池、沙坡头、红寺堡和农垦集团等为主产区的"一核、两带、十产区"的枸杞产业发展新格局。

一、宁夏枸杞质量状况

随着枸杞产业的快速发展和人民生活质量的不断提高，枸杞产品的质量安全越来越受到消费者关注，也成为限制枸杞出口创汇、制约产业提质增效及经济社会持续发展的重大问题，枸杞产品的农药残留是影响枸杞产品质量、危害公众健康的关键因素。而农药残留的定义是农药使用后一个时期内没有被分解而残留于生物体、收获物、土壤、水体、大气中的微量农药原体、有毒代谢物、降解物和杂质的总称。因此，只要在生产中使用农药就必然会产生农药残留。而通常枸杞干果的农残检测只列检了农药的原体，并未涉及残留在干果上的有毒代谢物、降解物和杂质，一些农药的有毒代谢物、降解物和杂质对人体、环境生物的毒性比农药的原体更大。因此，农残检测合格的枸杞干果不一定是质量安全的枸杞，更不一定是吃着放心的枸杞。常规的农药残留检测只针对枸杞的干果，并未涉及枸杞种植的土壤，农药施用后的原体及其有毒代谢物、降解物、杂质对土壤生态、环境生物、地下水体的污染与危害更具有破坏性和持久性，将直接危机我们赖以生存的空间。曾经很常见的青蛙、蛤蟆，在现在的枸杞田里已看不到，由此可见枸杞田环境生态受破坏的严重程度。人们日益清楚地认识到过度使用化肥和农药对身体健康、环境生态带来的广泛而严重的危害性。若要长久地解决好枸杞产品的农药残留问题，只有改变以往“轻过程管理、重结果检测”的传统认识，采用有机枸杞生产方式，从枸杞生产源头、在种植的全过程中严格控制化学农药的投入与使用。

中央的农村工作会议上，中共中央总书记习近平曾发表重要讲话，国务院总理李克强也做出具体部署。会议强调，要用最严谨的标准、最严格的监管、最严厉的处罚、最严肃的问责，确保广大人民群众“舌尖上的安全”。食品安全，首先是“产”出来的，要把住生产环境安全关。食品安全，也是“管”出来的，要严厉打击食品安全犯罪。要治理农业生产源头，严禁滥用农药、化肥等投入品。从源头到生产加工、流通等环节，整个产业链要有严格的安全生产规范。农业部日前印发《关于加强农产品质量安全 全程监管的意见》，提出3~5年解决农产品质量安全突出问题。2015年又提出《到2020年化肥使用量零增长行动方案》和《到2020年农药使用量零增长行动方案》。

因此，好枸杞是种植出来的，不是检测出来的；同样，枸杞的质量安全是生产出来的，不是检测出来的。这已成为社会各界的共识。

在枸杞农药残留的各种标准中，有机枸杞生产方式对质量的要求最高。可以理解为：有机枸杞是遵照有机农业标准，在生产中不采用基因工程获得的生物及其产品，不使用任何化学合成的农药、化肥、生长调节剂等物质，遵循自然和生态学原理，采用一系列可持续发展技术来维持稳定的枸杞生产体系的一种农业生产方式。有机枸杞的生产方式兼顾了经济效益、环境效益、社会效益的最大化，其优势集中在三点：一是在生产全过程中严格禁止农药和化肥的使用，因此农残检测符合各国的各种最严格的检测标准，枸杞产品质量具有持续的稳定性，既有助于国内有机枸杞产品的扩大出口，也有利于维护公众的健康消费；二是有机枸杞的生产过程对土壤环境具有保护和改良效果，减少和避免了土壤污染，有利于保护和改善我们的生存环境；三是有机枸杞种植生产过程具有科学的可持续性，防止各种因素对生态环境的侵蚀和污染，有利于维护自然生态的平衡稳定。

有机枸杞发展的新时期，传统的农户种植方式与效益实现模式，以追求枸杞产量为目标，以牺牲环境生态为代价，因难以保证枸杞产品质量而受到了严峻挑战。枸杞产业的效益模式正在由传统的“数量效益型”向当前的“质量效益型”转变。发展有机枸杞生产，是解决枸杞生产与产品质量安全问题的有效途径和正确选择。

有机枸杞的种植与生产，既可满足种植企业对经济效益的生产需求，又能顺应广大消费者对枸杞质量的健康消费需求，更是符合国家关于环境生态保护的相关要求。因此，宁夏一些规模化大型枸杞企业对此表现出了极强的积极性，纷纷建立有机枸杞生产基地，相继开展了有机枸杞的生产。

二、周边地区有机枸杞生产情况

周边省区有机枸杞产业发展迅猛。特别是青海省，由于独特的高原气候类型和纯净的自然环境，是枸杞生长的天然绝佳生态区，更是有机枸杞生产优势区，有机枸杞产业发展迅速，相继获得了欧盟、美国、加拿大、日本的有机枸杞认证，青海正在打造“有机枸杞之乡”，在很多方面已经走在了宁夏的前面。与此同时，新疆、甘肃等具有发展有机枸杞的巨大潜力和优势，有机枸杞产业也在快速发展中。

近几年，由于有机枸杞产品的质量安全符合人们的健康消费需求，国际市场对有机枸杞产品的需求量越来越大，有机枸杞主要经过有机产品标准体系认证后销往欧盟、美国和日本等国家。同时，国内消费市场对有机枸杞的需求量也急剧增长，2016 年初，国家认监委在宁夏、新疆、青海等省区开展了枸杞加入有机产品认证目录的试点工作，国内有机枸杞巨大的市场需求将因此而被再次推动，有机枸杞将迎来新的更大的发展机遇。

三、宁夏发展有机枸杞的对策建议

为紧抓有机枸杞的发展机遇，切实保障宁夏枸杞生产安全和产品质量安全，充分满足国内公众的健康需求，有效扩大出口创汇，全面促进枸杞产业由“数量效益型”向“质量效益型”的“一特三高”模式转变，对宁夏有机枸杞产业发展提出几点建议：

（一）建立有机枸杞集中示范区，树立样板进行示范引领

宁夏有机枸杞主产区多为国家扶贫地区，枸杞种植是主要的经济收入。当地环境恶劣、条件艰苦，农民生活水平低下，基础条件差，企业投入大。有机枸杞基地的发展作为自治区扶贫攻坚计划的实施主体，其发展需要政府给予农业灾害保险补偿、灌溉用水配额等基地政策上的支持与生产性贷款、扶贫建设等资金的扶持。在同心、红寺堡等建立有机枸杞集中示范区，对其他产区形成技术上的辐射示范和产业引领带动作用。按照有机枸杞的基地所处地理位置和种植面积，对所有从事有机枸杞生产的企业基地进行登记注册，并普遍给予政策性补贴，促进有机枸杞产业全面发展。

（二）着力加强有机枸杞生产基地和有机枸杞生产过程的全面监管

对种植生产、田间管理、收获加工进行全过程跟踪，实施“从农田到餐桌”的完整检查与认证及相配套的监管和有机标签制度，从生产源头对有机枸杞生产基地进行认证管理。通过不定期抽查和随机取样，对种植、加工、运输、仓储过程进行全程监管，从根本上保证有机产品的质量。由于诚信缺失，不排除个别企业和基地为追逐高额利润，减少成本投入，存在滥用化学、农药等违禁投入品的现象，这种个别企业和不良行为客观上给宁夏有机枸杞产业发展蒙上了阴影。对于这种不能严格按照技术规范进行有机枸杞生产的基地，取消所有扶持和补贴，并在舆论等多方面予以谴责，同时给予严厉的处罚。

（三）加强生产管理培训，提高技术应用效果

有机枸杞生产是技术密集型产业，涉及面广、专业性强，需要多种技术的配套集成与综合应用。生产过程中需要跨学科、多专业的技术力量经

常性地提供专业化的技术咨询服务。实践证实，现有的生态调控技术、物理农业技术、生物防治技术等有机农业成套技术体系与成熟技术方案能够有效支撑和引领有机枸杞生产发展。而有机枸杞生产基地和县域产区相关部门由于缺乏有机枸杞的生产技术管理者，对有机枸杞生产技术缺乏必要的了解和深入的掌握，不能及时对生产提供应有的、全面的技术指导。应长期有计划、分步骤、持续不断地开展有机枸杞生产技术专题培训。

（四）加强有机枸杞产业宣传，提高宁夏有机枸杞产业知名度和社会影响力

在枸杞农药残留的各种标准中，有机枸杞生产方式对质量的要求最高，发展有机枸杞生产，是解决枸杞生产与产品质量安全问题的有效途径和正确选择。因此，宁夏发展有机枸杞是众望所归，也是“中国枸杞在宁夏”的必要条件。通过对有机枸杞产业知名度和社会影响力的宣传，营造有机枸杞生产、销售和公众消费的良好氛围，提升宁夏枸杞质量安全的良好声誉，并以此来维护宁夏枸杞的总体品牌形象。

（五）建议相关部门组织领导、管理人员和生产技术人员，到国内或是国外有机农业发达地区进行实地考察

有机农业具有明确的质量安全性、优越的环境保护性和广泛的生态友好性，在国外和国内的很多省市的很多农产品生产中得到了较好发展。通过学习借鉴先进技术、发展方式与管理服务经验，从多角度、深层次推动宁夏有机枸杞产业发展，实现宁夏有机枸杞产区经济、生态、社会效益的和谐一致。

宁夏沙湖景区生态旅游环境容量研究

张冠乐

一、引言

旅游所致环境问题日渐突出，环境容量研究应运而生。1971 年，Lim 和 Manning 将旅游环境容量分成 4 种类型，即生物物理容量、社会文化容量、心理容量和管理容量。此后，国外对旅游环境容量的研究日益增多，并从资源空间容量到资源空间与设施容量逐步扩展到自然、经济、心理及生态容量的研究。国内相关研究始于 20 世纪 80 年代。之后学者主要从基础理论、测量方法、实证研究及发展趋势等 4 个方面对旅游环境容量做了大量深入的探讨。中国正处于经济快速发展、社会急剧转型的时期，旅游业在发展过程中遇到的过度饱和、容量超载，以及生态环境问题远比发达国家严重。因此，作为实现旅游可持续发展的测量工具和手段，旅游环境容量问题应受到更多关注。

湿地既是重要的生态环境资源，又兼具较高的旅游、经济、科考等多重价值，在相对干旱的西北地区该资源尤显珍贵。沙湖景区以湖泊湿地景观为主，又包含大面积的荒漠沙丘，这种独特的湿地—荒漠生态系统尤为脆弱，若容量超过限度则会使其面临失衡甚至崩溃的危机，正确评估生态

作者简介　张冠乐，宁夏大学资源环境学院硕士研究生。

旅游环境容量具有极为重要的意义。本文对沙湖景区的生态旅游环境容量进行研究，综合确定该生态系统所能容许的受人类干扰的程度，以促进其生态旅游的可持续发展，并为湿地—荒漠型景区的生态旅游环境容量研究和客流管理提供参考。

二、研究区概况

镶嵌于贺兰山下、黄河岸边的沙湖位于宁夏银川以北 56 km，平罗县西南 19 km 处的国有前进农场境内，京藏高速公路和包兰铁路傍湖而过(见图 1)。沙湖是由黄河古道洼地经过风蚀至地下水面，地下水溢出并汇集，再接受大气降水和地面水的补给而形成的湖泊，也是宁夏最大的湖泊。旅游区总面积 80.10 km²，其中湿地水域面积约 57.6 km²，沙漠面积 22.5 km²。沙湖生态旅游资源丰富，有着丰富的动植物群落及特殊的湿地—荒漠景观（见表 1)。

图 1　研究区区位

表1　沙湖景区生态旅游资源概况

水资源	沙湖湿地主体为湖泊，由于长期受到黄河补给水源、农田退水、周边生产生活及旅游所产生的污水等影响，其水质曾一度达到富营养化水平，主要超标项目为COD、总磷（TP）和总氮（TN）。经过十几年的生态治理，沙湖水质整体呈现逐渐好转趋势
沙资源	沙地主要分布于沙湖南侧，按形态特征和沙丘活动程度的不同，划分为流动沙丘和固定、半固定沙丘、新月形沙丘、蜂窝状沙丘等。
植物资源	陆生植物63种，水生浮游植物61属，分布的维管物有23科46属66种，其中蕨类植物1科1属2种，裸子植物2科4属4种；被子植物20科41属60种。植物多数由荒漠旱生、沼泽湿地、水生和盐生植物等组成
动物资源	沙湖是中国北方重要的荒漠湿地鸟类保护区。脊椎动物5纲25目51科144种，其中鱼类3目5科16种，两栖类2目3科3种，爬行类2目4科10种，鸟类13目30科98种，哺乳类5目9科17种

三、研究方法

鉴于沙湖景区具体情况，通过走访调查、专家咨询、相关文献数据搜集，对与区域生态旅游环境容量密切相关的生态环境、旅游空间、经济发展和社会心理等指标进行综合分析，确定符合湿地—荒漠型景区的环境容量评价因子，并结合最低因子定律确定生态旅游环境容量。区内以湿地景观为主，因此水体环境、鸟类和植被对旅游生态环境容量（C_e）的影响最大。景区陆域以沙地为主，而旅游活动主要集中在湖泊南岸滨水区，故旅游空间容量（C_s）与湿地水域和滨湖沙域空间容量关系最为密切，相关因子分析在下文展开论述。

研究参照《城市湿地公园规划设计技术导则》《风景名胜区规划规范（GB 50298—1999）》《地表水环境质量标准（GB 3838—2002）》《环境空气质量标准（GB 3095—1996）》等国家标准和一些经验数据（见表2）。

四、结果与分析

（一）沙湖生态旅游环境容量“瓶颈”因子

生态旅游环境容量遵循“木桶原理”，即决定其大小的是其中的瓶颈因子。沙湖南邻银川，所提供的强大经济保障使得经济发展因子不可能成为C的限制性因素。景区的开发和开放促进了区域旅游业的发展，带来巨大

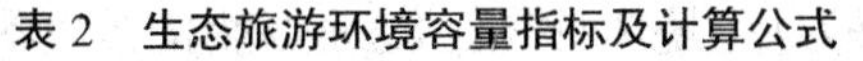
表 2 生态旅游环境容量指标及计算公式

序 号	指标(人次/日)	公 式
1	水体环境容量(C_{we})	$C_{we}=\min(\frac{C}{c},\frac{N}{n},\frac{P}{p})$
2	鸟类环境容量(C_{be})	$C_{be}=\frac{L}{l}\times R$
3	植被环境容量(C_{pe})	$C_{pe}=\frac{A_l}{a}\times R$
4	旅游生态环境容量(C_e)	$C_e=\min\{C_{we},C_{be},C_{pe}\}$
5	湿地水域空间容量(C_{wa})	$C_{wa}=\frac{Aw}{a}\times R$
6	滨湖沙域空间容量(C_{la})	$C_{la}=\frac{As}{a}\times R$
7	旅游空间容量(C_S)	$C_S=\mathrm{sum}\{C_{wa},C_{la}\}$

注：C 为水体 COD 净化容量（g/d）；c 为每日人均 COD 产生量（g/d）；N 为水体 TN 净化容量；n 为每日人均 TN 产生量；P 为水体 TP 净化容量；p 为每日人均 TP 产生量；L 为基于人鸟合理距离的游览线路长度（m）；l 为人均合理游览线路长度（m）；R 为游客人均日周转率；A_l 为滨水景点植被环形区域总游览面积（m^2）；a 为沙域人均生态用地指标面积（m^2）；Aw 为有效可游水域面积（m^2）；a 为水域人均合理游览面积（m^2）；As 为有效可游沙域面积（m^2）；a 为沙域人均合理游览面积（m^2）。

的经济和社会效益，大量问卷调查显示，研究区域民众对景区的合理开发多持积极赞成态度，因此 C_{pe} 也不可能成为限制因子。沙湖不是单一的湿地或沙漠型景观，而是两者兼具的自然环境本底复杂的景区，其脆弱的生态环境资源有限，湿地—荒漠生态系统的自我调节和代偿能力也是有限的，当外界干扰程度超过其承受极限时，生态系统将遭遇巨大威胁。所以 C_e 和 C_S 最有可能成为景区 C 的瓶颈。因此，对于沙湖生态旅游环境容量选取旅游生态环境容量和旅游空间容量作为量测指标。C_e 大小遵循最低因子定律，C_S 则为滨湖沙域和湿地水域适游面积容量总和。

（二）旅游生态环境容量

旅游生态环境容量指生态环境自身恢复能力所能允许的游客数量。沙湖景区地形开阔，大气流动与外界交换频繁，且景区固废均通过高效率的污染物人工处理系统处理，故不对大气及固废环境容量进行探讨。相比之下，水体富营养化现象已较为常见，总氮、总磷均有不同程度的超标。景区动物资源中水鸟占绝对优势，而人类活动与鸟类的接触距离（观鸟距离）

会直接影响到鸟类栖息生境。此外，湿地虽然植被资源丰富，但过度的人为干扰将超过其生态承载力，湖泊芦苇数量减少即为一例。因此本研究主要通过分析计算 C_{we}、C_{be} 和 C_{pe}，综合确定沙湖景区的 C_e。

1.水体环境容量（C_{we}）

湖泊主体水域面积 45 km²，平均水深 2.2 m，是宁夏最大的天然半咸水湖泊。该区相关研究结果表明（见表 3），COD、TN、TP 平均含量在夏季为全年最高，春、秋次之，是导致水体富营养化的主要元素，成为影响其水质的主要环境因子，故将 COD、总氮和总磷作为水体生态环境容量的评价指标。景区水体环境监测数据（见图 2）显示，主体水域 COD，TN 和 TP 在旅游旺季（春、夏）平均含量分别为 12.29 mg/L、1.62 mg/L 和 0.23 mg/L，属Ⅲ类水体。根据相关研究标准，旅游者人均产生的 COD、TN 和 TP 量分别是 25 g/d、5.07 g/d 和 0.44 g/d。目前，在保证水质不发生明显恶化的前提下，沙湖水体环境容量（C_{we}，人次/日）为：

$$C_{we}=\min\{45\times106\times2.2\times12.29/25\times103;\ 45\times106\times2.2\times1.62/5.07\times103;\ 45\times106\times2.2\times0.23/0.44\times103\}$$

$$=\min(48668,\ 31633,\ 51750)$$

$$=31633\text{（人次/日）}$$

沙湖景区为典型的湿地—荒漠型景区，与其他同类型景区相比，其湖泊湿地面积所占比例相对较大，对旅游活动所产生 N、P 等水体污染物的吸收与净化能力较强。沙湖为洼地地形，水只进不出，蒸发强，降水少，加之受旅游活动影响，过去常出现生态环境问题。而今沙湖管理者下大力气对其进行整治，大大增强了景区水体旅游环境的承载力。因此，仅就沙湖景区而言，水体环境容量构不成旅游生态容量的最大限制因子。

表 3　沙湖水质主要理化指标含量

季节	COD/(mg·L⁻¹)	TN/(mg·L⁻¹)	TP/(mg·L⁻¹)
春季	8.176±0.273	1.396±0.111	0.206±0.021
夏季	16.394±1.311	1.852±0.113	0.253±0.022
秋季	7.081±0.421	1.384±0.167	0.188±0.013
冬季	5.832±0.121	1.167±0.187	0.150±0.013

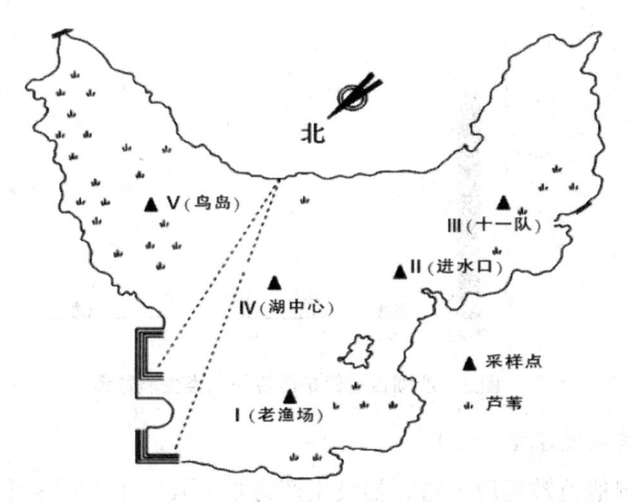

图 2　沙湖水质监测采样点

2. 鸟类环境容量（C_{be}）

沙湖动物资源中鸟类占绝对优势，是一处享誉国内外的观鸟胜地。鸟类资源是该景区最大的优势特色之一。因此，景区生物环境容量控制的主要目标是实现人鸟和谐共处。研究表明，人类与水禽接近到 100~200 m 的距离时可能引起水鸟惊飞。考虑到适宜游览面积及观鸟安全距离要求，确定了沙湖湿地观鸟游线长度为 20 km，且以每隔 5~8 m/人的旅游距离为标准。沙湖景区鸟类分布集中在鸟岛，除线路观赏外，还有如观鸟塔等几处适宜游客集中观鸟的区域。因此，除游线容量外，观鸟塔区等面状容量宜采用面积法计算。经测量总面积约为 60000 m²，按风景名胜区城镇公园游憩用地生态容量的标准（人均 50~330 m²，此处取 200 m²/人），游客人均日周转率为 2，则景区面域鸟类环境容量值为：60000÷200×2=6000 人/d，与游线容量共同构成景区的鸟类生物环境容量。计算可得：

$$C_{be}=（20×103×2/8\sim20×103×2/5）+6000$$

$$=11000\sim14000（人次/日）$$

生物多样性是沙湖湿地最敏感的生态因子，极易受到旅游活动的干扰，因此保证安全的观鸟距离是非常有必要的。野外调查表明，保护区鸟类主要栖息在湖区，而湖泊又是开展旅游活动的主要场所之一，故湖泊是鸟类生境保护的核心区（见图 3）。

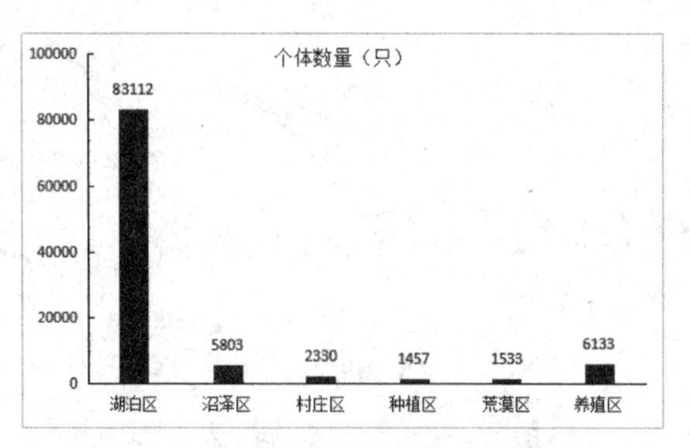

图3　沙湖自然保护区春季鸟类生境数量

3. 植被环境容量（C_{pe}）

沙湖湿地植被资源丰富，初级生产力强，其中不乏国家重点野生保护植物（见表4），过度的人为干扰若超过植被环境容量，将会降低湿地生态效益及景观效益。沿湖区域植被覆盖率较高，是沙湖景区旅游活动最集中之地，也是植被最易受到践踏破坏的地方。从景观舒适度方面来讲，游客对可接受改变限度为游步道旁植被盖度不得高于16.4%，说明游客在沙漠中的空旷、苍凉的体验诉求与沙漠生态治理之间是天然的难以调和的对立体，而沙湖景区独特的以湿地为主的沙域景观使游客可接受的植被覆盖度要远高于此。因此，滨湖地带的植被环境容量很可能成为旅游生态容量的最大限制因素。

根据景区游览线路现状分析，把游客践踏破坏活动的主要范围圈定在湖岸边15 m的狭窄的滨湖植被环形区域，经测量主要滨水景点植被环形区域总适游面积为0.9 km²。《风景名胜区规划规范》（GB 50298—1999）中，规定疏林草地生态容量用地标准为400 ~ 500 m²/人，结合沙湖景区实际，游客人均日周转率为2，计算可得景区植被生态环境日容量为：

C_{pe}=900000÷400×2~900000÷500×2=3600~4500（人次/日）

表4　沙湖景区国家重点野生保护植物

序号	保护物种	保护级别	属	科
1	苏铁	I	苏铁属	苏铁科
2	沙芦草	II	冰草属	禾本科
3	野大豆	II	大豆属	豆科

4. 旅游生态环境容量（C_e）

综合以上 3 种生态容量的计算结果，计算可得到沙湖的旅游生态环境容量：

$$C_e = \min(C_{we}, C_{be}, C_{pe})$$
$$= 8478\sim10465（人次/日）$$

由此可见，湿地和水域植被环境容量（C_{pe}）是沙湖旅游生态容量的瓶颈因子。生态环境质量的降低将直接或间接影响植被及动物的生境，易造成湿地生态资源的破坏和物种多样性的减少，并且这些自然资源所处生态系统脆弱，若超过承载力上限，其恢复能力既小且慢，属于不可再生资源。因此，需对此类核心价值资源进行生境恢复和保护，为景区生物多样性创造适宜的生态环境。

（三）旅游空间容量（C_S）

旅游空间容量是旅游资源对旅游者的空间限制与旅游者自身感知容量的复合概念。根据景区实际，分别从湿地水域空间容量和滨湖沙域空间容量予以考虑，采用面积法计算其旅游空间容量。

1. 湿地水域空间容量（C_{wa}）

湖泊是水上旅游活动的主体，也是通向南岸沙地的必经之地，其水域面积约 45km²，按照 10%的开发程度和 30%的开放度，有效可游览水域面积为 1.35km²，参照风景名胜区水域游憩用地生态容量相关标准（人均 50~330m²），沙湖水域人均游憩面积按 200~300m² 计算，日周转率为 2，计算可知：

$$C_{wa} = 1.35\times10^6\times2/300\sim1.35\times10^6\times2/200 = 9000\sim13500（人次/d）$$

2. 滨湖沙域空间容量（C_{la}）

沙湖景区陆上旅游活动以沙地为主体，大部分旅游项目及设施均分布在滨湖南岸的新月形沙丘附近，且分布相对集中，游客可在此做面状旅游，故各景点连接线可忽略不计。沙漠景区滨水景点几乎是来者必游之处，因此这里的空间容量极易成为整个景区的瓶颈。经实地测量，滨湖南岸有效可游陆域面积约为 1.2 km²，根据风景游赏用地人均 100~200 m² 的标准，计算可知：

C_{la} = 1.2×10⁶×2/200~1.2×10⁶×2/100 = 12000~24000（人次/日）

现场调查表明，由于受滑沙等旅游活动的过度影响，滨湖南岸新月形沙丘高度明显降低，坡度明显变缓，其地貌形态及原始特征已发生明显变化，而又难以逆转。此外，旅游活动在该区域引起的垃圾污染、生物结皮破坏等生态环境问题也不容忽视。因此，应控制好该区的游客容量，使景区的另一旅游核心价值资源得以可持续利用。

3. 旅游空间容量（C_S）

沙湖景区所能达到的最大旅游空间容量是上述湿地水域和滨湖沙域空间容量之和。计算可得：

$$C_S = \text{sum}（C_{wa}，C_{la}）$$

$$=21000\sim37500（人次/d）$$

滨水景点往往是游人分布最密集且率先达到饱和状态的景点，因此在发展旅游过程中，既要保持湿地水域和沙域环境的完整性，又要注重“湿地—荒漠”生态系统的良性循环和缓冲地带的保护，避免区域过度干扰而造成的环境退化。

（四）景区游客数量动态变化及与环境容量对比

沙湖自开放20多年以来，客流量持续上升，2013年接待游客量已逾110万。根据旅游地S型生命周期理论，沙湖景区已处于旅游地的发展、稳固期。根据景区统计数据（见图4），2013年游客主要集中在5—10月，其中夏季占很大比重，具有明显的季节性特征，这也是中国北方沙漠型景区旅游活动存在的普遍规律。在旅游旺季，游客大量集中于某一时间段，尤其是五一、十一期间会迎来全年旅游的高峰，游人数量常常接近甚至超过临界值，“人满为患”已成常态。以旅游环境容量为依据，进行有针对性的生态环境保护已是刻不容缓。

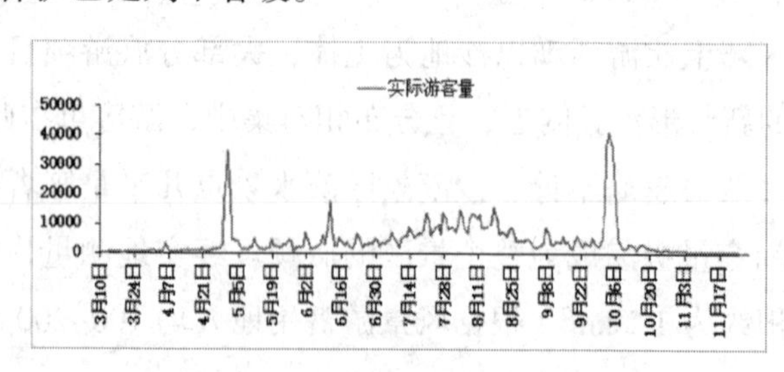

图4　2013年沙湖景区游客人数变化

（五）基于生态旅游环境容量的景区生态环境保护策略

根据两种容量评估结果，设置高、中、低 3 种不同的容量情景方案。取 C_{we}、C_{be}、C_{pe} 及 C_S 4 个分量的上限及下限分别为最高和最低值（3600~37500 人次/日），将其平分为 3 个区间，即可得到 3 类不同的情景方案。

1. 高容量情景方案——经济社会效益优先

本方案以经济及社会效益为优先发展目标，未对游客量进行有效调节及限制，C 设置最大化，约 27800~37500 人次/日。若实施此方案，可最大限度获取经济利益，同时因游客过多，超过瓶颈因子容量上限，极可能带来湿地水体污染、植被群落破坏，鸟类生境干扰、沙丘形态变化等一系列降低景区旅游质量的后果，使景区独特的湿地—荒漠景观生态系统面临较大威胁和风险。

2. 中容量情景方案——兼顾经济效益和生态环境保护

该方案以兼顾经济效益和生态环境保护为目标，对游客量进行适当的调节及限制，其容量设置介于方案 1 和 3 之间，约为 4500~27800 人次/日。景区在获得较大经济效益的同时，若对客流量进行有计划的干预，注重区域生态环境的恢复和保护，则会使水体环境污染程度降低，观鸟距离得到适当控制，植被生境得到一定的保护，生物多样性得以提高，生态系统趋向良性演化。

3. 低容量情景方案——生态环境保护优先

此方案以区域生态环境保护为优先发展目标，严格控制和管理客流量，将生态旅游环境容量设置为瓶颈因子所能承受的最低范围，约为 3600~4500 人次/日。由于容量上限被控制在较低范围内，可以保证动植物资源的生境安全，湿地水域及荒漠沙域环境会大幅提升，整体生态系统和谐稳定。在获得巨大生态效益的同时，经济效益短期内必然受限，但从长远来看，景区对生态环境的“未来投资”所产生的经济、社会、生态等价值将会不可估量。

五、结论

经以上分析可知，由于沙漠型景区所处自然及社会环境与其他类型景区差异显著，故以沙湖为代表的荒漠—湿地型景区的旅游环境容量有其特殊性：旅游空间容量、旅游经济容量及旅游心理容量均较大，除极个别旅游高峰日外极难越此上限，而沙漠旅游本质上应属于生态旅游，因此旅游生态容量较小，且与其他容量值存在明显差距，尤其是沙漠滨水区域作为景区发展的核心地带，肩负着旅游开发与生态保护的重任，以植被环境容量为最敏感因子的生态环境容量最有可能成为此类型景区旅游环境容量的瓶颈。

根据测评结果及瓶颈因子分析，沙湖景区日生态旅游环境容量应不超过5000人。此仅为理论值，与景区实际容量相差甚远，现阶段尚不具备操作的可能性，为避免游客人数教条化，不对合理容量值做具体限定，而是结合沙湖实际，设置高、中、低不同容量的情景方案，以兼顾景区生态与经济效益。

参考文献：

[1] 杜天奎,马金锋,张宁,等. 宁夏沙湖自然保护区春季鸟类群落组成及多样性研究[J]. 湖北农业科学,2012(15).

[2] 董瑞杰，董治宝. 巴丹吉林沙漠景区旅游环境容量[J]. 中国沙漠，2014(5).

[3] 林丽花,张敏. 生态旅游环境容量研究进展[J]. 四川林勘设计,2008(4).

[4] 李春茂,明庆忠,胡笃冰. 生态旅游环境容量的确定与量测[J]. 林业建设,2000(5).

[5] 刘会平,唐晓春,蔡靖芳,等. 武汉东湖风景区旅游环境容量初步研究[J]. 长江流域资源与环境,2001(3).

[6] 罗燕珠. 宁夏沙湖历年水质变化趋势分析[J]. 水土保持通报,2011(5).

[7] Richard C S. Heritage values and functions of wetlands in Southern Mexico[J]. Landscape and Urban Planning,2006(74).

[8] 宋珂,樊正球,信欣. 长治湿地公园生态旅游环境容量研究[J]. 复旦学报,2011(5).

[9] Saarinen J K. Traditions of sustainability in tourism studies [J]. Annals of Tourism Research,2006(4).

[10] 腾迎凤. 宁夏沙湖自然保护区植物多样性研究[D]. 宁夏大学,2013.

[11] 吴夏楠,黄倩辉. 我国旅游环境承载力研究综述[J]. 经济学研究,2014(1).

[12] 翁钢民,杨秀平. 国内外旅游环境容量研究评述[J]. 燕山大学学报(哲学社会科学版),2005(3).

[13] 韦艳. 旅游的可持续发展与生态旅游环境容量研究以峨眉山景区为例[D]. 成都理工大学,2010.

[14] 薛晨浩. 旅游活动对沙漠生态环境的影响研究——以宁夏沙漠景区为例[D]. 宁夏大学,2014.

[15] 杨锐. 从游客环境容量到 LAC 理论环境容量概念的新发展[J]. 旅游学刊,2003(5).

[16] 章小平. 九寨沟景区旅游环境容量研究[J]. 旅游学刊,2007,22(9).

[17] 钟艳霞. 宁夏沙湖旅游区水环境与旅游业发展研究[D]. 西北大学,2003.

[18] 赵红雪,邱小琮,等. 宁夏沙湖后生浮游动物及其与水质的关系[J]. 安徽农业科学,2010(29).

[19] 赵红雪. 宁夏沙湖水体富营养化分析与评价[J]. 湖北农业科学,2010(10).

[20] 郑国全. 湿地公园生态旅游环境容量测评研究——以下渚湖国家湿地公园为例[J]. 内蒙古农业大学学报,2011(3).

[21] 张敏娜. 陕西省旅游业可持续发展评价指标体系的构建及应用[D]. 陕西师范大学,2007.

[22] 夏青,陈艳卿,刘宪兵. 水环境质量标准[M]. 北京:中国标准出版社,2004.

宁夏彭阳县小流域治理调研报告

薛　凯　杨卫民

一、彭阳县小流域治理成效与发展思路

（一）治理成效

1983 年建县以来，历届县委、政府始终坚持“生态立县”方针不动摇，一任接着一任干，一张蓝图绘到底，累计治理小流域 114 条 1515 平方公里，治理程度由建县初的 11.1%提高到 71.2%，形成了百万亩桃杏花海、百万亩景观梯田、百条生态治理示范流域等独具特色的自然景观，先后荣获“全国造林绿化先进县”“全国水土保持先进县”“全国退耕还林先进县”“全国生态建设示范县”“全国水土保持生态文明县”等荣誉，受到中共中央原总书记胡锦涛、国务院原总理温家宝的充分肯定。十届全国人大三次会议将“彭阳经验”列为 1798 号建议案，在黄土高原同类地区推广。彭阳小流域被自治区命名为宁夏干部教育培训现场教学基地，彭阳县旱作梯田入选“中国美丽田园”。

近年来，县委、政府围绕水利风景区建设和全域旅游发展，规划实施了茹河水污染防治、小流域综合治理、茹河瀑布风景区基础设施建设、

作者简介　薛凯，彭阳县人民政府办公室副主任；杨卫民，彭阳县人民政府办公室秘书。

"两河"全域旅游百里画廊建设、"四大梯田"公园景观提升、农家旅馆建设等一批重点工程，旅游业实现了从无到有、从小到大的跨越。目前，全县旅游框架体系已初具雏形，2015年，全县共接待游客38.2万人次，实现旅游综合收入1.14亿元。截至2016年10月，全县累计接待游客60.47万人次，实现旅游综合收入4.5亿元。

（二）发展思路

按照创新、协调、绿色、开放、共享发展理念，立足生态建设和流域治理成果，紧紧围绕"天高云淡六盘山·田园彭阳入画来"的战略定位，以建设全国小流域治理风景区为总体目标，突出全域旅游、乡村旅游主题，着力建设"一廊、两翼"的生态旅游发展格局。"一廊"即建设古城五里山至城阳沟圈文化生态旅游"百里长廊"，主要观景节点有桃花山梯田公园、金鸡坪梯田公园、杏花岭风景区、乔家渠毛泽东长征宿营地、红梅杏园、茹河瀑布风景区等15个观景节点及配套建设观景亭台、停车场等"慢行系统"设施，重点发展生态乡村旅游，扶持群众发展民宿客栈，力争把"两河"流域建成以"春赏花、夏观田、秋摘果、冬踏雪和春节体验民俗"为主题的独特全域旅游景区。"两翼"即沿茹河两岸黄土旱塬形成的南北"田园美景"观光区，大力发展乡村游、生态游、文化游、基地游，办好"粉红花海——杏花节""锦绣画卷——梯田节"，力求保持原生态、体现原风貌，因地制宜，各具特色，努力使彭阳成为"望得见山、看得见水、记得住乡愁"的地方。

二、彭阳县小流域治理措施

以阳洼流域水利风景区治理为例：阳洼流域水利风景区位于彭阳县北面，是全县旅游发展的核心景区，也是"百里画廊"文化生态旅游规划的核心景点之一。距离彭阳县城15公里，面积96.3平方公里，涉及白阳镇、草庙、城阳3个乡镇8个行政村，治理程度达到93.7%，林草覆盖率80.7%，阳洼流域水利风景区属水土保持型景区，重点展现在黄土高原丘陵沟壑区，以小流域为单元，山、水、田、林、草、路综合治理成果。景区与茹河水利风景区、莲花五峰、茹河生态园、无量石窟等景点相邻，交相辉映，相得益彰，形成的独具特色的自然、人文、工程等景观。一是人文景观雄厚，战国秦长城是景区内现存较为完整的历史遗迹，筑于秦昭襄王三十五年（前272年），它是彭阳之境始入中原王朝版图的历史见证，为国家重点文物保护单位，在景区内为西北—东南走向。景区内的白马庙相传是后人为纪念秦太子扶苏抚边恤民的功德而建。孟姜女哭长城的民间故事相传也发生在此，被当地群众广泛流传。二是工程景观宏伟，有“山顶戴帽子，山腰梯田系带子，沟头库坝穿靴子”的小流域立体治理模式的实景展现，“88542”（开挖深80厘米、宽80厘米的水平沟，筑高50厘米、顶宽40厘米的外埂，回填后面宽2米）的隔坡水平沟整地造林技术被列入宁夏造林整地标准，被外国友人形象地称为中国的生态长城，长度可绕地球三圈半。三是自然景观独特，景区内梁峁起伏，山塬相间，沟壑纵横，地面坡度大，黄土高原丘陵沟壑区的地貌特征在这里全部得以展现。秋季的景区处处呈现云雾润蒸、流云奔涌、山尖若隐若现的云海奇景。冬日雪后，银装素裹，雾凇景象犹如千树万树梨花开。朝晖晚霞，景色壮观。景区生物种类较多，有山杏、紫穗槐、百里香等植物600余种，其中药用植物200余种。有嘴蓝鹊、野鸡、七星瓢虫等生物70多种。四是红色文化璀璨，这里有红军长征途经彭阳时毛泽东的宿营地——乔家渠组乔生魁旧宅，当地群众为纪念红军长征，在这里打造了乔家渠民俗风情园，布设毛泽东长征居室、革命史料室、老物件陈列室、根雕艺术品。五是梯田景观优美，景区内有高标准基本农田4526.1公顷，人工造林面积2214.9公顷，其中曹川、金鸡坪、栖霞滩、桃花山梯田集中连片、规模宏大，层次分明，依山环绕，绵延数百米。春种秋收时节，农忙景象绘制了一幅天然的农耕图，可以和云南元阳、广西龙脊梯田相媲美。每到春季，景区内桃杏争艳，山花烂漫，以“粉红花海、魅力彭阳”为主题的宁夏六盘山山花旅游节暨彭阳杏花旅游文化节已连续举办了四届。六是“彭阳精神”集中展现，县委、政府带领全县干部群众30多年如一日开展生态建设，形成的“勇于探索、团结务实、锲而不舍、艰苦创业”的“彭阳精神”和“领导苦抓、干部苦帮、群众苦干”的“三苦”作风，在这里得到集中体现。2007年4月12日，时任中共中央总书记胡锦涛在阳洼流域视察时欣慰地说：“彭阳虽小，

但生态治理保护成效明显，实践证明，治理和不治理确实不一样，要扎实努力、长期努力，使彭阳的生态环境发生明显变化。”

近年来，彭阳县坚持“生态优先、人与自然和谐”的理念，积极打造“生态、科普、休闲、娱乐、养生”为一体的水保生态科技示范园和“天蓝、山绿、水清、地平、景美、人富”的生态旅游区，形成了水土保持生态区、农田景观区、秦长城遗址区、民俗风情区四大特色的景观区，布局紧凑，三季有花、四季常青，观赏性强，适游期长，2015年被命名自治区小流域水利风景区。一是突出规划引领，先后编制完成了《彭阳县阳洼水利风景区总体规划》《彭阳县阳洼水利风景区资源调查评价》《彭阳县阳洼水利风景区旅游综合影响评价》等规划，为小流域风景区建设绘就了蓝图。二是突出力量整合，有效整合发改、财政、交通、水利、农业、林业等部门各类项目资金用于景区基础设施配套建设，构建整合力量抓景区的工作格局，形成“农业围绕景区调结构、林业围绕景区创特色、水利围绕景区出精品、交通围绕景区强基础、管理服务围绕景区上水平”全方位推动景区建设和旅游发展的浓厚氛围，力争将阳洼流域水利风景区打造成国家级水利风景区。目前，县、乡、村道和流域道路辐射所有景点，彭青高速直通县城，202省道贯穿景区，固庆高速、银昆高速年内将开工建设。景区自来水入户率达到75%以上，通信信号全覆盖，电力设施配套齐全，运行安全可靠。有接待区2处，农家乐150处，一次可接待游客就餐11000人次，环境优雅，餐饮、住宿、娱乐齐全完善，游客在这里能品尝朝那鸡、杂粮食物等彭阳特产。餐饮接待、购物方便、医疗救护等救护体系完备。风景区生态良好，污水零排放，水体无污染，水质符合国家饮用水二级标准。三是突出规范管理，成立了阳洼流域水利风景区管理委员会，配备了专职管理人员，明确职责，实行开放式管理，不收门票。划分了旅游功能区，标识明确，建立和完善了相关保护制度和措施。建设了生活垃圾存放点，集中处理，景区环境卫生干净整洁。对从业人员培训持证上岗，挂牌服务，设立投诉监督电话。狠抓安全管理，对游人可能损坏造成影响的设施进行封闭或隔离，适时监控，严格执行设施使用检查维护保养细则。积极参与意外事故保险，成立治安机构，完善火险巡察及处理预案，负责维护景区正常秩序，促进景区健康可持续发展。

三、彭阳县小流域治理存在的问题及建议

（一）存在的问题

尽管彭阳在小流域治理方面做了大量工作，取得了历史性成效。但全县小流域治理依然面临的挑战前所未有，主要表现在：县级财力匮乏，投资力度较弱；封山禁牧工作难度较大，偷牧夜牧现象严重；小流域管理执法不严，乱采乱用现象时有发生；水污染、水生态恶化没有根本转变。

（二）对策建议

建议按照小流域治理总体要求，紧紧围绕“天高云淡六盘山·田园彭阳入画来”的旅游发展战略定位，有序推进景区开发、景点打造、基础建设、旅游服务等关键环节，全力推进一、二、三产业融合发展，尤其在茹河国家水利风景区命名后，全域旅游、乡村旅游的“红利”不断释放，旅游产业已被县委、政府确定为脱贫增收的支柱产业之一。

区域篇

QUYUPIAN

2016 年银川市生态环境报告

马云龙

银川市作为宁夏回族自治区的首府城市，是宁夏政治、经济、文化科研、交通和金融商业中心，也是发展中的区域性中心城市，它的健康发展对整个自治区及周边地区都具有重要意义。银川市委、政府通过深入实施蓝天工程、污染减排、水污染防治等重点工作，积极主动应对突出环境问题，银川市生态环境质量取得了一定成效。

一、2016 年银川市生态环境质量现状与成绩

（一）环境质量稳步提升

环境空气质量总体稳定。截至 2016 年 10 月 31 日，银川市有效监测天数 304 天，优良天数为 226 天，达标率 74.3%；二氧化硫平均浓度 45μg/m^3，同比下降 16.7%；可吸入颗粒物（PM10）平均浓度 101μg/m^3，同比下降 7.3%；二氧化氮平均浓度 33μg/m^3，同比下降 8.3%；细颗粒物（PM2.5）平均浓度 49μg/m^3，同比上升 6.5%。

水环境质量稳中向好。黄河银川段水质稳定保持Ⅲ类，阅海、艾依河、鸣翠湖等重要湖泊湿地水质稳定达到Ⅳ类标准。

作者简介　马云龙，银川市环保局生态室主任，工程师。

（二）“蓝天工程”成效突显

统筹现有集中热源余量，继续做好燃煤锅炉“拆小并大”工作。截至2016年10月，已淘汰燃煤小锅炉134台，其中市区48台、两县一市86台。启动华电灵武电厂“东热西送”供热工程，预计2018年全部建成，届时将彻底结束银川市分散燃煤供热的局面。强化市区煤质和煤炭消耗量管控，严格执行高污染燃料控制办法，市区内禁止燃煤锅炉建设，确保建成区煤炭总量只减不增。加快燃煤锅炉污染治理，完成57台燃煤锅炉脱硫、除尘升级改造。完成263处60.4万平方米的裸露地面绿化、硬化或铺装。开展餐饮油烟专项治理行动，确保油烟净化设施正常运行，推广环保无烟烧烤炉339台。利用县（市、区）乡（镇）、村三级网格化管理体系，严禁焚烧秸秆，引导秸秆综合利用。完成3家火电已完成超低排放改造；完成市区83座加油站（已完成80座）油气回收治理；淘汰黄标车8261辆。

（三）稳步推进“碧水工程”

2016年，银川市编制印发了《银川市水污染防治工作实施方案》《银川市重点入黄排水沟2016—2018年污染综合整治实施方案》和《银川市城市黑臭水体整治方案》，对水污染防治项目的建设内容、完成时间节点予以明确。扎实推进城市污水处理厂和工业园区污水处理厂建设与提标改造项目建设，银川市第二、第四、第五污水处理厂扩建及提标改造工程已开工建设；银川第七、第九污水处理厂主体工程已完工，银川第六污水处理厂扩容项目建设完成，银川市第三污水处理厂扩建及升级改造工程完成建设，灵武市污水处理厂提标改造工程已建设完成。贺兰生态纺织园区污水处理厂和滨河工业园区污水处理厂建成，永宁（望远）第二污水处理厂扩建工程正在建设。

（四）强化污染减排管理

2016年，完成火电机组脱硫脱硝、火电超低排放改造、大型工业、采暖锅炉烟气治理等大气污染物总量减排项目16个；完成城镇污水处理厂建设、再生水项目等废水污染物总量减排项目6个。

（五）继续发力农村环境整治

2016年，在金凤区良田镇、永宁县李俊镇等9个乡镇30个村实施农村环境整治项目，铺设生活污水收集管网19200米，建设污水处理站7座；建设垃圾中转站2座，购置电动三轮垃圾收集转运车150辆，垃圾箱5970个，覆盖人口23万；建设畜禽养殖场粪污处理设施6套；保护农村集中式饮用水水源地2处，农村环境持续改善。

（六）不断加强环境监管执法

截至2016年10月，银川市出动执法人员5200余人次，认真开展“2016环境执法质量年”活动，对环境违法行为采取最严格的执法手段。持续开展“铸盾亮剑”和“零点行动”，实施冬季大气污染防控夜查和春季扬尘污染防治专项行动，保持高压执法态势，检查企业1800余家次，约谈企业34家次。同时加大对违法企业曝光力度，在新闻媒体上公开曝光环境违法违规单位3批次28家，在银川市环保局网站公开违法案件99件。

（七）进一步提升能力建设

启动大气灰霾超级观测站建设工作，经前期充分调研论证，按照“整合、完善、集成、跨越”的思路，以现行银川市空气质量监测网络12个站点为基础，规划建立宁夏首个区域大气复合污染立体监测超级站，共同构成覆盖银川市区及周边的空气环境质量监测网，现已完成大气灰霾超级观测站建设方案编制工作，进入招投标程序。

（八）全力做好中央环境保护督察工作

从2016年7月初起，实行24小时值守，全力以赴做好迎接中央环境保护督察工作。按照“七个必须到位”要求，严查、严改中央环保督察组转办群众举报环境问题，全部按时限要求报送办理情况、公开办理结果，接受群众监督。建立长效监督机制，对于办结的事项，开展回头看和后督察，防止反弹；对于短期内无法整改到位的转办事项，监督整改方案和责任落实，推动尽早办结销号。

二、银川市生态环境建设中存在的问题

（一）城市基础设施建设滞后

随着银川市城市化建设的不断加快和银川市周边大型工业园区的建成投产，使得银川市近几年空气污染越来越严重，城市基础设施建设已不能

满足城市发展的需要。银川市的能源燃料主要以煤炭为主，空气污染类型也是典型的燃煤型污染。虽然近几年银川市下了很大的力气拆除了一些小型燃煤锅炉，也支持了大型锅炉进行污染治理，但是由于城市基础设施布局的不合理，集中供暖企业和锅炉房还是随处可见，对城市空气的污染不言而喻。

（二）银川市城市整体规划与环境保护衔接的不到位

银川市在城市建设中，整体规划的起点低，随意性大。一是楼房密集，剩余空间少，公共绿地少，绿化水平低，群众休闲娱乐场所少；二是个别道路规划狭窄，设计不合理，整体布局不美观；三是排污管网不健全，排水、污水处理得不得当；四是城市整体规划没有突出环境保护特色。

三、加快银川市生态环境建设的措施和建设

（一）合理规划城市功能，注重生态环境建设

在指导思想上，首先要将城市看作一个生态系统，城市规划首先要考虑可持续发展的生态环境建设，要遵循生态规律。其次，要采用和实施生态学的思想方法，研究城市生态系统的环境与资源承载力，从城市环境容量和资源保证能力出发，制定和实施城市总体规划，合理确定城市规模和发展方向。最后，加快城市环境基础设施建设，提供改善城市生态环境的配套服务。总之，要在规划中明确体现对生态环境的关心，维持城市生态系统的动态平衡，由此促进资源与环境的可持续性利用和城市的可持续发展。

（二）加强银川市环境基础设施建设

银川市城市环境基础设施的历史欠账多，这是造成我市环境质量差的一个重要原因。由于生活污染已经成为城市环境恶化的首要因素，自然对城市环境基础设施建设提出更高要求。目前的首要任务是加大环境投入，提高城市环境基础设施建设和运营水平。在继续发挥政府主导作用的同时，要重视发挥市场机制的作用，积极推进投资多元化、产权股份化、运营市场化和服务专业化，建设具有规模效益的城市污水处理和垃圾处理设施，加大环境监管力度，确保城市环境基础设施的正常运行。

（三）提高全体人民的环境意识，积极加强公众参与

让公众更加了解环境法律的要求和自己所应承担的环境责任和义务，自觉维护应取得的环境权益；公众监督环境污染与破坏的行为，运用法律制止城市环境的恶化。

（四）建立有效的监督机制

缺乏有效的监督，环境保护工作就没有压力和动力，就会逃避应承担的环境责任。需要在环境行政系统内部建立一个以人大、司法机关、环境监察部门为主体，社会公众广泛参与的统一监督管理机制。这种机制不仅要对环境保护执法工作而且也要对政府的决策及管理行为进行有效的监督。

2016年石嘴山市生态环境报告

陈俊忠

党的十八大以来，石嘴山市委、政府始终坚持绿色发展理念，认真贯彻国家、自治区关于生态文明建设的决策部署，以贯彻实施新修订的《环保法》为契机，围绕建设开放富裕和谐美丽新型工业城市，以改善环境质量为核心，严格落实环境保护政策措施，各项工作有序推进，环境质量日趋好转。2015年，全市主要污染物二氧化硫、氮氧化物、化学需氧量、氨氮排放量分别比2010年下降了27.81%、35.40%、9.28%和22.43%；单位GDP综合能耗比“十一五”末下降23.2%；环境空气优良天数达到228天，占总监测天数的62.5%，在全国实施空气质量新标准的161个城市中处在中等水平，PM10年均浓度比2014年下降2.4%，PM2.5年均浓度比2014年下降5.9%，成为宁夏唯一双下降的地级城市；地表水环境质量基本稳定；地下水质量符合国家饮用水卫生标准；土壤环境质量达标率为100%。

一、环境保护工作措施及取得的成效

（一）高度重视，着力抓好环境保护各项工作落实

石嘴山市委、政府从全面建成小康社会的高度，把生态建设与环境保护工作摆在更加突出的位置，加强领导，落实责任，积极推进。一是把推

作者简介 陈俊忠，石嘴山市环境保护局科长，政工师。

进生态转型、建设美丽石嘴山作为重大战略任务。党的十八大后，市委共召开了五次全会，每次都把加强生态文明建设和环境保护作为重要内容进行安排部署。特别是市委九届三次全会做出了推进产业民生生态“三大转型”、建设和谐富裕美丽新型工业城市重大决策，作为全市的中心任务，坚持不懈予以推进。深化以创建全国文明城市为龙头的“六城联创”，全市森林覆盖率达到 12.5%，城市建成区绿化覆盖率 40%，人均公共绿地面积 15 平方米。2013 年成功创建国家森林城市；2015 年被列为国家第二批生态文明先行示范区，荣获全国生态建设突出贡献奖；2016 年成功创建国家园林城市。二是严格落实环境保护责任。认真落实环境保护“党政同责”“一岗双责”、党政一把手第一责任，层层签订目标责任书，完善责任链条，将年度环保目标任务和污染减排等约束性指标分解落实，平时加强督察督办，年终实行严格考核，推动各项工作落实。三是加强对环境保护工作的组织领导。始终把环境保护作为一项重大民生工程、发展工程，不断完善环境保护工作机制。市人大、政协每年组织两次环境保护法执法检查，形成了市委、人大、政府、政协联动，各部门分工协作、密切配合、各负其责，社会广泛参与的环保工作格局。四是大力倡导公众参与环境保护。通过开展环保知识竞赛、广场宣传咨询、环保专场文艺演出、环保“公众开放日”、发行环境日纪念邮票、邮寄保护环境倡议书、新闻媒体报道和环境保护进社区、进校园、进企业等多种形式的宣传教育活动，广大群众对环保的关注度越来越高，主动参与环保的人员越来越多、范围越来越广。

（二）真抓实干，强力推进环境污染防治

综合运用法律、经济、行政手段，以“铁的决心、铁的手腕、铁的纪律”的“三铁”精神狠抓污染防治，促进环境保护与经济社会协调发展。一是扎实推进重点领域污染防治。以大气、水、土壤、固（危）废为重点，深入推进综合治理。切实加强大气污染防治，统调电厂发电机组全部完成了脱硫脱硝除尘设施建设，污染物排放达到国家火电行业新排放标准；自备电厂 60%的发电机组完成了脱硫项目建设，50%的发电机组完成了提标改造；15 万千瓦以上火电机组全部取消烟气旁路。76 家电石铁合金企业通过“上大压小”炉型置换。关停焦化企业 15 家，淘汰矿热炉总装机容量达

33.3 万千伏·安，淘汰燃煤锅炉 391 台 773.9 蒸吨，淘汰黄标车和老旧车辆 18904 辆。稳步实施水污染防治，建成城镇污水处理厂 5 座、中水厂 4 座，实现了主要城市建成区生活污水处理全覆盖，第一、第二污水处理厂通过提标改造，出水达到城镇污水处理厂一级 A 排放标准。组织实施了英力特化工等一批企业工业废水治理工程，重点涉水企业全部建成了规范的污水处理设施。开工建设了石嘴山经济开发区和宁夏精细化工基地污水处理厂，组织实施了星海湖北域和三·二支沟湿地流域水污染治理工程。实施农村环境连片整治示范项目 80 个，建设垃圾转运站 85 个、垃圾填埋场 3 个、“一体化”污水处理站 10 座、氧化塘污水处理设施 2 处，保护农村集中式饮用水源地 23 处。创建国家级、自治区级生态乡镇、生态村 36 个，农作物秸秆禁烧及综合利用示范面积达到 3 万亩，全市 53 家规模化畜禽养殖场配套建设了粪便综合利用和废水处理等设施。加强重金属污染综合治理和应急监管，所有涉重金属企业都建立了规范化管理台账，完善治污设施，规范物料堆放场、废渣场、排污口建设，强化应急处置。加快工业固废处置场建设，有 3 个开发区固废处置场相继建成投运。组织对重点企业渣场进行了规范整治，达到了相应的技术要求。全市城市生活垃圾、医疗废物全部得到了规范化处置。二是着力加强环境执法监管。推行环境监管网格化，划为市、县、乡镇（街道、园区）三级，实行全覆盖、全方位监管。将 2015 年、2016 年确定为“环境执法年”，深入开展环境保护大检查，重点打击恶意违法排污和排污信息造假行为，及时查处各类环境违法行为。共排查企业 1152 家，对 68 家企业进行了行政处罚，对 175 家企业进行了约谈，对违法排污企业的 2 名直接责任人依法行政拘留，对 2 名企业责任人追究了刑事责任。对大检查中发现的 456 个环境问题列出清单，明确责任单位，公开限期整改。目前，已有 412 个问题得到整改，整改率达到 90.4%。对西北督查中心环境综合督察和后督察交办的 41 个问题，采取有力措施积极进行整改。目前已整改 38 个，整改率达到 92.7%。组建环境投诉与应急监控中心，建立了全时值班、领导接访包案、办理事项督办审核、矛盾纠纷排查化解等一系列环境信访事项办理制度，开通了“12369”环保投诉热线和人民议政网环境投诉专栏，及时查处环境投诉案件，确保群众举报的环境问题及时处理，做到了“事事有回应，件件有着落”。三是积极推进煤炭市场规范发展。针对全市煤炭经营市场混乱、环境污染严重的局面，市委、政府研究制定了《关于规范发展煤炭市场的意见》，按照规范发展、治理污染、堵塞税收流失的要求，综合采取经济、行政、法律等手段，着力解决煤炭市场发展中存在的突出问题。顶住各方压力，共清理取缔拆除非法煤炭经营户 544 户，建成封闭式储煤仓 352 个，除个别大型煤炭加工企业外，绝大部分煤炭加工企业被限定在 3 个煤炭集中区内，实现进场经营、仓式和半仓式加工。3 个煤炭集中区组建保洁队伍，购置专用车辆，对集中区道路实施全天清扫保洁和喷雾降尘。煤炭集中区黑烟滚滚、煤尘飞扬、黑水四溢的现象得到有效控制，环境面貌显著改观。

（三）加强节能减排，积极发展循环经济

立足老工业城市产业发展实际，把推进节能减排、发展循环经济作为转型发展、从根本上改善环境的重大举措。一是坚持源头控制。严把环境准入关，认真落实产业政策、规划环评和建设项目环境管理制度，宁可经济增长慢一些，也不以损害环境为代价。凡是污染源性企业或项目，不管投资有多大、利润有多高，一律不允许引进落地，源头控制新增污染物排放总量。在招商引资中，5 万吨镍铁冶炼等一批项目虽然投资大、效益好、接纳就业能力强，但能耗高、排放高，存在环境风险，在项目环境影响论证中，我们毅然进行了否决。2013 年以来共否决此类项目 20 多个；已经引进的企业，环评不达标不许生产，5 年来先后关停 60 多家不符合产业政策、环评不达标的企业。二是加强节能减排。严格执行节能减排“十大铁律”，5 年淘汰落后产能 622.7 万吨，单位 GDP 综合能耗比“十一五”末下降 23.2%。三是推进资源集约节约利用。积极推进国家资源综合利用“双百工程”示范基地和节水型城市建设，开展资源枯竭型城市工矿废弃地复垦利用试点，不断提高能源资源利用效率。四是大力发展循环经济。大力推进国家循环经济示范城市建设，石嘴山经济技术开发区、生态经济开发区相继被列为国家园区循环化改造试点。两个国家级开发区和两个省级开发区及 90 多家企业相继开展了循环化改造。着力培育发展环保、绿色、低碳产业，杉杉锂电池正极材料、中利腾辉线缆等一批清洁生产企业落地生根。

（四）精心组织，认真开展贺兰山自然保护区清理整治

2016年，石嘴山市委、政府高度重视贺兰山自然保护区环境问题，研究制订了清理整治实施方案，强化措施、落实责任，多部门协作联动，狠抓贺兰山自然保护区清理整治。已对69家工矿企业进行了强制断电，对2011年以后违规审批建设的14家工矿企业全部进行了关闭，对2011年调规前通过有偿出让方式取得采矿权的19家非煤矿山企业实施了停产整治，对37家非法工矿企业（采矿点）进行了彻底取缔，对柳条沟、天气沟、偷牛沟、北岔沟4个整治点内的18家矿山企业正在实施生态恢复治理。通过整治，贺兰山自然保护区内所有非法违法工矿企业均已停工，生态恢复治理工程已正式启动，保护区清理整治工作取得阶段性成效。

二、环境保护方面存在的突出问题

虽然取得了一些成绩，全市环境质量一直在改善，但环境质量总体依然不佳，在宁夏还是最差的，优良空气天数也是最少的，我们清醒地认识到全市环境保护工作所面临的问题还很多。一是空气质量不容乐观。2015年，空气中PM10浓度为每立方124微克，比二级标准值超77%，比宁夏平均值超17%，超标106天；PM2.5浓度为每立方48微克，比二级标准值超37%，比宁夏平均值超2%，超标56天；臭氧、二氧化硫超标天数也分别达到27天，空气质量在宁夏五市排名倒数第一。二是重点水域污染严重。沙湖、星海湖因水体不流动，蒸发量大、水量补给不足，水体富营养化程度日益加重，含盐量逐年升高；境内三排、五排、三·二支沟水体污染严重，水质长期处于劣V类状态，治理难度大。三是污染减排压力逐年加大。随着一批大型项目建成投产，污染物排放总量增加，加之国家减排指标收严，由于受这两个因素的“双重挤压”，“十三五”期间减排压力逐年加大。四是环境保护基础设施不完善。全市7个城市污水处理厂，只有2个达到国家新的排放标准，配套管网还没有完全建成，污水集中处置率只有85%；4个工业园区都未建成公用污水收集及处理设施，有2个目前仍然没有公用的工业固废填埋场。另一方面，由于经济下行压力不断加大，造成企业投入不足，导致部分环保问题长期得不到解决。五是矿山生态环境破坏严重。贺兰山自然保护区内的矿山开采企业数量多、开采面大，偷采盗采矿产资源现象屡禁不止，生态环境破坏和扬尘污染十分严重，这些问题已经引起环保部的高度关注。2016 年初，西北环保督查中心已代表环保部约谈了市政府，下一步恢复治理任务重、难度大。六是环境监管能力不足。环境保护机构、人员编制不够，能力建设相对滞后，随着新环保法的颁布和环保领域改革新要求的提出，环保队伍建设远不能适应新的监管需要，环境监管存在难到位的现象。

三、全力以赴，加快推进美丽石嘴山建设

美丽石嘴山建设关系人民幸福，关乎长远发展。加快推进美丽石嘴山建设，对于落实绿色发展理念，推动全市经济社会转型发展、科学发展，在宁夏率先建成小康社会具有十分重要的意义。

（一）加强生态建设，努力提升生态环境

生态建设必须坚持把节约优先、保护优先、自然恢复为主作为基本方针，把生态保护放在重要位置。要依据石嘴山经济社会发展规划和空间发展战略规划，以《石嘴山环境功能区划》为基础，以国家生态文明先行示范区建设为统揽，科学规划资源开采布局、合理开发利用自然资源，严格控制超出环境承载能力的各类开发建设活动。切实加强矿产资源开采管制，严格落实“谁污染、谁治理”“谁破坏、谁恢复”责任，合理开发利用自然资源，切实加强生态保护和恢复建设，着力解决露天开采活动造成的环境污染和生态破坏问题，着力解决星海湖、沙湖等水域环境问题。加强区域及周边天然林地、草原、湿地等生态系统和自然景观保护，建设多层次的城镇水系、绿地体系。大力实施贺兰山东麓绿化、绿色通道、防沙治沙等生态绿化工程，加快构建西部生态绿色屏障。

（二）强化污染防治，着力改善环境质量

良好的环境质量是最公平的公共产品，是最普惠的民生福祉。要严格源头预防、不欠新账，加快治理突出环境问题、多还旧账。要扎实推进大气污染防治。着力抓好火电机组和燃煤锅炉专项治理，对燃煤发电机组和

在用20蒸吨以上燃煤锅炉脱硫、脱硝、除尘设施升级改造，全面淘汰城市建成区及周边茶浴炉和20蒸吨以下燃煤锅。要积极推进工业窑炉除尘设施升级改造、机动车尾气污染防治、重点行业挥发性有机物治理，进一步加强城市环境综合治理，大幅改善环境空气质量。要切实加强水污染防治。持续加强涉水企业污染治理，保持稳定达标排放。加快推进城市和工业园区水污染治理，加强工业园区、城乡结合部、重点集镇污水集中收集和处理设施建设，工业园区建成污水集中处理厂和配套收集管网，城市污水全部纳入集中处理，工业园区污水集中处理率达到80%以上。强化城市集中式饮用水源地保护，积极推进星海湖、沙湖等湖泊湿地和主要排水沟污染治理，确保水环境安全。要强化固废污染防治。遵循固体废物减量化、资源化和无害化处理原则，以“区域防控、科学管理、综合利用”为着力点，强化规范处置和科学管理。加快推进各工业园区标准化工业固废填埋场建设，实现工业固废和医疗废物有序管理。加强危险废物管理，杜绝有毒、有害废物污染环境。要积极推广固废综合利用技术，大力发展循环经济，进一步提高固废综合利用率。要积极推进农村污染防治。扎实推进农村环境综合整治提标工程，抓好规模化畜禽养殖企业粪便污染治理，推广秸秆禁烧和综合利用技术，管好用好农村垃圾收集、污水处理设施，推进环境优美乡镇和生态村建设。要加强农业投入品管理，着力推进土壤环境保护，防止农药、农膜、重金属等污染土壤。

（三）加快转型升级，积极推进绿色发展

从根本上缓解经济发展与资源环境之间的矛盾，必须构建科技含量高、资源消耗低、环境污染少的绿色环保型产业结构，加快推动生产方式绿色化，大幅提高经济绿色化程度，有效降低发展的资源环境代价。要积极发挥环境保护在优化经济发展中的综合作用，建立空间、总量和项目“三位一体”环境准入机制，把主要污染物排放总量控制指标作为新建、改建、扩建项目环境影响评价审批的前置条件，提高环境准入门槛，鼓励和支持装备制造、电石化工、特色冶金、碳基材料、太阳能和节能环保、有色金属新材料等优势特色产业技改升级和产业配套，拉长产业链，提高附加值。积极推进传统能源安全绿色开发和清洁低碳利用，发展清洁能源、可再生能源，不断提高非化石能源在能源消费结构中的比重。大力发展节能环保产业，以推广节能环保产品拉动消费需求，以增强节能环保工程技术能力拉动投资增长，推动节能环保技术、装备和服务水平显著提升。积极开展环保技术及环保产业研究，加快环保技术进步，推进环保产业发展。

（四）严格环境执法，强化环境保护监管

坚持问题导向，针对薄弱环节，加强统计监测、执法监督，为推进生态文明建设提供有力保障。积极拓宽与相关部门的互联互通渠道，加强多部门联合执法，形成执法合力。对工业点源、农业面源、交通移动源等排放的所有污染物，对大气、土壤、地表水、地下水等所有纳污介质，加强统一监管。加快推进对能源、矿产资源、水、大气、湿地和水土流失、沙化土地、土壤环境等的统计监测核算能力建设，提升信息化水平，实现信息共享。利用互联网、大数据、云计算等先进技术手段，对自然资源和生态环境保护状况开展全天候监测，形成覆盖所有资源环境要素的监测网络体系。加强法律监督、行政监察，对各类环境违法违规行为实行“零容忍”，严厉惩处违法违规行为。强化对浪费能源资源、违法排污、破坏生态环境等行为的执法监察和专项督察，强化对资源开发和交通建设、旅游开发等活动的生态环境监管。在环境敏感区及周边，禁止建设环境风险企业，淘汰高污染、高排放、高毒等高风险生产工艺，降低区域环境风险水平，改善环境安全总体态势。进一步加强环境风险管控基础能力建设，推进环境风险预警信息资源共享，实现环境数据实时传输、环境评估预警技术共享，提高风险预警的准确性，为环境管理提供实时有效的决策支持。

（五）强化宣传教育，凝聚绿色发展合力

改善环境质量、推进绿色发展关系各行各业、千家万户。要充分发挥人民群众的积极性、主动性、创造性，凝聚民心、集中民智、汇集民力，实现生活方式绿色化。要把生态文明教育作为素质教育的重要内容，纳入国民教育体系和干部教育培训体系，组织好世界环境日等主题宣传活动，充分发挥新闻媒体作用，加强环境保护宣传，开展科普教育，报道先进典型，曝光反面事例，引导全社会树立节约意识、环保意识、生态意识，落实环境保护“政府领导、部门监管、企业主体”三大责任，形成人人、事事、时时崇尚绿色发展的社会氛围。广泛开展绿色生活行动，推动全民在衣、食、住、行、游等方面向勤俭节约、绿色低碳、文明健康的方式转变，坚决抵制和反对各种形式的奢侈浪费、不合理消费。积极引导消费者购买节能环保低碳产品，减少一次性用品的使用，限制过度包装。大力推广绿色低碳出行，倡导绿色生活和休闲模式，严格限制发展高耗能、高耗水服务业。完善公众参与制度，及时准确披露各类环境信息，扩大公开范围，保障公众知情权，维护公众环境权益。健全举报、听证、舆论和公众监督等制度，构建全民参与的社会行动体系。建立环境公益诉讼制度，引导社会组织对污染环境、破坏生态的行为进行公益诉讼。在建设项目立项、实施、后评价等环节，有序增强公众参与程度。引导绿色发展建设领域各类社会组织健康有序发展，发挥民间组织和志愿者在绿色发展中的积极作用。

2016年吴忠市生态环境报告

杨力莉

吴忠市在宁夏率先做出了大力实施“生态立市”战略、进一步加快生态文明建设的决定，环保部因势利导把吴忠列为全国生态文明建设试点。近年来，吴忠市委、政府高度重视生态文明建设，把生产、生活、生态统筹考虑，纳入经济社会发展目标，大力实施生态建设工程，全市生态环境明显改善，城乡面貌焕然一新，滨河水韵生态之城魅力日益显现。

一、吴忠市生态文明建设思路

吴忠在部署生态立市战略时，提出要以建设“美丽吴忠”为主题，以改善生态环境为核心，以重大生态项目建设为抓手，以科技创新为动力，坚持统筹兼顾、因地制宜、分类推进、全民参与原则，深入开展“六项行动”，加快建设“六大家园”，努力把吴忠建成宁夏生态文明的示范区、美丽宁夏的核心区、沿黄流域最美丽的城市和宜居宜业宜休闲的旅游城市。委托环保部环境规划院编制了《创建国家环境保护模范城市规划》《吴忠国家生态文明建设示范市创建规划》，科学制定建设目标，力争到2017年，节能减排任务有效落实、生态环境质量稳步改善、经济发展质量持续提升，建成国家环保模范城市。到2020年，生态文明村、生态文明乡镇、生态文

作者简介　杨力莉，吴忠市环保局生态农村科副科长。

明县示范创建梯次开展，山区生态系统全面恢复，川区生态环境质量更加优良，区域生态安全屏障功能更加凸显，塞上江南特色更加鲜明，符合主体功能定位的开发格局基本形成，绿色产业体系初步建立，经济社会环境协调发展，人与自然和谐共生，建成国家生态文明建设示范市。

二、六大行动助推六大家园建设

（一）生态屏障构筑行动助推绿色秀美家园建设

实施三北防护林工程，建设“三廊两网”。大力实施利通区、青铜峡市森林进城工程，构筑贯通黄河两侧辐射2公里的生态防护林体系，建成沿黄城市带绿色景观长廊；以自治区打造贺兰山东麓百万亩葡萄长廊为契机，沿青铜峡甘城子至红寺堡南川乡一带，建设葡萄基地30万亩，建成青、红葡萄产业长廊；以罗山国家级自然保护区为核心，实施人工造林、封山育林、沙区土地治理造林工程，形成中部干旱带防风固沙长廊；着力构建大网格、宽林带林网体系，共建设农田林网4.6万亩、植树510万株，林网化率达到85%以上；大力实施主干道路大整治大绿化工程，全市道路防护林体系进一步完善，道路绿化率达到70%以上，形成绿色交通空间。开展林木资源保护，加强灌区乔木林、山沙区灌木林、天然次生林等森林资源的管护与建设，采取封山（沙）育林、森林抚育、低效林改造相结合的措施，增加和恢复森林植被，增强森林生态系统的功能，不断提高林业质量效益。“十二五”期间，共完成造林216万亩、封山育林82.3万亩，全市林业用地面积达到760.8万亩，森林面积达到469万亩，森林覆盖率达到15%。

（二）植被封育修复行动助推自然和谐家园建设

大力实施退耕还林、禁牧封育工程，“十二五”期间共完成退耕还林补植面积50.65万亩，工程区农民人均退耕3.1亩，年人均享受退耕还林补助500多元，占农民人均纯收入的20%以上。截至目前，全市退耕还林工程累计完成造林405.3万亩。全面启动生态移民迁出区生态修复工程，以迁出区生态保护为重点，切实加强现有林地保护，采取围栏封育、人工补播林草、封山育林等措施，不断扩大迁出区林地面积，提高林草覆盖度，

完成移民迁出区生态修复面积 13.64 万亩，迁出区生态环境得到有效改善。深入推进国家级防沙治沙示范县项目，坚持工程治沙与生物治沙相结合，采取麦草方格压沙、柠条等沙生植物绿化、沙区滴灌等方式，重点对青铜峡西部，同心东部、南部荒漠地带和盐池西部、北部沙丘进行治理，实现人进沙退，“十二五”期间共完成防沙治沙面积 104.3 万亩，发展沙产业面积 16.6 万亩，沙产业产值达到 2556 万元。先后实施了《吴忠市黄河湿地生态恢复与保护工程》《青铜峡市库区湿地恢复与保护工程》《盐池哈巴湖湿地恢复与保护工程》《太阳山暖泉湖湿地恢复与保护工程》，全力推进湿地保护管理工作。2015 年，全市湿地面积达到 77.4 万亩，占宁夏湿地总面积的 24.9%。

（三）大气水源土壤保护行动助推洁净健康家园建设

在大气污染防治上实施蓝天工程，制订了《吴忠市大气污染防治行动计划（2013—2017)》，加大重点排污企业环境治理，全市火电、水泥、化工 14 家企业全部建成了烟气脱硫、脱硝设施，拆除建成区所有茶浴锅炉，加强汽车尾气治理，淘汰黄标车和老旧车 5 万余辆，木炭和废旧塑料加工彻底退出了吴忠市场，SO_2、NO_x 排放量大幅削减。对市区具备条件的采暖锅炉在现有除尘设施的基础上增加多管陶瓷除尘器，提高除尘效率，降低烟尘污染；不断加大城市道路全部采用洗扫车机械清扫率，强化城市建筑施工扬尘污染监管，对建筑施工拉运土方车辆加强管控，降低建筑施工活动对城市环境空气质量中 PM10 的污染贡献。吴忠市城市空气质量始终位于沿黄城市前列。在水污染防治上实施碧水工程，争取国家专项资金 44348 万元，实施重点流域水污染防治项目 23 个。实施河道综合整治，对清水沟、南干沟进行了整治，清淤疏浚河道、浆砌石与木桩并举护坡，沿岸营造宽幅绿化带，植树造林，修复生态。淘汰 28 家小造纸企业，关停富荣化工，拆除造纸企业所有蒸球，使化学制浆工艺彻底退出历史舞台。23 家涉水企业配套建设了污水处理设施；金牛化工经技改降低废水砷浓度循环利用不在外排；立德工业园区 4 家造纸企业废水统一收集，集中处理；清真产业园区企业污水自行处理后再进入第三污水处理厂深度处理，达到一级 B 排放标准；对沿黄涉水企业进行智能化管理，安装 IC 卡，实行刷卡排污，严控企业超标超量排放。各县（市、区）集中式饮用水水源地常规水质考核指标达标率100%。黄河干流出境断面水质类别稳定控制在三类，清水沟、南干沟两条入黄排水沟水质逐年改善。在重金属污染防治上，争取国家重金属污染专项资金917万元，淘汰了金牛化工4万吨硫酸项目，宏远等3家铅冶炼企业烧结机+鼓风炉，有效地削减了铅、砷等重金属排放量，重金属污染得到控制，使高耗能高污染的粗铅冶炼退出吴忠市场。在固废综合利用上，全市年产生工业固废499.46万吨，其中危险废物1351吨，工业固废综合利用率达到62.57%，危险废物安全处置率达到100%。在节能降耗上，淘汰青铝集团等30家落后产能241.86万吨。大力发展新能源、新材料、新技术，风电装机容量占全宁夏一半。2015年，规模以上工业企业单位增加值能耗同比下降12.5%，连续三年位居宁夏第一。

（四）生态产业提升行动助推低碳循环家园建设

大力实施工业强市战略，念好“清轻健”转型“三字经”。构建“大清真”产业集群，引进甘肃中盛集团、山东得利斯集团联合建设清真食品加工全产业链项目，建成麦阿地清真水产项目、伊利集团安慕希酸奶项目，清真产业产值由2010年75亿元增长到2015年200亿元，增速保持20%以上。大力发展纺织、印刷包装、食品加工等轻工业，恒丰纺织规模不断扩大，恒和织布项目建成投产，形成集生态纺织、植物印染、服装加工于一体的全产业链；中国自动化产业园加快建设，杭萧产业园5家企业投入生产，装备制造业增速达到50%以上；新能源产业蓬勃发展，风光电建成及在建规模达到698万千瓦，占宁夏53.7%，全市轻重工业比达到29:71，高于宁夏平均水平14.8个百分点。不断推进文化旅游、金融保险、电子商务、休闲娱乐等现代服务业融合发展，第三产业增加值度突破百亿元大关，2015年三产结构比达到13.5:58:28.5，非公经济对GDP的贡献率连续两年达到50%以上。加快发展健康产业，着力打造“塞上硒都”，编制了硒元素分布图，初步形成保健饮料、有机食品等七大类健康功能产品体系，健康产业产值达92亿元。坚持工业化理念发展农业，促进生态农业提质增效。打好“绿色、生态、有机、富硒”四张牌，坚持抓龙头、建基地、打品牌、拓市场，培育销售过亿元的龙头企业14家，扶持发展国家级专业合作社

42家，带动有机枸杞、酿酒葡萄、清真牛羊肉等特色优势产业规模不断壮大，易捷庄园成为全国集中连片最大的有机枸杞基地，红寺堡镇被评为“中国葡萄酒第一镇”，伊利乳业将吴忠市确定为全国“五大黄金奶源地之一”，全国最先进大米、面粉生产线落户吴忠，特色农产品产值占农业总产值90%以上。实施农业品牌化战略，“盐池滩羊肉”获评中国农产品地理标志保护产品，全市“三品一标”农产品达到82.3%，位居宁夏前列。

（五）优美城乡创建提标行动助推温馨宜居家园建设

坚持产城融合、城乡一体。以创建“国家卫生城市”“国家环保模范城市”“全国建筑节能示范城市”和全国首批智慧城市为契机，统筹抓好城乡规划、建设、管理和公共服务，按照大银川都市区“一河两岸三域”格局，科学布局“三带三轴”空间发展，三规合一、多规融合加快推进，重点区域控制性详规覆盖率达到20%。加强城市基础设施建设，推进老城区改造，实施了供热管网、市政道路、污水处理等工程，老旧小区既有建筑节能改造110万平方米，成为全国首个应改尽改城市。构建“以水为脉，以绿为衣”的城市景观，城市园林绿地总面积达到3.6万亩，城市建成区绿地率、绿化覆盖率、人均公共绿地面积分别达到40%、41%和20平方米。先后荣获国家园林城市、全国绿化模范城市、中国人居环境范例奖。青铜峡市荣获2015年最美中国“特色魅力、休闲度假”旅游目的地城市，利通区牛家坊等7个村被评为中国乡村旅游模范村。坚持以人为本、生态优先。以环境优美、农民富裕、民风和顺为目标，大力实施“规划引领、农房改造、收入倍增、基础配套、环境整治、生态建设、服务提升、文明创建”八大工程，完成高闸、瞿靖、柳泉、惠安堡等6个美丽小城镇建设和92个美丽村庄建设，改造农村危房6.5万户，城乡面貌气象更新。深入开展生态文明示范创建活动，累计创建国家级生态乡镇5个、生态村2个，自治区级生态县2个、生态乡镇29个、生态村27个。实施农村环境综合整治，争取农村环境综合整治专项资金5.66亿元，实现整治村庄全覆盖。全市新建集中式农村污水处理设施40个，分散式农村污水处理设施22处，铺设污水收集管网486公里，配置各类垃圾箱（池、桶）62341个，配置各类车辆1797辆，新建垃圾压缩中转站13个，垃圾填埋场26座，农民居住环境得到改善，生活质量进一步提高。

（六）生态文明理念倡导行动助推人文友好家园建设

加大生态文明知识宣传教育，深入开展生态文明知识进机关、进农村、进社区、进校园等活动，不断扩大生态文明宣传面，增强生态知识宣传效果。以创建国家环境保护模范城市为重点，在报纸开辟“创建国家生态环保城市，我们在行动”宣传专栏，向群众介绍“创模”、生态示范市创建的意义，解读创建指标，引导群众树立生态文明理念。倡导绿色行为方式，成立自行车骑行宣传队，不定期开展骑行活动，每年举行一次山地车骑行活动，邀请社会各界人士参与，增强群众的参与感和归属感。

三、八城联创资源共享、优势互补

2015年，吴忠市提出全面开展包括全国文明城市、全国双拥模范城市、全国可再生能源示范城市、全国民族团结进步示范市、国家卫生城市、国家环保模范城市、国家生态文明建设示范市、国家公共文化服务体系示范区创建在内的“八城”联创工作，建立了“八城”联创体制机制，形成了全市动员、全民行动的工作格局。2016年，全国民族团结进步示范市顺利通过国家民委验收；全国卫生城市初验告捷；完成民用建筑太阳能光热一体化应用面积200万平方米，荣获全国绿色建筑节能示范城市称号。这些荣誉的获得，使“八城”联创资源共享、优势互补、协调推动、相互促进，不断助推吴忠生态文明建设迈向新高度，让天蓝地绿、山清水秀、空气清新、环境宜人成为吴忠对外开放的一张靓丽名片。

2016年固原市生态环境报告

赵克祥

2016年，固原市环境保护工作紧紧围绕全市工作中心，继续坚持以改善环境质量为核心，贯彻执行各项环境保护制度，进一步落实政府、部门、企业各自责任，规范企业环境行为，促进区域环境质量改善，"天高云淡六盘山"的名片更加靓丽，固原更加美丽。

一、主要工作进展及成效

（一）围绕水气土污染治理，努力改善环境质量

1. 深化水污染防治和水环境保护

以落实《固原市2016—2018年水污染防治总体方案》和《2016年度固原市水污染防治重点工作任务安排》等为目标，积极实施清水河、中庄河流域水环境综合治理项目，渝河生态治理二期和三里店水库清淤项目，葫芦河流域生态湿地综合整治及葫芦河氧化塘工程等，修复河流生态功能，改善流域环境质量。启动市区、西吉、彭阳、泾源等县城污水处理厂提标改造项目，完成隆德县污水处理厂调试，实现一级A排放标准。开展沿河排污口排查和整治，取缔直排河流的工业企业排污口、关停洗沙、挖沙场等。积极落实马铃薯淀粉加工废水污染防治措施，推行淀粉加工汁水还田

作者简介 赵克祥，固原市环境监察支队支队长，助理环保工程师。

措施，严惩废水直排河流等环境违法行为，依法行政处罚违法排污行为2起、罚款28万元。开展城市集中饮用水源地检查，检查城市及农村集中水源地39处，完成城市集中式饮用水源地调查评估报告编制工作和农村集中式饮用水源地调查评估报告编制工作以及集中式饮用水源地地表水、地下水的全指标监测分析。

2. 大力推进大气污染治理

开展重点工业企业、餐饮业、石油公司、供热燃煤锅炉等专项环境执法检查和整治，完成六盘山热电厂超低排放改造和泾源县供热公司65吨燃煤锅炉脱硫改造；规范城市建成区餐饮业油烟排放，整治饮食服务业200多家；对中石油、中石化和宝塔石化集团有限公司加油站进行挥发性有机物治理，完成27座加油站的油气回收治理工程；对城市建成区燃煤锅炉和茶浴炉进行拆除或改造，拆除燃煤锅炉15台，市区集中供热面积1100万平方米，集中供热率达到91%。以64个建筑施工地、13个拆迁工地、13个物料堆场、2个取土场和渣土运输扬尘为重点开展城市扬尘污染集中整治，督促落实扬尘污染防治要求，并对不符合防尘措施要求的施工单位、运输车依法处罚。集中整治期间签订扬尘污染防治责任书60份，联合执法检查14次，下达督办通知3份、通报2份，责令停工整治152处、行政处罚32件、罚款46万元，整治渣土运输问题车130辆、扣押27辆、罚款4万元；加强机动车尾气污染整治，制定黄标车及老旧车辆淘汰计划，强化黄标车和老旧车辆管理，新注册和转入车辆严格执行国家第IV阶段排放标准，不符合准入条件的车辆不予办理登记注册、过户手续；全面推行机动车环保检测，加强机动车环保标志管理，尾气排放超标车辆不得发放环保合格标志，全市共检测机动车57716辆，发放环保标志65201份。

3. 努力做好土壤污染治理

加强污水处理厂、石油开采污泥处置监管，监督落实污泥无害化处置，严防污泥污染土壤，并对2起污泥处置不规范行为依法查处，收缴罚款18万元。开展农村规模化畜禽养殖和废弃农膜污染治理，大力鼓励粪便资源化利用，对农膜垃圾污染采取搂除、填埋或资源化利用的办法，治理残膜污染的耕地3万亩。

（二）围绕工作责任，加强环境保护监管

1.深化网格化管理

在《固原市环境监管网格化体系建设实施方案》的基础上，对网格及责任进行细化，将西吉、隆德、泾源、彭阳各为1个监督网格单元，原州区划分为市区、农村、工业园区3个责任网格单元，将国控、区控企业作为重点监管对象落实到每个环境监管人员，将近年专项工作进行梳理，列出了20项单项工作，并确定1名专职人员，进一步落实责任主体、环保第一责任人，初步形成了面到县、点到人、横到边、纵到底监管格局。

2.加强源头管理

严把环保审批关，积极落实环评及“三同时”制度，依法审批环评文件90多件，同时按照“三个一批”的原则，做好违规建设项目清理整顿，清理整顿项目51个。

3.做好环境质量监测

积极组织对全市9个城市集中饮用水源地、8条主要河流、10座重点水库、34家重点污染源及市区大气、噪声、沙尘天气、降水进行全面环境监测，为环境保护管理提供科学数据。

4.加强环境监察执法

落实双随机抽查制度。按照污染源日常监管随机抽查制度要求，制订了随机抽查实施方案，并组织实施。随机抽查企业35家，占污染源日常监管对象的100%。认真做好环境信访。继续落实“12369”环境投诉专线24小时值守制，确保群众环境污染投诉渠道畅通，随时受理群众举报案件。全市共受理环境污染投诉245件，基本做到“有诉必接、有接必查、有查必果、有果必复”，群众满意率达到90%以上。做好排污费征收工作。继续落实排污费征收管理制度，做好排污申报与排污费征收数据会审、国家重点监控企业排污费公示等排污收费工作。全市共征收排污费530多万元。加强噪声扰民集中整治。以“绿色护考”为重点开展噪声污染控制专项行动，从5月初开始集中对建筑施工工地进行全面排查，下发了《关于加强中高考期间环境噪声污染监督管理的通知》，张贴和宣传《固原市人民政府关于加强高中考期间噪声监管的通告》100多份，检查建筑施工工地28

家，处理环境噪声污染投诉27件；开展夜间噪声污染“零点”行动，出动人员24人次，检查建筑施工工地15家，处理环境噪声污染投诉3件。依法查处环境违法行为。坚持整改教育与处罚惩戒相结合，加大环境违法处罚力度，立案行政处罚22件，收缴罚款110多万元。

（三）公开环保信息，建设服务型机关

在固原电视台、《宁夏无线城市》等公开媒体上发布市区环境空气质量状况，在环保网公布重点企业环境保护基本信息、排污费和环境行政处罚、文件政策等信息，确保公众环境质量状况知情权、参与权。以“两学一做”和“下基层、送政策、促发展”活动为契机，落实岗位责任制、首问负责制、责任追究制等服务制度，简化办事程序、缩减审批时间，并按要求将能下放审批权力全部下放到县区，方便群众办事。

（四）极度重视环保督察，认真办理督察组转办件

中央环境保护第八督察组督察期间转交固原市信访件46件，固原市高度重视，按照属地管理原则，及时转各县（区）及市直有关部门，经各县（区）及相关部门现场调查，通过限期整改29件，停产整改1件，立案处罚3件，关停取缔4件，问责6个单位、27人等措施快速进行了处理，46件基本办结销号。同时将件转办件办理情况在固原日报、固原政务网及固原电视台进行了公示。加大督察督办，市委、政府成立两个督察组，由市级领导挂帅，对转办件的办理进行定期督察和回头看，确保整改到位，不反弹。

二、固原市生态环境建设存在的问题

（一）主要河流污染问题仍未得到有效控制

我市境内主要河流，均为季节性河流，且流量小，无环境容量，在无工业废水进入的情况下，沿河生活废水的进入对水质影响较大，水质不稳定，主要河流污染防治任务仍然艰巨。

（二）环境保护基础设施不完善

城市（县城）生活污水处理厂提标改造进展慢，个别污水处理厂不能正常运行，稳定达标；工业园区无污水集中处理设施，各主要流域沿途中心集镇、集中庄点污水收集设施缺乏，处理滞后。马铃薯淀粉加工废水处理设施不完善，难以达标排放。

（三）城市扬尘污染防控措施落实不到位

由于旧城改造，加之各类建筑施工、房屋拆迁、垃圾渣土运输车辆等防控措施不到位，PM10 不降反升。

（四）农村面源污染问题较多

农村残膜污染、畜禽粪便污染、生活垃圾收集处置等问题仍比较突出，乡镇驻地、城乡结合部、城中村等环境综合整治有待加强。

（五）环境保护与生态文明建设意识有待提高

对推进绿色发展的艰巨性、紧迫性和复杂性思想认识不足，部分地区不能正确处理经济发展与环境保护的关系，存在重开发、轻保护问题。

三、固原市生态环境建设对策建议

2017 年，固原市认真贯彻中央、自治区关于加强环境保护与生态文明建设决策部署和习近平总书记来宁视察重要讲话精神，切实抓好中央环境保护督察组反馈问题整改，解决全市突出的环境问题，进一步改善全市环境质量，着力打造天蓝、地绿、水清、宜居、宜游的美丽固原。

（一）贯彻落实中央和自治区党委、政府决策部署

1. 坚定不移地走生态优先和绿色发展之路

深入学习贯彻习近平总书记关于生态文明建设的重要思想，进一步转变观念，牢固树立绿水青山就是金山银山的理念，坚守科学发展和生态环保两条底线，坚定不移地走生态优先和绿色发展之路。

2. 切实落实好“党政同责”和“一岗双责”要求

按照《固原市委、政府及有关部门环境保护责任》要求，各县（区）党委、政府主要负责人对职责范围内的环境保护工作负总责，各级政府班子其他成员对职责范围内的环境保护工作负直接领导责任，严格落实环境保护行政首长负责制，组织、督促、支持有关部门依法履行环境保护工作职责，形成各司其职、各负其责、密切配合的环境保护工作合力。

3. 健全环境监管执法体系

按照“条块结合、以块为主、重心下移、属地管理”的原则，推动建立环境网格化监管体系，建立网格污染源档案，对污染源实行全覆盖、全方位、全时段管控。建立健全牵头单位和责任单位协调联动机制，切实形成推进整改落实工作的强大合力。

（二）持续改善水环境质量

1. 做好清水河、葫芦河、渝河、茹河、泾河流域污染防治规划

按照《中共固原市委、市人民政府关于加快五河流域发展的若干意见》要求，在对五大河流现状调查的基础上，组织编制五河流域水污染综合治理规划，明确目标任务，细化各项治理工程措施。

2. 开展沿河排污口排查和整治

开展市区、县城、工业园区、各乡镇驻地等沿河设立的排污口排查整治，建设完善排污管网，封堵乱设乱排的污水口，力争污水全部进入污水处理厂处理。重点解决市区污水管网连通不畅的问题，将新区等生活污水全部收集进入市污水处理厂处理。

3. 修复河流生态功能

实施清水河固原城市过境段、三营段人工湿地建设、葫芦河环境综合治理工程、渝河人工湿地三期工程、泾河水源保护工程、茹河水污染防治工程等重点工程建设，改善河流水质，修复河流水生态环境。

4. 加快推进污水处理厂提标改造和建设

对市区、各县城污水处理厂进行提标改造，完善收集、回用配套管网建设，建立稳定运行机制，2017年底全部达到一级A排放标准。建设工业园区工业污水处理厂或将工业园区污水预处理达标后进入城市污水处理系统，2017年实现工业园区污水处理全覆盖。实施三营镇、兴隆镇、神林乡等重点乡镇生活污水收集处理工程，杜绝污水直排河流。

5. 加大城市黑臭水体整治和修复

对城市建成区范围内的水体进行全面排查，认真查清水体污染情况，公布城市黑臭水体目录，制订治理计划，消除城市黑臭水体。

6. 做好水源地保护

加强集中式饮用水源地保护，进一步明确城乡饮用水源地保护区范围，完善水源保护区围网、标识等保护设施，取缔一、二级保护区内所有排污

口，确保水源地水质安全。

（三）持续改善大气环境质量

1. 开展城市扬尘集中整治

加大各类建筑施工扬尘整治力度，全面落实施工现场围挡、进出道路硬化、工地物料篷盖、场地洒水清扫保洁、车辆密闭运输、出入车辆清洗6个100%抑尘措施；加强物料运输、物料堆场、城市道路清扫保洁等活动扬尘控制，增加城乡绿化、硬化，彻底扭转可吸入颗粒物不降反升局面。

2. 强化燃煤锅炉污染治理

推行集中供热，全面取缔集中供热覆盖区燃煤小锅炉，加快燃煤锅炉达标治理；严格煤质管控，划定高污染燃料禁燃区，制定禁止销售和使用高灰分、高硫分管理办法；加强散煤监管，开展煤炭经营市场和用煤单位专项检查，严厉打击非法经营和使用劣质煤的行为。

3. 加强机动车污染防治

严格高污染车辆管理，加快淘汰黄标车等；提升油品质量，供应符合国家第五阶段排放标准的车用汽油、柴油；加强城市交通管理，缓解交通拥堵，完善城市综合交通体系。

4. 整治挥发性有机物污染

加快汽油、柴油等挥发性有机物污染治理，2017年全面完成全市加油站、储油库和储油罐油气回收治理任务。

（四）加强农村面源污染治理

1. 加大生活垃圾收集处理

建设完善农村垃圾收集处理设施，推行全天候保洁，确保村庄、田野、道路、河道等区域无垃圾堆存，卫生整洁，全面解决乡镇驻地、城乡结合部、城中村等“脏乱差”问题。

2. 做好农用残膜回收利用

认真落实自治区《关于做好农用残膜回收利用工作的实施意见》，坚持行政推动与市场运作相结合，扶持建立一批废旧农膜回收加工企业，带动周边地区废旧农用地膜及废旧塑料制品的回收加工及再利用，不断提高农用残膜回收利用率。

3. 整治畜禽养殖污染

开展全市规模化畜禽养殖场调查摸底，科学划定畜禽养殖限养区，规模化畜禽养殖场（小区）粪便污水贮存、处理、利用等配套设施建设。

4. 落实秸秆焚烧管控措施

建立网格包抓机制，落实县（区）、乡镇（街道）、村（社区）三级秸秆和荒草禁烧责任，严禁出现冒烟、点火等焚烧秸秆等废弃物现象。

（五）加强马铃薯淀粉加工企业废水治理

加强马铃薯淀粉加工企业日常监管，淘汰列入计划的马铃薯淀粉加工企业，加速低效企业有序退出；严禁违规建设马铃薯淀粉加工项目；推进马铃薯淀粉废水深度治理，推行淀粉废水资源化利用，完善马铃薯淀粉汁水还田技术规范，彻底杜绝马铃薯淀粉废水直排入河流湖库。

（六）严格环境执法监督管理

1. 开展中央第八环保督察组交办问题“回头看”

按照“件件责任清，反弹必追责”的原则，对中央第八环境保护督察组交办的46件群众举报环境问题逐条逐项进行“回头看”，落实责任，确保整改到位，坚决杜绝反弹。

2. 继续开展环境保护大检查专项行动

强化环境保护行政执法与刑事司法的有序衔接，打击偷排偷放、非法排放有毒有害污染物、非法处置危险废物、不正常使用防治污染设施、伪造或篡改环境监测数据等违法行为。对在产的工业企业，存在环境违法问题的，依法进行行政处罚、按日计罚，直至停产整顿；对涉嫌环境违法犯罪的，依法追究刑事责任。

3. 强化工业污染源日常监管

落实“双随机”监管制度，加大巡查和环境违法行为查处力度，对超标排放、无证排污和不按许可证规定排污的，依法予以查处。

2016年中卫市生态环境报告

孙万学

近年来，中卫市按照“以绿为美、以水为源、以净为荣、以适为宜、以人为本”的发展理念，启动了创建国家卫生城市、国家园林城市、全国文明城市等“六创”工作，先后荣获“中国人居环境范例奖”“中国人居环境建设杰出贡献奖”“中国最佳绿色生态城市”等殊荣，中卫已进入中国特色魅力城市100强。一个天蓝地绿、水清城净、设施配套、完美和谐的新中卫在宁夏西部崛起，中卫市已成为沿黄城市带宜居休闲生态美的旅游城市。

一、生态环境保护取得的成效

(一) 层层落实环境保护责任，构筑“生态环境责任网”

中卫市委、政府始终坚持把环境保护工作列入重要议事日程，把环保目标任务纳入效能目标体系进行考核，坚决落实环境保护工作目标责任制。印发了《中卫市2016年度环境保护目标任务》《中卫市2016年度环境保护行动计划工作方案》等计划和制度，每年对全市环境保护目标任务进行分解下达，并与两县、两区、市直有关部门及重点企业签订环保目标责任书、污染减排目标责任书，形成部门协同合力，层层传导环保工作压力。

作者简介　孙万学，中卫市环保局科长。

（二）认真落实建设项目环境影响评价制度，构筑“生态环境准入网”

把建设项目环境管理作为控制新污染源的重要手段，严把建设项目审批准入门槛。对不符合国家产业政策和环境法律法规的项目一律不批；选址、选线与规划不符，布局不合理的项目一律不批；对饮用水源保护区等环境敏感地区产生重大不利影响、群众反映强烈的项目一律不批；对超过污染物总量控制指标、生态破坏严重的建设项目一律不批；对达不到国家排放标准的项目一律不批。强化建设项目环境影响审批和竣工环境保护验收，从源头上严控新污染源产生，建设项目竣工环境保护验收“三同时”执行率100%。

（三）严格控制污染物排放总量，构筑“生态环境治污网”

一是制订2016年全市污染减排计划和工作方案，明确总体目标、重点项目和工作措施。二是严格执行排污许可制度。建立排污单位许可档案，对符合条件的排污单位，严格核算，逐一发放排污许可证，共办理正式排污许可51家，临时排污许可27家。三是强力推进污染减排工作。认真落实工程减排措施，重点实施52个污染减排项目，其中工程减排项目17个、淘汰拆除结构减排项目1个、规模化畜禽养殖农业源减排项目34个；四是深入推进水污染防治工作。加快实施工业园区污水处理厂及配套设施建设项目，完成了中卫市第二污水处理厂升级改造及人工湿地工程、中宁县石空新材料循环经济示范园区污水处理厂项目。实施城镇污水处理及配套设施建设项目，加快推进中卫市第一污水处理厂提标改造项目、中宁县污水处理厂二期扩建项目、海原县第二污水处理厂项目、海兴开发区污水处理厂项目。开展重点入黄排水沟综合整治，完成《中卫市第四排水沟农田排水灌溉水和排污水分离工程可行性研究报告》编制以及环境影响评价报告表及排污口论证报告，进入工程建设阶段。五是稳步推进大气污染防治工作。加快淘汰城市建成区域燃煤锅炉和热电联产项目建设，对城市建成区域的燃煤锅炉进行了全面排查，摸清了锅炉数量、吨位、使用性质及供热管网和天然气管网敷设情况等，目前全市共拆除燃煤锅炉49台。加强机动车污染治理和油气回收治理，淘汰黄标车和老旧车辆共4669辆，大中型客运车辆“油改气”备案20辆，实施“黄改绿”330辆，开展环保定期检验并发放环保检验合格标志的机动车46122辆，全市共有40个加油站完成了油气回收治理装置安装。加强工业堆场和城市扬尘防尘治理，对建筑工程施工、建筑物拆除、工地清扫保洁等活动进行监管，实施“以克论净 深度保洁”治理模式，市政府先后投资2600余万元购置各类洗扫车、干扫车，对城市主要道路实施机械化清扫，机械化率达到75%以上。推进城市餐饮油烟治理，对重点烧烤摊点进行整治，全部要求使用木炭，引导商户安装环保无烟炉和油烟过滤装置。加强秸秆焚烧环境监管，印发《关于切实做好秸秆焚烧工作的紧急通知》，成立各相关部门参加的秸秆禁烧工作领导小组及专门工作机构，统一组织和协调全市秸秆禁烧工作，实行联合执法，采取“封、禁、堵、压、打”等措施，杜绝焚烧秸秆现象的发生。积极强化固体废物治理，进一步加强工业固体废物集中收集和无害化处理，对一般固体废物产生、处置进行台账管理和登记制度，提高固体废物综合利用率。严把产生危险废物项目审批关，先后对重点监管的25家危废企业建立了“一企一档”，促进全市危险废物规范化管理工作。

（四）进一步加强环境监测工作，构筑“生态环境监测网”

紧紧围绕说清环境质量、污染物排放状况的总体要求，全面完成2016年环境质量监测任务，开展了重点企业监督性监测、中卫典型区域水环境质量监测、企业自行监测工作。对纳入国控重点源并具备监测条件的企业实施季度监督性监测及在线监测设备比对性监测。建立环境监测指标信息定期发布公告制度，每日通过中卫电视台天气预报栏目向广大市民播报当日沙坡头区、中宁县、海原县环境空气质量状况，每周在《中卫日报》发布黄河水质自动监测数据和水质状况。

（五）加强环境执法监督管理工作，构筑“生态环境保护网”

一是狠抓环境监管，强化对大气、水、土壤污染企业的监管，采取定期、不定期检查和抽查、巡查等方式对辖区内重点及一般污染源工业企业污染防治设施运行情况进行常规检查，适时组织开展燃煤锅炉、化工制药、水源地保护、固废安全处置等专项执法检查，对35家环境违法企业进行了行政处罚，收缴罚款106.34万元。二是妥善处理环境投诉。安排专人24小时接听“12369”投诉热线，对群众反映强烈、影响恶劣的环境信访案件集中梳理解决。今年共受理处理各类环境污染投诉案件263件，其中市长信箱108件，“12369”环保投诉120件，微信平台5件，信访局督办17件，区厅转办13件，所受理投诉信访案件做到件件有回音，事事有着落。三是强力推进违规违建项目清理整顿。将违法违规建设项目排查作为各项环保专项执法检查的重点，建立了环保违规建设项目台账，结合违规性质分类处置，对处于停产停建的项目，不定时跟踪检查，杜绝死灰复燃，对手续不全的项目，坚决不予开工建设，对“未批先建”“擅自投产”“久拖不验”项目重点督导和查处。

（六）深入开展农村环境综合整治，构筑“生态环境乡村网”

在开展农村环境整治工作中，中卫市紧紧围绕“蓝天碧水绿色城乡”行动计划，以改善和提高群众生活环境质量、保护农村环境为目标，努力构建“城乡统筹、技术合理、能力充足、环保达标”的垃圾处理体系。近年来，积极争取环保专项资金2.7亿多元，实现了农村环境综合整治项目全覆盖。为镇村配置各类垃圾收集箱（桶）50135个，垃圾收集转运车辆3044辆、建设垃圾填埋场25座、垃圾中转站8座、一体化污水处理系统12套。创建国家级生态乡镇3个、自治区级生态乡镇12个、自治区级生态村22个。将“深度保洁”向农村延伸，探索建立了农村环境“五个三”保洁机制和“户分类、村收集、乡镇转运、市（县）处理”的长效管理机制，市人民政府先后印发了《中卫市村庄和集镇规划建设管理实施办法》《中卫市农村垃圾集中收集处理管理办法》《中卫市农村垃圾治理实施方案》等十几项管理制度，为农村环境的整治提供了制度保障。

（七）深入开展环境法规知识宣传，构筑“生态环境宣传网”

先后两次组织开展“公众开放日”参观活动。邀请部分党代表、人大代表、政协委员、环保社会监督员、群众代表参观中卫市美利源水务有限公司污水处理厂以及自动在线监控平台、空气自动站、环境监测化验室等7个开放点，进一步展示中卫市环境监管能力和企业污染治理能力建设取得的成果。利用“六·五”环境日组织集中开展广场环保法律法规知识的宣传和“碧水蓝天情悠悠”广场环保专题文艺演出活动，以群众喜闻乐见的形式，把环保知识、法律法规宣传送到基层，营造了保护环境的良好社会氛围。

（八）积极推进生态绿化建设，构筑“生态环境绿色网”

大力实施腾格里沙漠东南缘防沙治沙、黄河卫宁城市过境段综合治理及生态保护、城区绿化提升等项目，加大退耕还林和移民迁出区生态修复力度，着力构筑绿色生态屏障。坚持建管并重，“以克论净”城市保洁机制在全国推广，海原大县城建设、中宁旧城改造效果明显，建成美丽小城镇 15 个，美丽村庄 115 个，全市城市绿地率、绿化覆盖率分别达到 32.7% 和 38.5%。中卫跻身“国家园林城市”。中宁县加强了生态脆弱区综合治理，实施了“三北五期防护林”、国家生态林业等一批重大生态建设工程，荣获“全国植树造林先进县”。

二、加强中卫市生态环境保护的对策建议

中卫市虽然在生态环境保护工作中取得了一定的成绩和效果，但面对新形势、新任务，我市的生态环境保护工作仍存在着个别企业保护环境的意识还不强，配套治污设施及工艺还不先进，污染物治理能力弱；环境保护监管力量薄弱，环境监察标准化能力建设不足，部门联动长效机制有待加强等困难和问题。

我们将认真贯彻落实党的十八届六中全会精神，牢固树立绿色发展理念，严守资源消耗上限、环境质量底线、生态保护红线，切实做到开发与保护并重、建设与修复并举，以推进生态文明建设为主线，以改善城乡环境质量为目标，以削减各类污染排放为重点，深入实施蓝天、绿水、净土行动计划，科学统筹生产生活生态布局，推动产业发展生态化、生态建设产业化，促进资源节约和环境友好，使绿色发展成为转型升级主旋律，努力打造天蓝、水清、地绿、气净的美丽中卫。

二、加强中卫市生态环境保护的对策建议

附　录

FULU

宁夏生态文明建设大事记

（2015年12月—2016年11月）

师东晖

2015年12月

1日　黄河宁夏段二期防洪工程施工建设进入酣战状态。该工程是国家确立的172项重大水利工程之一，也是2015年水利部确定的27项开工建设项目之一。

2日　2015绿色发展与创建生态文明新标杆发布会暨第二届城市发展与生态文明高层论坛在北京举行，泾源县成为宁夏唯一被授予全国“首批绿色发展优秀县”荣誉称号的县（区）。

自治区召开第55次政府常务会议，研究审议《自治区重点入黄排水沟2016—2018年污染综合整治行动计划（送审稿）》。

7日　自治区、银川市两级环保部门对贺兰县工业园区环境综合整治进展进行了后督察。

10日　宁夏启动环境空气质量预报预警系统，可提前3天预报污染天气。

自治区环保厅、中国保监会宁夏监管局联合印发《自治区环境污染责任保险试点工作实施意见》。

14日　自治区环保厅公布了11月五市环境空气质量状况排名情况。

作者简介　师东晖，宁夏社会科学院农村经济研究所研究实习员。

16日　银川市环保局、环境监查支队执法人员深入永宁工业园区及永宁县城，对启元药业、泰瑞制药及伊品生物等企业进行巡查，对企业水样、气样进行取样抽检。当晚，伊品生物等3家公司的治污处理设施运行正常。

17日　宁夏环保厅和内蒙古环保厅联合召开加强环境保护合作座谈会，签订环境保护合作备忘录，确定建立生态环境保护、统一监测、统一环保标准、固废处理、联合执法检查等8项合作机制。

18日　中关村（宁东）国际环保产业园及宁东危废集中处置与综合利用中心项目合作签约仪式在银川举行。

21日　黄河宁夏石嘴山麻黄沟河段首次出现流凌，长度29公里，密度最大10%，标志着黄河宁夏段进入了2015—2016年度凌汛期。

25日　《宁夏回族自治区环境功能区划》编制试点工作正式通过环保部验收。

宁夏中南部城乡饮水安全水源工程74公里输水工程和中庄水库主体工程全部完工，标志着工程基本具备全线通水条件。

26日　宁夏太阳能能源协会在银川正式成立。

28日　黄河石嘴山河段二期防洪工程2015年（第一批）建设项目已进入收官阶段。

2016年1月

3日　自治区环保厅从2016年1月起将在污染源日常监管领域推广“双随机”抽查机制——随机抽取检查对象、随机选派执法检查人员，改变原来检查污染源时按要求、按频次的常规监管机制，摇号确定被抽查单位。

5日　自治区环保厅、公安厅等四部门出台《关于加强和改进机动车环保监管工作的通知》。

6日　《宁夏回族自治区水污染防治工作方案》出台。

7日　银川环保局启动环境违法行为有奖举报办法。

8日　宁夏宣布将定期公布环保黄、红牌企业名单。

9日　受持续低温影响，黄河宁夏段麻黄沟至头道墩河段流凌长度增至110公里，流凌密度5%~30%。

10日 自治区林业厅最新统计数据显示，“十二五”期间，宁夏共义务植树7000万株，年均义务植树1400万株，人均义务植树超过10株。

13日 黄河宁夏段出现封河，河面被冰凌覆盖，如素缎延展。

15日 经自治区编委批准，自治区公安厅成立食品药品和环境犯罪侦查总队。

17日 自治区环保厅公布了2015年12月五市环境空气质量状况排名，从优到次，依次为固原、中卫、吴忠、银川、石嘴山。银川、石嘴山优良天数仅有12天、14天。五市主要污染物均为细颗粒物（PM2.5）。

从自治区地质局获悉，由中国地调局水环中心和地调院、水环院共同编制的《宁夏中南部严重缺水地区地下水勘查与供水安全示范项目成果报告》正式通过中国地调局环境监测院组织的专家评审。

20日 从自治区环保厅获悉：2015年，宁夏立案查处环境违法问题369件，移送公安机关14件，罚款1700万余元，关停取缔环境违法企业72家，责令限期整改1000余家，责令停产200多家。

从自治区环保厅获悉，2016年起，宁夏水利、环保、住建等多部门将联手综合治理重点入黄排水沟、城市黑臭水体等。

从自治区水利厅获悉，“十三五”期间，宁夏将新发展高标准农田300万亩。

从自治区农牧厅获悉，经过多年努力，宁夏草原生态环境得到显著改善，截至2015年底，全区草原植被综合覆盖度达到52%，比“十一五”末提高了5个百分点。

21日 吴忠市红寺堡区决定自1月13日起，开展禁牧封育“百日专项整治”行动，全面遏制禁牧封育反弹局势，确保草地返青前该区禁牧封育好转和巩固。

从固原市原州区农牧局了解到，原州区将2016年定为生态循环农业启动年，开展生态循环农业试点。

22日 全区林业工作会议在银川召开。

宁夏重点对249个贫困村的饮水安全工程进行巩固提升，开工建设23个应急水源工程。

24 日　宁夏攻克全国性环保难题：实现抗生素菌渣，污泥无害化处理。

从自治区水资源管理局获悉，今年黄河再发缺水警讯，是仅次于 2003 年的又一个枯水年。

25 日　自治区、银川市、贺兰县三级环保部门联动，严查银川生物科技园环境违法行为。

环保部通报了 2015 年 11 月各地环保部门执行《环境保护法》配套办法以及与司法机关联动的情况，指出吴忠市亟待加强用《环境保护法》4 个配套办法查处环境违法案件。

26 日　宁夏气象局最新气象资料显示：2015 年宁夏雾天频发，全区平均雾天日数为 16.2 天，比 2014 年和 2013 年分别增加 4.2 天和 9.8 天，其中，银川雾天日数为 16 天，比 2014 年和 2013 年分别增加 9 天和 12 天。2015 年全区平均霾天日数为 9 天，其中，银川市区霾天日数为 48 天，比 2014 年和 2013 年分别减少 2 天和 93 天。

宁东基地 2015 年空气质量报告出炉：2015 年，宁东基地空气质量达标天数 284 天，其中优 27 天、良 257 天，达标率为 77.8%，环境空气质量有所好转。

盐池县环境和林业局与宁夏翼扬通用航空有限公司合作执行了宁夏境内首次航空护林任务。

27 日　全区国土资源工作会议在银川召开。

28 日　全区环境保护工作会议在银川召开。

2016 年 2 月

1 日　黄河宁夏段出现 4 段封河，总长度达 207 公里。

2 日　清水河固原城区段综合治理工程获得农发行宁夏分行 4800 万元的专项建设基金支持，工程于 2016 年启动实施。

自治区环保厅及五市环保部门全面启动专项检查行动，有效防范环境污染事故等危害群众健康事件的发生，确保春节期间宁夏环境安全。

3 日　从自治区国土厅了解到，为提高全区土地利用效率，宁夏坚持综合施策，严格执法，与 2010 年相比，宁夏“十二五”前 4 年单位建设用地实现 GDP 增长 33.7%，亩均建设用地投资强度为 103.8%。

5 日 自治区环保厅公布 2016 年 1 月五市环境空气质量排名。当月，全区环境空气各项主要污染物总体下降，环境空气质量同比改善，优良天数增加 6 天。

13 日 从银川市城管局荣洁公司了解到，春节期间，该公司共转运处理生活垃圾 401 车次，日均 910 吨。由于市民环保意识增强，烟花爆竹垃圾较往年明显减少。

16 日 从自治区林业厅了解到，“十三五”期间宁夏将加强山、沙、川不同区域重点节点自然保护和生态修复，通过抓“精准造林”使森林覆盖率达到 15.8%。

根据全国爱卫办暗访和综合评审结果，银川市等 96 个城市（区）被重新确认为国家卫生城市。

17 日 从银川市环保局获悉，2016 年起，银川市实施《环境空气质量生态补偿暂行办法》。

18 日 黄河宁夏段累计开河 71 公里，总封河长度剩余 137 公里，全河段无流凌，青铜峡坝上全部开河，开河河段水势平稳。

19 日 2016 年银川市将实施总量减排、燃煤污染治理、扬尘治理、机动车尾气治理、水污染治理、工业废气治理等九大工程。

22 日 国务院近日批复的全国“十三五”期间年森林采伐限额显示，“十三五”期间，宁夏每年最多可以采伐 13 万立方米森林，采伐限额位居全国倒数第二。

26 日 国家测绘地理信息局与自治区政府在银川共同签署了《加强测绘地理信息工作　保障开放宁夏战略实施合作协议》。

27 日 从银川市环境整治誓师大会上获悉，2016 年，银川市将实施燃煤污染综合治理、工业废气深度治理等八大环境治理工程，突出抓好大气、水、土壤三个领域污染治理。

从自治区住建厅获悉，宁夏住房城乡建设将向绿色低碳、节能环保、集约节约方向转变，大力发展绿色建筑，打造绿色城市，建设绿色村庄，提升绿色工艺。

泾源县连续发生两起山火，造成590余亩荒山和50多亩退耕还林还草地被烧。因扑救及时，过火荒山未发现森林被烧现象。

2016年3月

2日 从自治区环保厅了解到，宁夏确定2016年投入5000万元环保专项资金设立宁夏环保产业发展基金，通过各地以政府和社会合作模式（PPP）建设环保基础设施，推动污染治理。

从自治区环保厅了解到，《宁夏回族自治区危险废物经营许可证管理工作细则（暂行）》已于近期出台。

3日 宁夏黄河段从冰封中“苏醒”，较多年平均全线开河推迟6天，黄河宁夏段凌汛期全面结束。

4日 首府生活垃圾分类试点将增点扩面。

国家林业局在吴忠市湿地保护管理中心召开全国湿地产权确权试点调研座谈会。

7日 从自治区农牧厅获悉，宁夏被农业部列为2015年全国土地确权“整省推进”的9个试点省份之一以来，截至目前，已基本完成全省域农村土地确权登记颁证工作。

8日 从自治区住建厅获悉，为进一步推进农村生活污水治理，住房和城乡建设部在全国各地推荐的基础上，确定了100个县（市、区）为全国农村生活污水治理示范县，灵武市、青铜峡市、中卫市沙坡头区榜上有名。

9日 自治区环保厅公布2月五市环境空气质量状况排名，银川、石嘴山、吴忠、固原、中卫市优良天数分别为16天、16天、15天、18天、17天，固原排名第一。

11日 自治区林业厅对外发布宁夏第五次荒漠化和沙化土地监测结果。2010—2014年，宁夏荒漠化土地面积净减少10.98万公顷，沙化土地面积净减少3.77万公顷。

12日 在银川市园林局举行的“3·12”中国植树节文艺演出暨绿化宣传活动现场，银川市宣布2016年新建改造城市绿地1459公顷。

13日 从自治区林业厅获悉，事关宁夏98家国有林场、近万名林场职工的宁夏国有林场改革工作正式启动。

14日　从自治区水利厅获悉，2015年启动的农田水利、节约用水、河湖湿地水域岸线管理等改革顺利推进，特别是水利部水权、水价、小型水利工程产权改革试点工作圆满完成。

16日　中卫市督促企业投资9.41亿元对环保设施进行升级改造。

17日　“十二五”期间，中卫市共淘汰炼铁产能95万吨、铁合金产能9.6万吨、水泥产能195.6万吨、电石产能24.85万吨、焦炭产能10万吨、造纸产能19.27万吨，削减能源消费量190万吨标准煤，全面完成了国家和自治区下达的淘汰落后产能任务。

从盐池县农牧局获悉，全国7个省区12个县被国家发改委、农业部列为“十三五”退牧还草工程典型县，盐池县入列其中。

18日　自治区政府召开第62次常务会议，审议并通过了《关于开展全区土地管理专项整治实施方案》。

20日　从自治区林业厅获悉，2016年宁夏明确规定，在春季植树造林中严格执行“三不栽”制度，即没有林木种子生产经营许可证、植物检疫证、林木种子标签的苗木不栽，长途贩运的苗木不栽，异地移植的大树不栽，从而确保种一片、活一片、成一片。

从银川市环保局了解到，银川将通过加强农村环境基础设施建设、加强农村自然生态保护、实施农村集中式饮用水水源地保护工程等多项措施，深化农村环境综合整治，改善农村环境质量。

21日　从自治区环保厅了解到，宁夏公布了首批危险废物属性鉴别机构。

《宁夏回族自治区节约用水奖惩暂行办法》正式出台。

宁夏石嘴山金力实业集团有限公司两台1.2万千瓦自备燃煤发电机组停炉、停机，改由新能源发电企业提供的清洁电能生产。

24日　从2016年起，盐池县计划投资1.2亿元，利用5年时间实施长城旅游观光带生态建设项目，对长城内外的14万亩规划区进行绿化。

26日　从自治区环保厅了解到，宁夏“十三五”大气污染防治重点为解决燃煤、扬尘污染，基本消除重污染天气。

27日　固原市原州区重点项目暨植树造林动员大会在沈家河水库义务

植树现场举行。

29日　环保世纪行宁夏首府行动启动。

30日　从召开的首府绿化委员会第33次全体（扩大）会议上了解到，第九届中国花卉博览会初步定于2017年9月16日—10月5日在银川举办。

31日　宁东管委会通过"智慧宁东"平台建设，安装了340只"眼睛"全天候"盯紧"排污最前线，实现了对宁东基地核心区重点企业监控的全覆盖。

2016年4月

2日　从自治区环保厅了解到，即日起至4月25日，自治区环保厅将在全区开展水污染防治专项执法检查行动，重点打击私设暗管、恶意偷排、漏排、超标排放、瞒报、漏报和数据作假等环境违法行为。

从自治区环保厅获悉，宁夏行业分类中80%建设项目的环评审批权限目前已下放至市县环保部门。

6日　从全区环境监察执法工作会议获悉，宁夏即日起全面打响环境监管执法攻坚战，围绕大气污染防治、水污染防治、重金属污染、固废污染、工业园区为主的5项环境监察执法检查陆续展开。

8日　自治区环保厅公布3月五市环境空气质量状况排名。从全区情况来看，3月6项指标中可吸入颗粒物（PM10）、细颗粒物（PM2.5）、二氧化硫（SO_2）、二氧化氮（NO_2）、一氧化碳（CO）平均浓度均较上年同期上升。银川市、石嘴山市、吴忠市、固原市、中卫市优良天数分别为19天、18天、19天、21天、22天，中卫市优良天数排名第一。

青铜峡灌区河西总干渠正式开闸放水，标志着宁夏引黄春灌全面展开。

宁东基地首次向社会公布环保行动计划重点项目2016年第一季度企业实施情况"红黄黑"榜，以此督促企业加快环保项目建设。

10日　从自治区住建厅获悉，宁夏2016年计划建设30个美丽小城镇，其中固原市建设项目最多，9个美丽小城镇分布在原州区、西吉县、彭阳县、隆德县、泾源县。

12日　从彭阳县相关部门了解到，该县阳洼流域通过自治区水利厅水利风景区建设与管理领导小组评审，成为宁夏首个以小流域治理为特色的自治区水利风景区。

14日 从全区春季森林防火工作视频会议上了解到，2016年以来宁夏已发生16起森林火灾，过火面积3840亩，火灾起数和过火面积均比往年大幅度上升。

自治区森林草原防火指挥部紧急举行全区春季森林防火工作视频会议。

15日 神华国能宁夏鸳鸯湖电厂一号、二号机组和国华宁东电厂一号、二号机组烟气超低排放顺利通过自治区环保厅的认定。

泾源县被全国绿化委员会授予“全国绿化模范县”荣誉称号，成为宁夏唯一获此殊荣的县（市）。

18日 从自治区环境监测中心站获悉，2016年一季度受较强冷空气东移南下的影响，宁夏出现了6次沙尘天气，较上年同期增加4次。一季度宁夏发生一级沙尘天气（浮尘）3次、二级沙尘天气（扬沙）3次。

从银川市兴庆区政府获悉，该区2016年将投入6000万元，实施京藏高速公路两侧湿地公园及廊道景观提升工程，以提升京藏高速公路两侧景观效果。

19日 自治区政府办公厅印发《银川及周边地区大气污染综合治理实施方案（2016—2018年）》。

吴忠市清水沟、南环水系河道底泥清理工程及液压坝节制闸建设工程计划于5月底完工，清水沟涝河桥前生态氧化塘、南环水系补水泵站及管道和建筑物工程将陆续展开，入黄流域污染综合治理工程已全面启动。

22日 银川市餐厨垃圾集中收运处置率达85%，高于2015年末统计的全国餐厨垃圾处理率18%的水平，成为全国首批实现餐厨垃圾集中处理的33个试点城市之一。

25日 2016年全国水资源管理工作座谈会在银川召开。

26日 银川市西夏区政府出台《贺兰山东麓葡萄文化长廊污染企业搬迁整治工作实施方案》。

自治区政府督查室会同自治区环保厅对贺兰山东麓葡萄产业核心区内8家限期整改的企业进行了督察，位于银川市西夏区境内的志辉拌和站、贺兰县境内的宁夏上陵牧业有限公司，因环境整改进度滞后被点名批评。

27日　国家林业局公布的《2015年森林资源清查主要结果》显示，宁夏共有森林面积990万亩，森林覆盖率12.63%，比第八次全国森林资源清查时提高了0.74个百分点。

28日　自治区环保厅召开新闻发布会，通报2015年全区环境质量状况及环境目标完成情况，涉及水、城市环境空气、生态环境、农村环境等质量状况。

2016年5月

3日　宁夏希望田野生物农业科技公司取得自治区环保厅颁发的危险废物经营许可证，可对泰乐菌素、阿维菌素等4种抗生素菌渣和污泥进行收集、利用，宁夏抗生素菌渣污泥无害化处理取得突破性进展。

4日　从同心县政府办获悉，同心县近年持续加大项目争取和投入力度，实施人饮安全工程，先后建成东、中、西三大人饮安全网络，在全区率先实现人饮安全全覆盖。

5日　从银川市环境监察支队获悉，通过对上路行驶的冒黑烟车辆进行巡查，已有21辆车辆被机动车尾气监控平台锁定。

6日　在自治区十一届人大四次会议上，自治区人大常委会决定2016年启动宁夏再生资源立法工作。

8日　自治区环保厅发布4月五市环境空气质量状况排名。从全区总体情况来看，宁夏环境空气质量主要考核指标稳步改善。全区五市平均优良天数达到91.3%，银川、石嘴山、吴忠、固原、中卫市优良天数分别为29天、26天、30天、26天、26天。

9日　彭阳县2016年度生态移民迁出区生态修复人工造林项目启动。

10日　自治区环保厅固废管理局结束了为期一个月的工业固体废物非法贮存处置专项排查行动。

以“保护碧水蓝天，建设美丽宁夏”为主题的“中华环保世纪行——宁夏行动”在银川正式启动。

11日　自治区环保厅、公安厅、交通厅、质监局联合出台《宁夏柴油黄标车“黄改绿”方案》，确定自即日起全面启动柴油黄标车“黄改绿”工作。

永宁县闽宁镇应急供水工程正式完工通水运行。

12日 从固原市原州区林业局了解到，原州区被国家森林防火指挥部授予“全国森林防火先进单位”。

13日 由傅伯杰院士等专家组成的国家林业局三北五期工程期末总结评估专家考察组，对盐池县三北五期工程建设情况进行了期末总结评估。

17日 自治区人大常委会组织开展为期一周（5月10—16日）2016年“中华环保世纪行——宁夏行动”和贯彻实施环境保护“一法一例”检查活动。

自治区环保厅分别与陕西省、甘肃省环保厅签署《环境与生态保护合作协议》。

18日 为贯彻落实农业部《关于切实加大草原生态环境整治力度的通知》精神，自治区农牧厅发出通知，结合宁夏实际，在全区范围内开展为期两个月的草原生态环境专项整治，集中查处一批草原违法案件。

从固原市水利工作会议上获悉，“十三五”时期，固原市水利规划总投资82.89亿元，供水能力达到2亿立方米以上，城市供水安全保障率将达100%，特色产业和生态建设用水保障率达到100%，农村自来水入户供水率达到85%以上。

19日 按照国务院《水污染防治行动计划》及《自治区水污染防治工作方案》要求，2017年底宁夏城镇污水处理厂全部执行一级A排放标准。

21日 银川市农业灌溉用水紧张情况得到缓解，干涸的艾依河水系终于迎来了2016年第二轮生态补水过程，将再现波光粼粼、岸绿水清的秀丽景色。

22日 宁夏环保、水利等部门携手打造新景观，11条入黄排水沟将整体旧貌换新颜。

24日 从宁夏气象局获悉，5月20日夜间至23日凌晨出现的降雨，可使全区增加12.2亿立方米的水资源量，其中人工增雨作业增加的水资源量相当于5个多银川阅海的蓄水量。

25日 自治区环保厅列出2016年全区大气污染防治项目清单，并确定十大项目污染治理期限。

自治区环保厅启动“绿色护考”行动，确定5月20日—6月30日为噪声严控期。

自治区、银川市环保部门联合公安机关兵分两路夜查城市噪声污染，兴庆区部分供热管网改造等民生工程噪声污染严重，被检查的36家建筑工地情况良好。

26日 从宁夏防灾减灾救灾工作会议获悉，受厄尔尼诺影响，宁夏2016年5—8月降水将总体偏少，出现阶段性干旱和局地暴雨、冰雹等灾害的可能性大，其中中部干旱带和南部山区降水偏少幅度较大，有可能出现阶段性严重干旱。

27日 在“中阿博览会——中国（宁夏）国际节水展览会”新闻通气会上获悉，第二届中阿节水展于5月30日至6月1日在银川举办。

29日 自治区环保厅公布了2016年重点监控企业名单。

31日 自治区政府督查室、自治区环保厅等部门组成督察组，对贺兰山东麓葡萄种植基地核心区环境综合整治情况进行督察，7家“拖后腿”的企业环境整治进度明显加快。

龙潭水库闸门缓缓提起，清澈优质的泾河水通过大口径管道，穿越群山、隧洞、铁路、公路，跋涉75公里后流入原州区中庄水库，宁夏中南部城乡饮水安全水源工程开始试通水。

2016年6月

2日 宁夏重点行业企业减排项目有序推进，宁夏主要污染物总量减排目标是可吸入颗粒物浓度比2015年下降7.4%，五市平均优良天数达到75%，着力消除重污染天气。

国际生物多样性日暨中国自然保护区发展60周年大会近日在北京召开，宁夏六盘山国家级自然保护区管理局受环保部等七部门通报表扬。

3日 自治区湿地产权确权试点工作动员会在吴忠召开。国家把宁夏和甘肃确定为全国湿地产权确权试点省区，宁夏把吴忠市确定为全区湿地产权确权试点市。

中华环保世纪行——宁夏首府行动组委会对银川市水污染防治工作进

行督察。

4日　自治区环保厅推出的宁夏环境保护微信公众号正式上线。

5日　宁夏启动世界环境日系列宣传：6月5日是第45个世界环境日。

6日　自治区环保厅发布5月五市环境空气质量状况排名，依次为：固原、中卫、吴忠、银川、石嘴山。监测的主要指标中，可吸入颗粒物（PM10）和细颗粒物（PM2.5）平均浓度较去年同期有所上升。

银川市委办公厅、市政府办公厅印发《银川市公共场所控烟工作实施意见》。

银川市兴庆区检察院批准逮捕一环境污染案嫌犯。

7日　自治区环保厅组织开展环保“公众开放日”活动。

8日　农工党宁夏区委会举办“环境与健康宣传周活动”。

自治区环保厅固废管理局确定固废重点监控名录，全区有173家企业被列入固体废物和危险废物重点监控范围。

10日　宁夏境内首次实现“南水北调”：固原中庄水库下闸蓄水，标志着宁夏中南部城乡安全饮水工程水源工程具备了供水条件，将向各受水区110余万群众提供安全的水源。

11日　彭阳县白阳镇、红河镇、城阳乡、孟塬乡、草庙乡境内遭遇雷阵雨，并伴有冰雹、雷电、大风等强对流天气，短时降水量最大达31毫米，持续30分钟，最大冰雹直径约为22毫米，积雹厚度为33毫米。

12日　2016年全区节能宣传周暨低碳日主题活动在银川光明广场启动。

13日　从自治区水利厅获悉，继艾依河国家水利风景区、鸣翠湖国家水利风景区之后，黄河横城日前升级为自治区水利风景区。

14日　从自治区发改委了解到，历时19年筹划建设、宁夏有史以来最大的“以水利为基础，以扶贫为宗旨”的移民项目——宁夏扶贫扬黄灌溉一期工程建设任务全面完成。

16日　银川市兴庆区中山南街启动“绿色环保”志愿者宣教活动，志愿者们讲解垃圾分类知识，传播绿色生活理念。

从自治区环保厅获悉，自治区印发了《关于加快开展工业园区规划环境影响评价工作的通知》。

20日　固原市原州区实施抗旱应急水源工程，新建蓄水池，增加调蓄水量，解决7.92万人饮水难题，工程概算总投资3829.3万元。固原市原州区官厅镇抗旱应急水源工程人饮部分全部建设完成。

自治区节能减排工作领导小组主要污染物总量减排工作办公室印发《2016年全区大气污染防治重点工作安排》。

宁夏23个县级水质检测中心建设任务全部完成，全区农村饮水安全工程水质检测体系基本建成。

21日　自治区党委、政府出台《关于建立网格化环境监管体系的指导意见》。

宁夏军区某给水团团长李少华将刚刚完成的2眼水井成井资料，正式移交给吴忠市红寺堡区政府。

24日　吴忠市第十一次市委常委会通过了《吴忠市环境保护全面量化管理体系》。

25日　自治区国土资源厅、银川市国土资源局在银川市光明广场围绕“节约集约用地　切实保护耕地”主题，通过发传单、做展板等形式，组织开展了多样的宣传活动。

30日　在中国水权交易所揭牌仪式上，中宁县与京能集团的代表通过协议转让的方式签约，将农业节余的219万余立方米黄河水使用权转向工业，成为全国首批水权交易。

从自治区民政厅获悉，据全年自然灾害综合风险评估及气象部门预测，宁夏7月出现阶段性持续高温的可能性较大，今年汛期（5—8月）降水总体偏少，出现阶段性干旱、局地暴雨、冰雹等灾害的可能性大。

2016年7月

1日　贺兰县发布《水污染防治行动计划实施方案》。

从自治区环保厅了解到，宁夏将工业园区水污染列入重点治理计划。

从全国第三届国土资源节约集约模范县（市、区）表彰大会上传来好消息，宁夏平罗县、青铜峡市、吴忠市利通区榜上有名，分别被授予“国土资源节约集约模范县（市、区）”称号。

4 日　自治区政府办公厅出台《2016 年秸秆有效利用和焚烧污染防控工作的通知》。

7 日　由中国旅游研究院、中国气象局公共气象服务中心主办的 2016 年中国避暑旅游产业峰会在长春举行，银川市获得“中国避暑旅游城市”称号。

自治区环保厅公布了 6 月五市环境空气质量状况排名。从全区情况来看，宁夏 6 月环境空气质量同比明显向好。全区五市平均优良天数 25 天，同比增加 2 天；银川、石嘴山、吴忠、固原、中卫优良天数分别为 22 天、20 天、27 天、28 天、27 天。

12 日　中央第八环境保护督察组督察宁夏回族自治区工作动员会在银川召开。

19 日　随着宁夏国土资源调查监测院设立在平罗县姚伏镇的地下水监测站点工程的开工，标志着国家地下水监测工程（宁夏）工程项目全面展开。

20 日　在宁夏考察的中共中央总书记、国家主席、中央军委主席习近平在东西部扶贫协作座谈会上专门就做好当前防汛抗洪抢险救灾工作发表重要讲话。

22 日　从全区环境空气质量监测分析专题研讨会获悉，根据宁夏环境空气质量现状及三面环沙的地理特点和以往环境监测等情况，针对全区可吸入颗粒物（PM10）浓度“不降反升”等问题，宁夏将借鉴西北其他省区大气污染防治经验，加快建设符合宁夏区情的沙尘天气数据剔除和宁夏生态本底背景下环境空气质量考核可行、有效的监测评价指标体系。

2016 年阿拉伯国家水土保持及荒漠化治理技术与管理研修班在银川开班，来自利比亚、阿尔及利来、约旦、埃及等 7 个国家的 19 名技术人员前来考察学习。

25 日　从自治区农牧厅获悉，宁夏强力推进农作物秸秆综合利用工作取得阶段性成果，全区主要农作物水稻、小麦、玉米、马铃薯、小杂粮等秸秆可收集量 630 万吨，资源化利用总量为 504 万吨，利用率 80%，居全国前列。

26日　宁夏越华新材料股份有限公司6万吨环保型差别化氨纶项目一期工程正式动工。

27日　中国共产党宁夏回族自治区第十一届委员会第八次全体会议通过《关于落实绿色发展理念　加快美丽宁夏建设的意见》。

30日　从自治区国土厅获悉，“十二五”期间，宁夏认真落实耕地占补平衡制度，按照先建备补、先补后占原则，最大限度地提高补充耕地的质量，共完成耕地占补平衡项目51个，新增耕地248693.1亩。

2016年8月

2日　从自治区环保厅了解到，今年1—7月，宁夏开展了环保大检查“回头看”、银川周边恶臭扰民、辐射环境安全、秸秆焚烧、重金属污染企业、入黄涉水企业、违法违规建设项目等一系列专项环境治理行动，先后约谈4个市县政府和26家重点排污企业，自治区及各地对145个环境问题罚款近700万元，清缴13家企业排污费796万元。

3日　从自治区国土资源厅获悉，宁夏近年来通过实施矿山复绿系列工程，先后治理矿山总面积约1.2万公顷，全区14个市、县（市、区）约80万人从中受益。

自治区环保厅、公安厅联合启动涉危险废物环境违法犯罪行为专项行动，重点整治全区原油加工及石油制品制造业、化学原料和化学制品制造业、有色金属冶炼业和医药等重点行业。

4日　全区国有林场改革工作领导小组会议在银川召开，会议强调加大改革推进力度，激发国有林场活力。

5日　宁夏召开引黄灌区盐碱地改良现场推进会，会议强调巩固成果扩大战果，持续推进盐碱地改良取得新成效。

6日　宁夏是全国唯一全境列入三北工程的省区，三北工程也是宁夏实施的第一个林业重点生态工程。

8日　宁夏坚持林业改革、重点生态工程建设和森林资源管护“三驾马车”齐头并进，全面提升生态绿化建设质量，走出了生态建设增绿增质增效的美丽宁夏建设之路。

自治区环保厅公布了7月五市环境空气质量状况排名，全区环境空气质量同比明显好转，按标准参与环境空气质量监测评价的六项指标均大幅下降。

自治区节能减排工作领导小组主要污染物总量减排工作办公室发布消息，从即日起宁夏全面管控城市建成区煤质，以减少采暖期燃煤污染，持续改善环境空气质量。各市、县（区）城市建成区范围内所有企业用煤、锅炉（茶浴炉）用煤，必须使用硫份小于0.8%、灰分小于15%的优质燃煤（简称洁净煤）。

9日 银川市开展环保追责专项行动，29名失责干部被追责。

10日 经过4年调查、论证、征求意见，《宁夏回族自治区水土保持规划（2016—2030年）》编制成功并于近日获自治区政府批复同意。

中科院院士朱作言、蒋有绪带领专家和学者走进盐池县，围绕草原防沙治沙、草原生态修复、饲草料加工、滩羊养殖、草原补播改良等情况，开展题为“北方农牧交错区草原利用与禁牧政策适时调整的研究”咨询项目研究活动。

11日 2016年宁夏中部干旱带旱魃肆虐，为确保人饮安全及灌区粮食安全，宁夏固海扬水三大系统开足马力满负荷运行，无偿供水支援中部干旱带群众抗旱自救。

12日 从自治区水利厅了解到，经过3年美丽渠道建设，秦渠、汉渠、汉延渠等千年古渠焕发生机，四大扬黄工程强筋壮骨，跃进渠、西干渠、东干渠等骨干工程整修完善，宁夏引黄地带构建出山、川、林、田、湖、渠、城之间相得益彰的生态灌溉系统。

13—15日 宁夏多地降暴雨，分布在全区的1700多个自动遥测雨量站、水位站如“千里眼”，不间断向水情中心的数据库中发送实时数据，并通过遥测数据统一接收平台、水情会商系统等平台分析、测报雨势汛情。

14日 宁夏稳步推进城市黑臭水体治理。

15日 隆德整治渝河水污染打出“组合拳”，将污染源各个击破，坚决拒绝高耗能企业。

从8月15日召开的自治区政府第70次常务会议上获悉，针对2016年以来气候异常、降水分布不均、极端气候事件频发等情况，宁夏未雨绸缪，采取积极应对措施，防范气象灾害的发生。

自治区政府办公厅近日印发了《全区煤矿关闭退出工作实施方案》。2016年底前关闭退出煤矿8处，产能107万吨/年；2018年底前再关闭退出煤矿1处，产能15万吨/年。

16日 从自治区水利厅防汛抗旱指挥部办公室了解到，8月13日8时至15日8时，宁夏局地降大到暴雨，再次引发洪水，造成全区9个县区21个乡镇不同程度受灾。

17日 惠农区开展环保专项整治行动，重拳治理污染，关停25家环境违法企业。

18日 宁夏自2015年启动实施抗旱应急水源工程建设工作以来，截至2016年8月，已有38处抗旱应急引调提水工程建成通水，60万人摆脱了"水困"。

19日 银川市委十三届七次全会审议通过了《关于落实绿色发展理念加快美丽银川建设的实施意见》。

宁夏举行引黄灌区精准造林助推美丽宁夏建设现场观摩活动，并启动引黄灌区秋季精准造林工作。

20日 宁夏通过全面推进黄河宁夏段二期防洪工程建设，沿黄四市黄河防洪工程体系进一步完善，工程效益、社会效益、生态效益初步凸显。

21日 21日18时至22日10时，宁夏贺兰山中北段出现大到暴雨，西夏区、贺兰县、平罗县突降暴雨，最大降雨出现在贺兰山滑雪场，达239.5毫米，雨量创有记录以来最大值。暴雨引发贺兰山东麓西夏区、贺兰县、平罗县沿线20多条沟道发生洪水。

20—24日 宁夏南部山区西吉县、原州区、海原县、隆德县等地持续40多天未出现有效降水，375.63万亩农作物不同程度受旱；而从8月13日起，强对流天气导致宁夏中北部灌区7.8万亩农作物遭受洪涝灾害。

22日 从自治区公安厅了解到，始于5月份的全区打击整治危险废物非法处置专项行动，共捣毁非法处置销售废旧机油窝点5处，查获废机油

630余吨，抓获涉案人员41名，刑事拘留15人，行政拘留7人。

国家地下水监测工程（宁夏）监测站点的第65眼监测井在同心小洪沟水源地开钻。

23日 据水利部黄河水利委员会通报，今年入汛以来，黄河流域来水持续偏枯，骨干水库蓄水偏少。

从宁夏环境污染责任保险动员部署会议上了解到，《宁夏回族自治区环境污染责任保险试点工作实施意见》实施以来，宁夏华夏电源有限公司、宁夏多维药业、伊品生物科技股份公司、宁夏瑞银有色金属科技公司等首批53家重点企业参保环境污染责任保险。

26日 哈纳斯集团与吴忠市人民政府签署战略合作框架协议，拟在吴忠市规划建设500万吨液化天然气一体化基地，新建风力发电50万千瓦、太阳能光伏发电50万千瓦，以上项目总投资200亿元，实现产值300亿元。

从宁甘跨界河流域水污染联防联控联席会议上了解到，宁夏、甘肃积极探索开辟全流域系统治理跨界河流水污染，确保了渝河、葫芦河跨界流域水质得到改善。

30日 自治区环保厅公布了2016年前7个月环境空气质量总体情况：环境空气主要污染物浓度总体下降，环境质量同比明显改善，其中PM10和PM2.5实现双下降，平均浓度比上年同期分别下降7.8%和6.4%。

2016年9月

2日 为加强宁夏水资源统一管理，合理开发、利用、节约和保护水资源，自治区十一届人大常委会第二十六次会议启动了《宁夏回族自治区水资源管理条例（草案）》的审议程序。

从自治区国土资源厅获悉，宁夏开展城乡建设用地增减挂钩试点工作以来，通过把挂钩项目与小城镇、美丽乡村、“塞上农民新居”建设相结合，使土地实现社会效益和经济效益最大化，先后完成拆旧面积36059.23亩，复垦农用地面积32913.87亩，实际新建使用土地29380.79亩。

宁东基地管委会与宁夏大学联合举办的煤炭清洁利用与生态化工高峰

论坛在宁夏大学举行。

8日　中卫美利渠关闸停水，至此宁夏引黄灌区760万亩农田实现安全有序灌溉，夏秋灌圆满收官。

9日　全区中部干旱带高效节水特色农业综合生产技术示范推广观摩座谈会在银川召开。会议总结综合生产技术试点实施情况，安排部署下一步示范推广工作。

17日　自治区环保厅会同自治区政府督查室等部门，对银川市、西夏区、贺兰县环境整治任务落实情况进行督察。

18日　自治区环保厅发布8月五市环境空气质量状况排名，依次为固原市、吴忠市、中卫市、银川市、石嘴山市。当月，全区环境空气质量同比明显好转，6项指标有5项大幅下降。

19日　宁夏环境监测中心站的统计数据显示：截至8月底，全区空气质量优良天数上升3.9%，PM10全区平均浓度同比下降28.2%，下降幅度居西北地区首位，PM2.5全区平均浓度同比下降12.9%，环境空气质量连续两年下降的趋势得到逆转。

20日　从自治区有关部门获悉，宁夏启动危废产生和经营处置企业规范化考核以来，28家持证经营单位实现规范化处置医疗废物、废矿物油等35类危险废物，标志着宁夏已经初步形成危险废物经营、处置体系。

21日　采用建档立卡户苗木，泾源县精准造林保障民富山绿。

22日　2016国际和平日植树纪念活动在银川森淼生态园举行，中外嘉宾共植友谊树。

26日　为加强燃煤污染控制，改善冬季空气质量，银川市划定2016年高污染燃料限制使用区，制定煤炭质量控制规定。

26—27日　自治区人大常委会督办组对自治区十一届人大一次会议上杨彦俊等代表提出的《关于加快生态移民迁出区生态环境恢复的建议》进行跟踪督办。

27日　从银川市林业局获悉，银川市将北京西路南侧林带、经天路林带、金波街林带等3处城市公共绿地确定为永久性城市生态绿地并实施保护。银川市永久性城市生态绿地达到8处。

29日 自治区政府召开会议，全面启动“蓝天碧水·绿色城乡”专项行动，动员部署大气、水、土壤“三项整治”工作，切实解决雾霾天气、水质恶化、土壤污染等问题。

从宁夏气象局获悉，国庆节期间，宁夏前期天气较好，中后期降雨、低温，刮风天较多。

30日 从自治区水利厅召开的新闻通气会上获悉，宁夏覆盖范围最广、受益人群最多的民生水利工程——宁夏中南部城乡饮水安全工程于10月8日实现通水。

《全民知绿爱绿科学素质行动计划纲要实施方案（2016—2020）》正式启动，并在银川市举办了启动后的首次生态成果展。

2016年10月

3日 进入10月以来，全区引黄灌区各县（市、区）以年度剩余的20万亩高效节水灌溉工程建设、20万亩盐碱地综合治理和35万亩高标准农田建设三大任务为主，一手抓重点水利工程建设，一手组织干部群众清沟挖渠、平田整地，掀起了全区秋季农田水利基本建设高潮。

从宁东基地管委会获悉，2016年1—8月，宁东基地环境空气质量有效监测天数244天，优良天数199天，达标率81.6%，优良天数同比增加了18天，主要污染物浓度持续下降。

自治区农牧厅与气象局联合发布灾害预警信息：预计10月4—5日全区气温持续下降，降幅在8℃左右，各地要加快秋收进度，确保粮食生产安全。

4日 灵武市将农田水利建设与农村环境综合整治相结合，实施农村污水无害化处理、边缘死角环境卫生整治。

8日 宁夏最大民生工程中南部城乡饮水安全工程全面通水。

10日 宁夏筹措资金3.8亿元整治大气污染，每小时20蒸吨以下燃煤锅炉将被彻底淘汰，切实解决雾霾天气，改善空气环境质量。

从宁夏环保部门了解到，10月10日起，自治区环保厅将全面启动大气污染防治专项执法检查，全力保障秋冬季大气环境质量。

11日 从银川市环保局获悉，今年实施脱硫除尘改造的19家42台锅炉使用单位、煤场渣场建设不规范和未建设煤场渣场等18家供热单位，必须于10月20日前建设完成并进行调试，保证供暖期投入稳定运行。

12日 环保部通报全国重点流域水污染防治专项规划2015年度考核结果，宁夏考核结果为“好”。

15日 中国平安、人保和大地保险宁夏分公司联合组成的“共保体”与宁夏明盛染化有限公司，签订了宁夏首单环境污染责任保险。

16日 自10月起，宁夏启用《宁夏企业环保信用评价及信用管理暂行办法》，企业环保信用评价结果按优劣分为绿色、蓝色、黄色、红色、黑色5个等级。

17日 宁夏出台《关于全区农业面源污染防治的实施意见》。

从自治区环保厅了解到，2015年以来宁夏排查发现614个环保违法违规建设项目，截至2016年10月已完成整改项目409个，完成率66.6%。

19日 宁夏召开2016年冬季大气污染防治工作部署暨银川及周边地区大气污染防治领导小组会议，会议强调狠抓落实形成合力，打好冬季大气污染防治攻坚战。

20日 银川市召开2016—2017年冬季大气污染防治会议，打响今冬大气污染防治攻坚战。

21日 国家林业局与自治区人民政府在银川市签署了《共同推进宁夏生态林业建设合作协议》。

24日 自治区环境保护厅公布9月全区五市环境空气质量状况排名，银川市、石嘴山市、吴忠市、固原市和中卫市优良天数分别为27天、30天、29天、30天、29天。据分析，五市平均优良天数29天，同比持平，优良天数比例97.3%。

宁夏将通过控制燃煤、工业企业排污治理、城市扬尘治理等措施，进一步强化冬季大气污染防治工作，10月底前将对用煤单位进行抽检。

25日 从自治区环保厅官方空气质量环境状况微发布平台上看到，当日15时整，银川市实时空气质量指数AQI指数269，重度污染，雾霾的首要污染物是PM2.5。

吴忠市园林管理局被全国绿化委员会、人力资源和社会保障部、国家林业局联合授予“全国绿化先进集体”荣誉称号，宁夏另有4人获“全国绿化先进个人”殊荣。

27日　由石嘴山市人大常委会起草制定的《石嘴山市饮用水水源保护条例》提请自治区十一届人大常委会第二十七次会议审查批准。

29日　自治区党委常委会审议并通过了《宁夏党政领导干部生态环境损害责任追究实施细则（试行)》。

30日　从自治区环保厅了解到，宁夏于日前印发《关于开展环境法治宣传教育第七个五年规划（2016—2020年)》，对宁夏环境法治宣传教育“七五”普法工作做出全面部署。

31日　自治区十一届人民代表大会常务委员会第二十七次会议表决通过了《宁夏回族自治区水资源管理条例》《石嘴山市饮用水水源保护条例》。

2016年11月

2日　自治区人大常委会主任会议向自治区人民政府交办了自治区十一届人大常委会第二十七次会议对《全区环境状况和环境保护目标完成情况的报告》的审议意见。

3日　银川市拟在三区及滨河新区建立10处植物垃圾收集点，将植物垃圾处理逐步纳入规范化管理。

7日　10月以来，宁夏农田水利基本建设各项任务已完成85%，呈现出起点高、行动快、标准高、效益好的总体特点。

8日　自治区环保厅、银川市环保局首次启用无人飞行器智能系统夜查环境违法行为。

9日　11月7日晚至8日凌晨，自治区环保厅、银川市环保局执法人员对银川众一热力公司海宝小区站、北苑站及龙康供热中心、广和供热中心等5家承担较大供热面积的大型锅炉房进行突击检查。

11日　在第七届中国绿色发展高层论坛上，吴忠市被授予“中国十佳绿色城市”称号。

13日　自治区环保厅公布10月五市环境空气质量状况排名，固原市排名第一，石嘴山市垫底。10月，五市平均优良天数27天，同比增加1天，优良天数比例87.7%。

14日　从银川市行政审批局了解到，银川市污水处理厂2017年将全部实现一级A排放标准。

西吉县城市污水处理厂污水处理长期不达标，被中华环保世纪行宁夏行动组委会点名批评。

15日　中国林场协会主办的“全国十佳林场”评选活动揭晓，宁夏仁存渡护岸林场荣获2015年度“全国十佳林场”称号。

17日　自治区党委办公厅、政府办公厅印发《宁夏回族自治区党政领导干部生态环境损害责任追究实施细则（试行）》。

20日　从自治区环保厅了解到，石嘴山市第三、第五排水沟汇合入黄河水生态环境质量改善项目通过环保竣工验收。

海原县政府与宁夏水务投资集团签订水务一体化合作协议，宁夏新海水务有限公司海原分公司揭牌成立。

21日　从宁夏气象局获悉，22日起宁夏将继续较大幅度降温，这是宁夏入冬以来最为强烈的一次降温。

从自治区农牧厅获悉，自治区政府日前出台《关于新一轮草原生态保护补助奖励政策实施指导意见（2016—2020年）》。

24日　自治区党委常委会审议通过《自治区贯彻落实中央第八环境保护督察组反馈意见整改方案》。

28日　彭阳县将全县156个村的650名建档立卡贫困人员聘为生态护林员，并缴纳了意外伤害险。

银川市环保局向社会公布了2015年企业环保行为信用等级评价结果。

29日　吴忠市全面盘清湿地资源“家底”。

（根据《宁夏日报》及相关文件资料整理）